AF899148

„Den landwirtschaftlichen Betrieb erhalten und den Familienfrieden sichern."

Den Hof erfolgreich übergeben

Foto: Meckel

△ Anne Schulze Vohren, Redaktion top agrar

▶ Den Betrieb gut in die nächste Generation führen – das geht nicht von heute auf morgen. Die Hofübergabe ist ein Prozess, der viele Sachfragen aufwirft, aber auch mit starken Emotionen bei allen Beteiligten verbunden ist. Beides lässt sich nicht voneinander trennen. Das macht die Hofübergabe zu einer der herausfordernsten Aufgaben – und das gleich zweimal im Leben jedes Landwirts bzw. jeder Landwirtin.

Damit dies gut gelingt, brauchen zunächst vor allem die Hofübergeber viel Know-how und Fingerspitzengefühl. Am besten nähern Sie sich dem Thema schon Jahre vor der Übergabe und nehmen dabei alle Familienmitglieder mit.

Zu klären ist: Wo steht der Betrieb aktuell und wie ist er für die Zukunft aufgestellt? Wer kann den Hof übernehmen? Welche Pläne haben der Übergeber und sein Ehepartner für die Zeit nach der Übergabe? Welche Vorstellungen hat die Nachfolgerin oder der Nachfolger für Betrieb und familiäres Zusammenleben? Wie geht es den weichenden Erben damit und was erwarten sie?

Dann geht es um die konkrete Gestaltung der Übergabe:

- Was muss im Übergabevertrag stehen?
- Welche Regelungen gibt es für Mietobjekte, PV- und Windkraftanlagen?
- Welche Gestaltungen braucht es für das Altenteil und die Pflege?
- Wie hoch soll die Barrente sein?
- Wie können Sie die Abfindung regeln – tragbar für den Betrieb und gerecht für die weichenden Erben?
- Wie funktioniert es, wenn mehrere Kinder den Hof übernehmen wollen?
- Worauf gilt es zu achten, wenn Sie an Gesellschaften beteiligt sind?
- Welche Möglichkeiten bietet die außerfamiliäre Hofübergabe?

Und was ist, wenn der Betrieb ausläuft? Ist eine geschlossene Übergabe dann noch möglich, geht das gerecht für alle Kinder? Eine weiterer Problempunkt sind Generations- und Geschwisterkonflikte, hier kann Mediation helfen. Und last but not least: Wie kann die Hofübergabe steuerlich optimiert werden?

Wenn die Interessen von Hofübernehmer und weichenden Erben in Sachen Abfindung und Nachabfindung sehr weit auseinander liegen, sollten Sie die gesetzlichen Regeln genau kennen – also wie sich Abfindung und Nachabfindung nach der seit 2025 geltenden neuen Höfeordnung berechnen und wie das BGB-Erbrecht diese Punkte regelt.

Ziel aller Beteiligten muss es sein, die Hofübergabe so zu gestalten, dass

- der Hofübergeber für sich und seinen Ehepartner ein auskömmliches Altenteil hat,
- der Hofübernehmer den Betrieb zukunftsfähig weiterführen kann und
- die weichenden Erben sich gerecht behandelt fühlen.

Wenn dieser Dreiklang gelingt, ist die Hofübergabe kein Anlass für familiäre Unstimmigkeiten. Dieser Ratgeber soll Ihnen bei der Gestaltung Ihrer Hofübergabe Hilfestellung geben. Dafür wünschen wir Ihnen alles Gute.

26 | HOFÜBERGABE GESTALTEN

So gestalten Sie das Altenteil
Altenteiler wollen sich gut versorgt wissen, aber möchten auch den Hof nicht überfordern.

14 | HOFÜBERGABE VORBEREITEN

Loslassen will geübt sein
Die Hofübergabe braucht Mut und gegenseitiges Vertrauen. Dann gelingt auch das Loslassen.

82 | AUS DER PRAXIS

Interview: Hofübergabe – was gilt für GbR, GmbH, KG & Co.?
Moderne Betriebe sind oft sehr vielseitig aufgestellt. Dies erfordert spezielle Lösungen bei der Hofübergabe.

149 | NACH DER ÜBERGABE

Hofübergabe – Zeit für einen Versicherungscheck
Direkt nach der Hofübergabe sollten die betrieblichen und privaten Versicherungen auf den Prüfstand gestellt werden.

102 | ABFINDUNG HÖFEORDNUNG

Wie Sie bei Flächenverkäufen rechnen müssen
Wichtig zu kennen: Die Abfindungs- und Nachabfindungsregeln der neuen Höfeordnung.

INHALT

1 Vorwort
3 Inhalt und Impressum
4 Unsere Autoren & Experten

HOFÜBERGABE VORBEREITEN

6 Mit Herz und Verstand zur Hofübergabe
11 Hofnachfolger: Besser Mifa ocer GbR-Gesellschafter?
14 Loslassen will geübt sein
16 Konflikte frühzeitig klären

HOFÜBERGABE GESTALTEN

18 Übergabevertrag: Darauf kommt es an!
23 So tasten Sie sich an die Barrente heran
26 So gestalten Sie das Altenteil
30 Leistungen für Altenteiler richtig absetzen
34 Das Kreuz mit der Pflegeklausel
38 Abfindung: Was ist gerecht, was verkraftet der Hof?
42 Biogas & Co.: Hofübergabe richtig gestalten
48 PV-Anlage: Behalten oder mit dem Hof übertragen?
52 Auslaufende Betriebe: Richtig übergeben!
56 Geschwister abfinden bei auslaufenden Betrieben
59 Was kostet die Hofübergabe?
62 Hofübergabe: So hat das Finanzamt keine Chance

AUS DER PRAXIS

70 Außerfamiliäre Übergabe – eine Chance für den Hof?
76 Betriebsleiterin – ist doch selbstverständlich, oder?
82 Interview: Hofübergabe – was gilt für GbR, GmbH, KG & Co.?
84 Ein Betrieb – mehrere Übernehmer

ABFINDUNG HÖFEORDNUNG

89 So ist die gesetzliche Abfindung geregelt
92 Am Anfang steht der Hofeswert
96 Vom Hofeswert zur Abfindung
100 Nachabfindung: Was steht den Geschwistern zu?
102 Wie Sie bei Flächenverkäufen rechnen müssen
108 So werden Geschwister bei Umnutzungen beteiligt
112 Was bei PV-, Windkraft- und Biogasanlagen gilt
115 So können Sie die Abfindung gestalten
121 Altenteil statt Abfindung für den Ehepartner

ABFINDUNG, BGB-ERBRECHT

124 Wie das BGB-Erbrecht die Abfindung regelt
130 Hofübergabe und Abfindung gestalten
138 So wird der Ertragswert ermittelt

NACH DER ÜBERGABE

144 Testament: Auch für junge Landwirte ein Muss!
149 Hofübergabe – Zeit für einen Versicherungscheck

Impressum

Landwirtschaftsverlag GmbH,
Hülsebrockstr. 2–8, 48165 Münster

ISBN: 978-3-7843-5808-6

Herausgeber: top agrar,
D-48084 Münster
Telefon: +49 2501 801 6400
Telefax: +49 2501 801 5554
Internet: www.topagrar.com
E-Mail: redaktion@topagrar.com

Redaktion: Diethard Rolink,
Anne Schulze Vohren (verantwortlich)
Layout: Martin Bendig, Beate Driemer,
Carola Gloystein (verantw.), Karola Krechting,
Kirsten Orb, Claudia Reimann, Charlotte Rück
Titelbild: Ralf Heil
V. i. S. d. P.: Guido Höner,
Matthias Schulze Steinmann
Verlag: Landwirtschaftsverlag GmbH,
48084 Münster, Tel.: +49 2501 801 0,
Internet: www.lv.de
E-Mail: leserservice@topagrar.com
Geschäftsführer: Dr. Ludger Schulze Pals,
Malte Schwerdtfeger
Publisher: Reinhard Geissel
Produktmanager: Jens Winkelkötter
Leiter Vertriebsmarketing: Sylvia Jäger
Leiter Vertriebsmanagement: Paul Pankoke
Leiter Media Sales und verantwortlich für den Anzeigenteil: Dr. Peter Wiggers

Anzeigenmarketing: Jonas Patzelt
Anzeigendisposition: Nicolas Ruß
Herstellung: LV MediaPro im
Landwirtschaftsverlag GmbH,
Anja Luszek-Hoffmann (Ltg.), Ingo Feyka
Druck: Print Media Group GmbH, Leimen

Die Gleichbehandlung der Geschlechter ist uns wichtig. Deshalb versuchen wir möglichst männliche und weibliche oder aber neutrale Sprachformen zu nutzen. Nicht immer ist das aus Gründen der Lesbarkeit möglich.

Unsere Autoren & Experten

Die Übergabe eines Hofes erfordert Spezialwissen und auch kreative Lösungen. Unsere Autorinnen und Autoren geben Ihnen in diesem Ratgeber zahlreiche Tipps und Anschauungsbeispiele.

An diesem Fachbuch „Ratgeber Hofübergabe" haben Autorinnen und Autoren unterschiedlicher Fachrichtungen aus verschiedenen Regionen Deutschlands mitgewirkt.

Sie sind Rechtsexperten für Erb- und Agrarrecht, für das Höferecht und das BGB-Erbrecht, ebenso wie betriebswirtschaftliche Berater, Steuerexperten, Versicherungs- und Sozialversicherungsberater sowie Coaches und Mediatoren.

Unsere Expertinnen und Experten begleiten Hofübergeber, Hofübernehmer und auch die weichenden Erben seit vielen Jahren bei den zahlreichen Herausforderungen der Hofübergabe.

Ihre umfangreichen Erfahrungen haben wir in diesem Ratgeber kompakt für Sie zusammengetragen. Als top agrar-Redaktion haben wir zusätzlich einige Beispiele aus der Praxis in Form von Reportagen beigetragen.

Nutzen Sie das umfangreiche Wissen der Experten und auch die spannenden Erfahrungen anderer Landwirte. Und informieren Sie sich zusätzlich in Seminaren, in Beratungen und im Austausch mit Berufskolleginnen und Berufskollegen.

Wir bedanken uns bei allen Autorinnen und Autoren und allen anderen Beteiligten für die gute Zusammenarbeit!

◁ Heino Beewen, Versicherungsexperte und Geschäftsführer der Landvolkdienste GmbH, Hannover

◁ Josef Deuringer, Rechtsanwalt aus Augsburg, Fachanwalt für Agrarrecht

◁ Klaus Dorsch, Redaktion top agrar

◁ Iris Fahlbusch, Referentin für Weiterbildung und Supervisorin (M. A.), Landwirtschaftskammer Nordrhein-Westfalen, Münster

◁ Michael Fauck, Bereichsleiter der Rechtsabteilung beim Bayerischen Bauernverband, München

◁ Stefan Heins, Steuerberater und Geschäftsführer bei der wetreu LBB in Kiel

◁ Jutta Lütkenhaus, sozioökonomische Beraterin und Mediatorin, Landwirtschaftskammer Nordrhein-Westfalen, Warendorf

◁ Gerald Lückemeier, Rechtsanwalt und Notar in Hamm, Fachanwalt für Agrarrecht

◁ Katharina Meusener, Redaktion top agrar

◁ Ursula Quatmann, Beraterin für Sozialrecht, Westfälisch-Lippischer Landwirtschaftsverband, Saerbeck

◁ Dr. Silvia Riehl, Mediatorin und Coach, Schwerpunkt landwirtschaftliche Familienbetriebe, Ganderkesee

◁ Arno Ruffer, Rechtsanwalt und Steuerberater, BSB-GmbH Landwirtschaftliche Buchstelle, Münster

◁ Hubertus Schmitte, Rechtsanwalt, Fachanwalt für Agrar- und Erbrecht sowie Mediator, Münster

◁ Anne Schulze Vohren, Redaktion top agrar

◁ Christian Solle, Referent für Betriebswirtschaft, Landwirtschaftskammer Nordrhein-Westfalen, Münster

Mit Herz und Verstand zur Hofübergabe

Mit der Hofübergabe stellen Sie die Weichen für die Zukunft von Betrieb und Familie. Hofübergeber und Hofnachfolger sollten sich gründlich darauf vorbereiten, damit der Übergang gut gelingt.

UNSER AUTOR
Hubertus Schmitte

Die Hofübergabe ist eine große Herausforderung für alle Beteiligten. Es geht um wichtige Sachfragen, aber auch um emotionale Aspekte. Persönliche Wünsche, Wertvorstellungen sowie oft unterschwellige Ängste spielen eine große Rolle.

- Aufseiten der Abgeber und zukünftigen Altenteiler: Wie gestalten wir unsere Altersabsicherung? Werden wir ein hinreichendes Auskommen haben? Wer pflegt uns? Bleibt der Betrieb erhalten? Wird der Hof gut weitergeführt? Funktioniert das Zusammenleben?
- Aufseiten des Übernehmers: Schaffe ich das? Kann ich mich im Strukturwandel behaupten? Wie lange binde ich mich? Wirft der Hof genug ab für zwei Generationen? Funktioniert das Zusammenleben von mir bzw. meiner jungen Familie und meinen Eltern?
- Aufseiten der Geschwister: Erhalten wir eine faire Hofabfindung? Wird der Hofnachfolger den Betrieb erhalten? Kümmert er sich um unsere Eltern? Wer trägt die Pflegekosten? Bleibt unser Zuhause erhalten? Behalten wir ein gutes Verhältnis zu dem Hofübernehmer?

Wirtschaftliche, familiäre und ganz persönliche Belange vermischen sich. Oft brechen schon lange schwelende Familienkonflikte auf. Der erste Schritt für eine erfolgreiche Hofübergabe ist, sich dieser Problematik bewusst zu werden, sie zu akzeptieren und nicht etwa kritische Punkte aus Angst vor Konflikten zu verdrängen bzw. auszublenden. Schenken Sie der Hofübergabe deshalb große Aufmerksamkeit und räumen Sie genug Platz ein für Gespräche und Zeit zum Nachdenken.

Ein Patentrezept für ein Gelingen gibt es leider nicht, jede Familie muss ihren ganz eigenen Weg finden. Dabei können Ihnen aber folgende Tipps aus der Praxis helfen.

Foto: Tastowe

△ Wie läuft der Betrieb, wie sieht es mit der Wirtschaftlichkeit aus? Das muss der Übernehmer wissen, bevor es an die konkrete Übernahme geht.

Am besten ist es, offen mit allen Familienmitgliedern über die bevorstehende Hofübergabe zu sprechen. Damit gemeint sind nicht in erster Linie die abschließenden Gespräche über den konkreten Vertrag, sondern die über die Jahre vor der Übergabe stattfindenden Gespräche über die Zukunft des Hofes.

EIGENE POSITION FINDEN

Hilfreich für den Betriebsleiter ist es, sich selbst und allen Familienmitgliedern die Frage zu stellen, wie die Zukunft des Hofes aussehen könnte. Dabei sollte er offen sein für die Gedanken und Meinungen von Ehepartner und allen Kindern, also des Hofnachfolgers und der weichenden Erben. Er sollte dabei jedem zuhören und dessen Standpunkt mit Respekt begegnen und selbst zurückhaltend sein mit vorgefertigten Ideen. So kann der Übergeber schon Jahre vor der Hofübergabe gegenseitiges Verständnis und ein vertrauensvolles Gesprächsklima schaffen und damit die Grundlage für eine gelingende Hofübergabe schaffen.

Ebenso sollten sowohl Übergeber als auch Übernehmer sich darüber klar werden, wie es weitergehen soll mit dem eigenen Leben, mit der Familie und dem Betrieb.

- Der Übergeber fragt sich oft, ob er weiter mitarbeiten möchte, ob er dies ggf. eher als Angestellter oder als Unternehmer machen möchte, z.B. als Inhaber eines gewerblichen Betriebsteils wie Kartoffelhandel, Hofcafé oder Pferdepension. Dabei sollte er sich auch kritisch fragen, wie gesund und vital er noch ist. Andere Übergeber möchten sich (mehr oder weniger) aus der wirtschaftenden Tätigkeit zurückziehen und vielleicht andere Pläne umsetzen, wie etwa Reisen oder ehrenamtliche Tätigkeiten. Hofübergeber und Ehepartner hätten ja nun Zeit für neue Aktivitäten in einer neuen Lebensphase.

Foto: Heil

△ Bei der Vorbereitung zur Hofübergabe gilt es, die Interessen aller Familienmitglieder zu respektieren und mögliche Konflikte offen miteinander zu diskutieren.

Wichtig dabei ist, dass beide Partner zunächst für sich eine ehrliche Antwort auf diese Fragen finden.

• Der Übernehmer muss sich fragen, wie er sich seine persönliche und die betriebliche Entwicklung vorstellt. Denn die Hofübergabe ist ein Zeitpunkt für ein kritisches Innehalten: Sind wir richtig aufgestellt? Ist der Betrieb mit seiner jetzigen Struktur für die Zukunft gewappnet? Oder was muss dafür geändert werden? Muss die Produktionsrichtung geändert werden? Ist es Zeit für den Nebenerwerb, für den Zuerwerb oder gar für die Einstellung der Landwirtschaft? Und was ist das persönliche Interesse des Hofübernehmers: Landwirtschaft „im großen Stil“ oder eher ein reiner Familienbetrieb? Bio oder konventionell? Und wie sieht es mit der persönlichen Situation aus? Hat der Übernehmer bereits eine eigene Familie, Freund oder Freundin? Was denkt die Partnerin bzw. der Partner?

PASSENDEN ZEITPUNKT FINDEN

Bei der Frage, wann der Übergeber den Hof übergeben soll, kommt es auf viele Faktoren an. Wie alt sind Übergeber und Übernehmer? Wie gesund und agil fühlt sich der Übergeber noch? Hat der Nachfolger seine Ausbildung abgeschlossen? Steht er schon in den Startlöchern oder möchte er noch Berufserfahrung außerhalb des eigenen Betriebes sammeln? Stehen wichtige betriebliche Entscheidungen an, die eine verstärkte Übernahme der Verantwortung durch den Hofnachfolger verlangen?

SCHNELL GELESEN

Die Vorbereitung der Hofübergabe erfolgt in erster Linie im Kopf.

Genügend Zeit ist eine Grundvoraussetzung für eine gute Vorbereitung.

Die Familie sollten Sie ab Beginn Ihrer Überlegungen mit einbeziehen.

Schaffen Sie ein angenehmes und offenes Gesprächsklima.

Prüfen Sie wirtschaftliche und rechtliche Rahmenbedingungen.

Respekt und Reden hilft weiter.

Entscheidend ist, dass sowohl Hofübergeber als auch -übernehmer zur Hofübergabe bereit sind. Der Übernehmer muss willens sein, Verantwortung zu übernehmen und den Betrieb aktiv weiterzuentwickeln. Und der Übergeber muss Vertrauen haben in das Verantwortungsbewusstsein und die Kompetenz seines Nachfolgers. Um dies zu entwickeln, wird die Hofübergabe in der Praxis oft gleitend vollzogen, und zwar durch

• die Anstellung des Hofübernehmers als Mitarbeiter,
• eine Zeit des Hofübernehmers als Pächter des Hofes oder durch
• die Einbindung als Mitunternehmer in einer GbR.

Als Pächter oder Mitgesellschafter, zum Beispiel in einer GbR, erlangt der Hofnachfolger automatisch Einblick in die Betriebsergebnisse und die Rentabilität des zu übernehmenden Hofes, wobei in einer GbR das Miteinander mit dem Übergeber in der betrieblichen Verantwortung sogar noch höher ist als in der Pächterstellung.

Aber auch als Angestellter kann der Hofübernehmer je nach Gestaltung des Arbeitsverhältnisses und der Zusammenarbeit gut in die Unternehmerposition hineinwachsen.

So hilft der gleitende Übergang, dass der Hofnachfolger Erfahrung sammelt und der Hofübergeber Vertrauen aufbaut, dass der Hof beim Übernehmer in guten Händen ist. Übergeber und Übernehmer können dann im offenen Dialog ihre jeweiligen Planungen abgleichen und den richtigen Zeitpunkt der Übergabe bestimmen. Dabei sollten Hofübergeber und Hofnachfolger unbedingt darauf achten, die Hofübergabe nicht unnötig zu verzögern.

- Der Hofübergeber sollte bedenken, dass oft mit steigendem Alter das Gefahrenbewusstsein bzw. die Skepsis zunimmt und das Loslassen schwer macht. Er sollte eher zu früh als zu spät den Mut aufbringen, dem Nachfolger die Verantwortung zu überlassen.
- Der Hofübernehmer sollte wissen, dass er mit einer zu langen Mitarbeit als Angestellter, Pächter oder Gesellschafter nur unzureichend abgesichert ist. Das gilt besonders, wenn er Verantwortung für eine eigene Familie trägt. Dann braucht er frühzeitig die Sicherheit, den Betrieb auf Dauer selbst bewirtschaften zu können.

△ Auch wenn der Hofnachfolger bzw. die -nachfolgerin noch nicht feststeht, sollte der Übergeber das Thema Übergabe schon im Blick haben.

FAKTEN PRÜFEN, ZEIT EINPLANEN

Wenn es konkret wird, steht auch der offene Umgang mit den harten Fakten an. Der Hofübernehmer braucht den Einblick in die Unternehmensergebnisse, er muss wissen wie der Betrieb läuft. Nur so kann er eine belastbare Entscheidung für den Hof treffen!

Zudem müssen Übergeber und Hofnachfolger sich über die gesetzlichen Rahmenbedingungen informieren. So verlangen die Vorschriften des Grundstücksverkehrsgesetzes und der Höfeordnung, dass der Hof grundsätzlich „geschlossen", d.h. im Ganzen übertragen wird, nicht nur teilweise. Auch darf das Altenteil nur so hoch bemessen werden, dass es den Hof nicht überbelastet. Das gilt auch für die gesetzlich vorgesehene Bemessung der Abfindung der weichenden Erben. Je nach Betrieb kommen ggf. noch Sonderregelungen für gewerbliche Betriebszweige oder auslaufende Betriebe hinzu.

Wichtig ist, dass Übergeber und Übernehmer für die konkreten Planungen zur Hofübergabe genug Zeit einplanen. Zwei bis drei Jahre Vorlaufzeit für eine gut durchdachte Hofübergabe sind keine Seltenheit. Neben den Gesprächen innerhalb der Familie sollten Sie sich ruhig auch Beratung einholen. Das Angebot ist groß: Die Bauernverbände, Landwirtschaftskammern, aber auch die Kirchen und ländlichen Bildungsträger bieten individuelle Beratung, aber auch zahlreiche Vorträge und Seminare an.

Landwirte sollten die verschiedenen Möglichkeiten nutzen, um Informationen zu sammeln und um sich selbst eine Meinung zu den verschiedenen Fragen wie z.B. Altenteil, Pflegeklausel, Abfindung, Biogas- und PV-Anlage zu bilden.

RESPEKT UND KOMPROMISSE

Entscheidend für die gelingende Hofübergabe sind aber nicht nur die Sachfragen, sondern vor allem der gegenseitige Respekt und die Kompromissfähigkeit. Insbesondere Hofübergeber und -übernehmer müssen versuchen, die Positionen des jeweils anderen nachzuvollziehen und zu respektieren.

So sollte der Übernehmer verstehen, was der Übergeber und sein Ehepartner zur eigenen Altersabsicherung benötigen. Dafür muss der Übergeber offenlegen, welche Einnahmen er zur Verfügung hat, z.B. von Versicherungen, Alterskasse, Deutscher Rentenversicherung oder anderen Quellen, z.B. Windkraftbeteiligungen, PV-Anlagen etc. Nur dann kann der Übernehmer ermessen, wie viel Rente der Abgeber und sein Ehepartner vom Hof beanspruchen wollen, wie sie das Wohnrecht gestalten wollen und welche Vorstellungen sie in Sachen Pflege haben.

Umgekehrt sollten der Hofübergeber und sein Ehepartner nachvollziehen, wie der Hofübernehmer die Ertragssituation und die Leistungsfähigkeit des Hofes beurteilt – insbesondere unter Berücksichtigung einer angemessenen Eigenkapitalverzinsung für weitere betriebliche Entwicklungsschritte. In diesem Zusammenhang sollte auch klar werden, wie hoch der mögliche Investitionsbedarf des Übernehmers für mögliche Umbauten des Betriebsleiterwohnhauses und des Altenteilerhauses bzw. der -wohnung ist.

Übergeber und Übernehmer sollten diese Aspekte auch den weichenden Erben transparent machen. Denn Fakt ist: Die Hofübergabe ist – rein wertmäßig betrachtet – ungerecht für die weichenden Erben. Sie sollten deshalb wissen, wie bei einer Hofübergabe gerechnet wird, um Verständnis für die Ermittlung ihrer Abfindungen zu entwickeln. Auf der anderen Seite sollten Übergeber und Übernehmer versuchen, die Position der weichenden Erben zu verstehen, dass diese vielleicht verstärkt auf die „Erbmasse“ schauen und sicher sein wollen, dass sie angemessen bedacht werden. Dann bestehen gute Chancen, einvernehmliche Abfindungsregeln zu finden.

Im konkreten Hofübergabegespräch gilt es dann, ausgehend von der jeweils eigenen Position, Kompromisse zu machen. Gute Beratung leisten hier spezialisierte Berater bei den Bauernverbänden, geschulte Mediatoren und mitunter auch Rechtsanwälte und Notare.

SONDERFÄLLE

Den „Normalfall“, die Übergabe eines rein landwirtschaftlichen Betriebes unter Fortführung der Bewirtschaftung, gibt es immer weniger. Mittlerweile häufig sind Betriebe mit erheblichen Anteilen an gewerblichen Einnahmen. Hier sind die rechtlichen Rahmenbedingungen der Übergabe und Abfindung teils ganz andere. Es braucht noch mehr individuelle Regelungen.

Das gilt auch für auslaufende Betriebe. Zwar sind hier auch geschlossene Übergaben an einen Übernehmer möglich, allerdings gestaltet sich v.a. die Abfindung der Geschwister anders, wenn der Hofnachfolger nicht vom Hof lebt. Eine erbrechtliche Benachteiligung der weichenden Erben ist nicht mehr gerechtfertigt. Hier sind neue Regelungen gefragt.

TIPP

Darauf kommt es an

- Erkennen Sie die Hofübergabe als emotionalen Prozess an.
- Führen Sie schon frühzeitig Gespräche mit allen Familienmitgliedern.
- Respektieren Sie die Interessen von Übergeber, Übernehmer und den weichenden Erben.
- Blenden Sie aufkeimende Konflikte nicht aus, diskutieren Sie diese offen.
- Klären Sie Ihre eigene Position zum Leben und zum Betrieb.
- Planen Sie zwei bis drei Jahre Vorbereitungszeit ein.
- Informieren Sie sich frühzeitig über alle rechtlichen und wirtschaftlichen Rahmenbedingungen.
- Nehmen Sie Infoveranstaltungen und Beratung in Anspruch.
- Legen Sie die Betriebsergebnisse und den finanziellen Bedarf von Übergeber und Übernehmer offen auf den Tisch.
- Führen Sie viele Einzel- und Gruppengespräche und nehmen Sie sich Zeit.
- Versuchen Sie unterschiedliche Standpunkte der einzelnen Familienmitglieder nachzuvollziehen.
- Gehen Sie aufeinander zu und seien Sie kompromissfähig.

Will die Hofnachfolgerin oder der Hofnachfolger nach der Ausbildung im elterlichen Betrieb einsteigen, gilt es, die verschiedenen Möglichkeiten gut abzuwägen.

Foto: Höner

Hofnachfolger: Besser Mifa oder GbR-Gesellschafter?

Vor der Hofübergabe arbeitet der Hofnachfolger meist als mitarbeitendes Familienmitglied im elterlichen Betrieb. Alternativ kommt die Gründung einer GbR infrage. Wir zeigen Vor- und Nachteile.

UNSERE AUTORIN
Ursula Quatmann

Keine Betriebshilfe, keine Junglandwirteprämie und relativ hohe Kosten – das sind einige Nachteile, wenn Hofnachfolgerinnen bzw. Hofnachfolger nach der Ausbildung als mitarbeitender Familienangehöriger (Mifa) in den Betrieb einsteigen.

Ist die Gründung zum Beispiel einer GbR deshalb die bessere Lösung? Nicht unbedingt, denn die Gründung einer GbR ist mit zahlreichen Detailfragen und Risiken verbunden. Und wenn es schief geht, dann oft richtig.

Entscheidend ist, dass Betriebsleiter und Hofnachfolger sich nicht blind für ein Modell entscheiden, sondern Vor- und Nachteile gründlich abwägen.

EINFACHE LÖSUNG

Die Mitarbeit als Mifa ist ein auf landwirtschaftliche Betriebe zugeschnittenes Beschäftigungsmodell und relativ einfach in der Umsetzung. Es braucht einen schriftlichen Arbeitsvertrag und eine Vergütung zum Mindestlohn oder mehr. Voraussetzung ist, dass der Mifa ein Verwandter bis zum 3. Grad des Betriebsleiters ist (z. B. Kind, Enkelkind, Neffe/Nichte, Eltern, Geschwister) oder bis zum 2. Grad verschwägert ist (z. B. Schwiegerkinder). Zudem muss ein Mifa hauptberuflich mit einer regelmäßigen Arbeitszeit von mindestens 20 Wochenstunden im landwirtschaftlichen Betrieb beschäftigt sein.

Je nach Einzelfall beschäftigt der Senior den Hofnachfolger mit z. B. 20, 30 oder 40 Wochenstunden, meist zum Mindestlohn. Die entstehenden Kosten kann der Betrieb steuerlich absetzen.

Und die Kosten haben es in sich. Denn für hauptberufliche Mifa greift die Sozialversicherungspflicht:

- Betriebsleiter und Hofnachfolger zahlen jeweils den halben Beitrag zur Arbeitslosen- und gesetzlichen Rentenversicherung – so wie andere sozialversicherungspflichtig Beschäftigte auch. Hinzu kommt – und das ist die Besonderheit bei den Mifa – die Versicherungspflicht in der landwirtschaftlichen Krankenkasse (LKK) und Alterskasse (LAK). Dabei zahlt der Unternehmer als Arbeitgeber die Beiträge für den Mifa allein – jeweils die Hälfte des Unternehmerbeitrages (Übersicht 1).

SCHNELL GELESEN

Den Hofnachfolger, dessen Geschwister, Eltern, Neffen/Nichten u. Ä. als mitarbeitende Familienangehörige (Mifa) einzustellen, ist Standard auf vielen Höfen.

Die Beschäftigung als Mifa ist leicht umzusetzen, aber mit recht hohen Sozialbeiträgen und anderen Mankos verbunden.

Die Gründung, z. B. einer GbR kann im Einzelfall gerade für den Hofnachfolger eine gute Alternative sein.

Aufwand und Risiken einer GbR sind jedoch nicht zu unterschätzen.

ÜBERSICHT 1: WAS EIN MIFA DEN BETRIEB KOSTET

Betrieb: 120 Kühe + Nachzucht, 90 ha Acker- und Futterbau, 26 ha Grünland	Wochenstunden 40	30	20
Lohn Hofnachfolger			
monatlicher Bruttolohn[1], €	2.230,68	1.673,01	1.115,34
- Abzüge (Renten- u. Arbeitslosen-Versich., Steuer)	410,66	208,76	82,12
= monatlicher Nettolohn, €	1.820,02	1.464,25	1.033,22
Kosten für den Betrieb			
monatlicher Bruttolohn[1], €	2.230,68	1.673,01	1.115,34
+ Rentenversicherung, Arbeitslosenversicherung €	236,45	181,85	130,38
+ Insolvenzumlage, €	3,35	2,54	1,50
+ ½ Unternehmerbeitrag für LKK (BKL 17), €	348,75	348,75	348,75
+ ½ Unternehmerbeitrag Pflegekasse (kinderlos), €	79,80	79,80	79,80
+ ½ Unternehmerbeitrag für die Alterskasse[2], €	156,00	156,00	156,00
= monatliche Effektivkosten für den Betrieb, €	3.055,03	2.441,95	1.831,77

1) Mindestlohn von 12,82 €/Stunde; 2) Befreiung möglich — *top agrar; Quelle: Quatmann*

◁ Etwa 700 €/Monat – so viel Sozialbeiträge muss ein Betrieb für einen Mifa zahlen.

PASST NICHT FÜR JEDEN

Von der Alterskassenpflicht kann der Hoferbe sich übrigens befreien lassen, denn als Mifa hat er ein außerlandwirtschaftliches Einkommen von mehr als 556 €/Monat, das gilt als Befreiungstatbestand. Eine Befreiung von der gesetzlichen Rentenversicherung ist nicht möglich. Das kann auch ein Vorteil sein: So profitiert manch ein Hofnachfolger von den Beitragszeiten als Mifa, um z. B. die fünf Jahre Wartezeit für die gesetzliche Altersrente zu erfüllen. ▶

Weitere Vorteile als Mifa: Lohnfortzahlung bei Krankheit, Krankengeld und Anspruch auf Arbeitslosengeld.

Aber: Als Mifa hat der Hofnachfolger noch keine Möglichkeit, die Junglandwirteprämie der Agrarförderung zu beantragen, das geht erst als Unternehmer. Und im Krankheitsfall gibt es keinen Anspruch auf Betriebshilfe. Außerdem hat der Hoferbe als Mifa formal keine eigene Entscheidungsbefugnis. Das passt nicht für jeden.

Insbesondere, wenn ein Hofnachfolger sich eigenverantwortlich ausprobieren möchte, kann deshalb die gemeinsame Bewirtschaftung des Betriebes als GbR eine gute Alternative sein.

ÜBERSICHT 2: MONATLICHE MEHRKOSTEN FÜR ZWEI-PERSONEN-GBR

Betrieb: 120 Kühe + Nachzucht, 90 ha Ackerl., 26 ha Grünland	Einzelbetrieb	GbR Fall 1		GbR Fall 2		GbR Fall 3	
Anteilsverteilung (€)	**100 %**	**5 %**	**95 %**	**51 %**	**49 %**	**30 %**	**70 %**
Standardeinkommen LKK, €	96.100	4.805	91.295	49.011	47.089	28.830	67.270
Beitragsklasse LKK	BKL 17	BKL 2	BKL 16	BKL 10	BKL 10	BKL 6	BKL 12
monatlicher LKK-Beitrag, €	697,50	138,00	658,60	440,72	440,72	295,88	512,52
+ Pflegebeitrag, €	136,82	23,49	105,30	86,82	86,82	58,29	100,97
= Summe, €	834,32	161,49	763,90	527,54	527,54	354,17	613,49
Gesamtbeiträge[1], €	**834,32**	**925,39**		**1.055,08**		**967,66**	

1) Zudem: Betriebsleiter und Hofnachfolger sind alterskassenpflichtig. Der Beitrag liegt bei 312 €/Monat. *top agrar; Quelle: Quatmann*

△ Durch die GbR-Gründung steigen die monatlichen LKK-Beiträge in unterschiedlichem Ausmaß, je nach Verteilung der Anteile unter den Gesellschaftern.

MEHR VERANTWORTUNG

Manchmal sprechen auch steuerliche Aspekte für die GbR oder die Tatsache, dass der Hofnachfolger Junglandwirteprämie beziehen kann – vorausgesetzt, er hat die überwiegende Entscheidungsgewalt im GbR-Betrieb. Auch bei den monatlichen Kosten der sozialen Absicherung ist der Einstieg über eine GbR oft etwas günstiger als beim Mifa-Modell. Für jeden Gesellschafter besteht Beitragspflicht in der LKK und in der LAK. Der Alterskassenbeitrag beträgt 312 €/Monat. Die Beiträge für die LKK orientieren sich an den jeweiligen Anteilen bzw. Stimmrechten und am Umfang des Gesamtbetriebes (Übersicht 2). Die LKK-Beiträge sind aber nicht immer günstiger. Hier gilt genau hinzuschauen und sich beraten zu lassen.

Aufgepasst: Die Gründung einer GbR ist zwar formal vergleichsweise einfach, sollte dennoch gut überlegt sein. Denn im Vergleich zum Mifa-Modell erfordert die GbR-Gründung einen weit höheren persönlichen Aufwand.

Zuerst gilt es zu klären, welche Rolle die Beteiligten zukünftig einnehmen wollen. Es geht um Aufgabenverteilungen, Arbeitsabläufe, Arbeitszeiten, Urlaubszeiten, Vertretung, Büroorganisation, Weisungsbefugnisse für andere Mitarbeiter und weitere Dinge des gemeinsamen Wirtschaftens.

Dafür braucht es eine akribische Auseinandersetzung mit diesen Themen, möglichst ein Coaching. Eine Fachberatung zum Beispiel zu Versicherungen sowie zum Steuer-, Vertrags- sowie zum Sozialversicherungsrecht ist zwingend erforderlich.

Die erarbeiteten Ergebnisse gehen in den Gesellschaftsvertrag ein, der die Grundlage für die gelingende Zusammenarbeit ist. Hier legen die Gesellschafter auch die Gewinnverteilung und Stimmrechte sowie Ein- und auch Austrittsmodalitäten fest.

Gerade Jungunternehmer sollten sich auch intensiv mit der eigenen privaten Absicherung (Krankheit Altersvorsorge) beschäftigen, da die gesetzliche Absicherung mitunter unvollständig ist.

VORSICHT FALLE

Falls ein Unternehmer den Hofnachfolger nicht als Mifa in der Landwirtschaft, sondern sozialversicherungspflichtig im Gewerbebetrieb beschäftigt, ist das durchaus möglich, birgt aber einige Risiken.

ÜBERSICHT 3: VOR- UND NACHTEILE AUF EINEN BLICK

Vorteile	Nachteile
Anstellung des Hofnachfolgers als Mifa	
Eine klare Rollenverteilung als Arbeitgeber und Arbeitnehmer	Begrenzte unternehmerische Handlungsmöglichkeiten für Hofnachfolger
Die Kosten des Anstellungsverhältnisses kann der Betrieb steuerlich absetzen	Höhere Kosten der sozialen Absicherung im Vergleich zur GbR
Schneller und einfacher zu realisieren als eine GbR	Kein Anspruch auf Betriebshilfe bei Krankheit bzw. Ausfall
Hofnachfolger hat keine Abzüge vom Bruttolohn für die LKK und LAK	Kein Anspruch auf Junglandwirteprämie
Pflichtbeiträge zur gesetzl. Rentenkasse, um später ggf. Wartezeit von fünf Jahren zu erfüllen	
Anspruch auf Lohnfortzahlung im Krankheitsfall, Krankengeld und Arbeitslosengeld	
Hofnachfolger kann Alterskassenzeiten aufbauen	
Möglichkeit, während der Fachschulzeit Aufstiegs-BAföG zu beziehen	
Einstieg des Hofnachfolgers durch Gründung einer GbR	
„Echter" Einstieg des Hofnachfolgers in den Betrieb mit eigenen unternehmerischen Handlungsmöglichkeiten	Deutliches Konfliktpotenzial zwischen den beiden Gesellschaftern
Leistungsabhängige Vergütung möglich	Die Gründung einer GbR erfordert einen hohen persönlichen Aufwand
Geringerer Kosten für Kranken- und Pflegekasse	keine Lohnfortzahlung bei Krankheit, kein Krankengeld und Arbeitslosengeld, ggf. private Absicherung notwendig
Anspruch auf Betriebshilfe bei Krankheit/Ausfall	Hoferbe muss den Gewinn versteuern

△ Ob Beschäftigung als Mifa oder Gründung einer GbR: Hofübergeber und -übernehmer sollten sich erst über beide Modelle gründlich informieren und dann entscheiden.

Foto: Huesmann

◁ Um in die unternehmerische Verantwortung hineinzuwachsen, kann die GbR von Vorteil sein.

• Beschäftigt der Betriebsleiter nur den Hoferben im gewerblichen Betrieb, aber keinen Mitarbeiter im landwirtschaftlichen Betrieb, ist der Betriebsleiter aus sozialrechtlicher Sicht hauptberuflich im Gewerbebetrieb zu sehen. Die Folge: Die Versicherungspflicht für den Betriebsleiter in der LKK findet keine Anwendung. Stattdessen muss er sich freiwillig als gewerblicher Unternehmer krankenversichern. Maßstab für die Beiträge sind dann seine gesamten Einkünfte – und das kann teurer werden.

• Arbeitet der Hofnachfolger trotz Anstellung im gewerblichen Betrieb hauptsächlich im landwirtschaftlichen Betrieb, gilt dies unter Umständen als Arbeitnehmerüberlassung. Die Folge: Der Hoferbe gilt im landwirtschaftlichen Betrieb als mitarbeitender Familienangehöriger und der Betriebsleiter muss gegebenenfalls zumindest die LKK-Beiträge nachentrichten.

VOR DER FACHSCHULE

Absolviert der Hoferbe sein Praxisjahr für die Fachschule auf dem elterlichen Betrieb, ist eine Beschäftigung als Mifa sinnvoll. So kann er dieses Arbeitsverhältnis in der Fachschulzeit wieder auflösen bzw. in einen Minijob umwandeln und Aufstiegs-BAföG beanspruchen. Vorausgesetzt, er verdient max. 556 €/Monat und bleibt unter dem Vermögensfreibetrag von 45.000 €. Als GbR-Gesellschafter funktioniert dies i. d. R. nicht.

Loslassen will geübt sein

Den Hof an die nächste Generation weiterzugeben, ist für viele Landwirte ein Kraftakt. Doch mit Vertrauen und einem guten Fahrplan kann das Loslassen gut gelingen.

UNSERE AUTORIN
Dr. Silvia Riehl

Trotz der Vielzahl an ökonomischen, rechtlichen und organisatorischen Informationen zur Hofübergabe, bleibt eine Frage oft unbeantwortet, sie wird gar nicht gestellt:

Wie sieht ein gelingendes und erfülltes Leben nach der Hofübergabe aus? Wie kann der Altenteiler den Hof gut loslassen? Dabei ist diese Frage ganz zentral für eine gelingende Hofübergabe – auch auf familiärer und emotionaler Ebene.

Der Hof ist für viele Übergeber ein wesentliches Stück Lebensinhalt. Oft fällt es schwer, das erarbeitete Vermögen und die große Verantwortung abzugeben. Das ist verständlich, weckt die Hofübergabe doch – bewusst und unbewusst – zahlreiche Urängste im Menschen. Aber wenn die abgebende Generation den Betrieb nicht wirklich loslässt, sind die familiären Konflikte im Zuge der Hofübergabe geradezu vorprogrammiert.

DIE ANGST FÄHRT MIT

Viele Übergeber überkommt die Existenzangst: Wird mein Lebensabend gesichert sein? Hat der Hof zukünftig Bestand und bringt den nötigen Gewinn? Zudem stellt sich vielen Landwirten die Sinnfrage. Welchen Sinn hat das Leben, wenn sie nicht mehr für den Betrieb verantwortlich sind? Mit welchen Inhalten füllen sie ihren Alltag? Und schließlich ist da die Angst vor fehlender Anerkennung und Wertschätzung.

Auch Übernehmerinnen und Übernehmer kämpfen oft mit Ängsten: Bin ich in der Lage, den Betrieb erfolgreich weiterzuführen und die Weichen für die Zukunft richtig zu stellen. Oft wird das Ganze dann noch von den weichenden Erben kritisch beobachtet.

So entsteht ein Teufelskreis: Tatsächliche oder vermeintliche Unsicherheiten beim Übernehmer bestätigen häufig die Übergeber in ihrer Meinung, sich doch noch „kümmern“ zu müssen. Schnell beginnt ein Kreislauf gegenseitiger Kontrolle und Bevormundung. Diesen Kreislauf zu durchbrechen, ist die Aufgabe der gesamten Familie, um ein dauerhaft gutes Miteinander zu schaffen.

Zunächst sollten alle Beteiligten akzeptieren, dass die Ängste normal sind. Bleiben diese aber im stillen Kämmerlein und fehlt das gegenseitige Verständnis, kommt es fast zwangsläufig zu Missstimmungen. Andersherum: Wer Sorgen und Ängste in der Familie anspricht, kann sie auch überwinden.

MUT UND VERTRAUEN

Eine Hofübergabe braucht zuallererst Mut. Die Übergeber brauchen den Mut, sich den genannten Fragen zu stellen und Lösungen zu suchen. Und je mutiger und gelassener sie sind, desto mutiger und selbstbewusster und damit auch erfolgreicher wird der Nachfolger sein. Der Übernehmer braucht den Mut, sich von den Leistungen der Vorgänger nicht entmutigen zu lassen, aber auch ihre Fehler nicht zu ignorieren.

Die zweite wichtige Säule ist Grundvertrauen, das meint, das Leben so anzunehmen, wie es gerade ist, in der Überzeugung, dass es sinnvoll ist. Es bedeutet auch, der nächsten Generation die Verantwortung zu geben, in der Überzeugung, sie wird ihre Sache gut machen. Vertrauen heißt weiter, sich nicht in alles „hineinzuhängen“, weil man darauf vertraut, dass es auch ohne das eigene Zutun gut gehen wird.

Doch Mut und Vertrauen müssen wachsen. Loslassen geht nicht plötzlich, sondern will vorbereitet und geübt sein. Man kann eigentlich nicht früh genug anfangen zu planen, wie man später die Hofübergabe gestalten möchte. Dazu gehören die Fragen der Absicherung im Alter, aber auch die Frage nach der persönlichen Sinnerfüllung. Wer sie nur aus betrieblichem Erfolg zieht, stürzt zwangsläufig in ein tiefes Loch, wenn er den Betrieb einmal abgibt.

△ Mut macht Mut: Je gelassener und positiver der Betriebsleiter die Übergabe sieht, desto mutiger und selbstbewusster kann der Nachfolger durchstarten.

Je eher Landwirte sich Interessensgebiete auch außerhalb des Betriebes suchen, desto besser können sie diese ausbauen, wenn sie den Betrieb abgeben. Trotz aller Arbeitsbelastung und Pflichten: Für ein gutes Buch, einen Sportabend, eine Kurzreise o.Ä. hat jeder Zeit. Es sei denn, er oder sie will nicht.

So wie eine außerbetriebliche Geldanlage ein weiteres Standbein für die finanzielle Sicherheit ist, so ist ein Interessensgebiet neben dem Hof ein Standbein für die Zufriedenheit im Alter.

SCHRITT FÜR SCHRITT

Ganz wichtig ist auch, dass der Hofübernehmer gut vorbereitet ist. In der Zeit, in der beide Generationen gemeinsam auf dem Hof arbeiten, können Jung und Alt das Loslassen bzw. die Übernahme der Verantwortung üben. Dabei sollte die Verantwortung Schritt für Schritt übergeben werden. So entwickelt sich bei Alt und Jung das Vertrauen in die Fähigkeiten des Juniors. Mit der Übergabe kann ihm dann unbesorgt die Ent-

Fotos: Höner

△ Den Hof loslassen? Das fällt vielen Landwirten ungeheuer schwer. Dabei warten in der Regel unzählige Möglichkeiten und viele fitte Jahre auf die rüstige, abgebende Generation vor heute.

scheidung für die zukünftige betriebliche Entwicklung überlassen werden.

Wer in dieser Phase vor der Übergabe seinen Nachfolger wie selbstverständlich nur als Mitarbeiter behandelt, der Anweisungen zu folgen hat, hat keine Chance, Vertrauen aufzubauen.

RESPEKTVOLLES MITEINANDER

Für die Altenteiler bleibt der Hof oft ein Teil ihres Lebensinhaltes. Möchten sie Aufgaben im Betrieb übernehmen, sollten sie dies mit den Nachfolgern unbedingt besprechen. Denn ungefragtes, selbstverständlich immer gut gemeintes Einmischen in betriebliche Belange ist eine Quelle unendlicher Missstimmungen. Sollten Vater oder Mutter also noch ein reguläres Arbeitsverhältnis im Betrieb haben, muss klar sein, dass sie nur Mitarbeiter sind – und nicht der Chef.

Übergeber müssen oft erst (wieder) lernen, dass es das gute Recht des Übernehmers ist, eigene Entscheidungen zu treffen. Dieser Prozess gelingt umso besser, je achtsamer Alt und Jung miteinander umgehen und je vertrauensvoller die familiären Gespräche sind. Insbesondere Altenteiler, die früher quasi „stumm" den Betrieb geführt und das Familienleben gestaltet haben, müssen diese Gesprächskultur erst einüben.

Die Übernehmer andererseits müssen sich darüber klar sein, dass die Übergeber informiert sein wollen, was im Betrieb passiert. Nicht wenige Altenteiler freuen sich auch, wenn sie gelegentlich um ihren Rat gefragt werden. Hier bietet sich in gewissen Abständen eine „Expertenrunde" an. Wichtig dabei ist ein Klima gegenseitigen Respektes.

NEUER PARTNER ÄNDERT VIELES

Nicht selten zieht parallel zur Hofübernahme der Partner oder die Partnerin des Hofnachfolgers auf den Hof. Sie oder er bringt eigene Wertvorstellungen, Umgangsweisen und Interessen mit in den Betrieb. Das wiederum wird von den künftigen Altenteilern nicht immer begrüßt, sondern ruft neue unbewusste Ängste wach. Viele fragen sich: Läuft jetzt alles ganz anders, als wir uns das vorgestellt haben? Ist das der richtige Partner für unserer Kind? Was bedeutet das für die Betriebsentwicklung?

Diese Sorgen kommen vor allem bei sensiblen Personen oft als pures Misstrauen an und sie verstärken die Unsicherheit. Denn die Einheirat ist auch für den Einheiratenden eine Herausforderung. Sie ähnelt einer Reise in eine andere Kultur: Alles ist neu, vieles anders.

Doch auch hier gilt: Mut macht Mut. Wenn die Übergeber das neue Familienmitglied annehmen, wie es ist, ist das die beste Voraussetzung, um einen eigenen, angemessenen Platz in Familie und Betrieb zu finden. Fordern die Übergeber hingegen mehr oder minder offen, dass nach ihren Wertvorstellungen gelebt und gearbeitet wird, entstehen oft Spannungen, die alle anderen Bereiche überschatten.

ABGEBEN ALS CHANCE?

Den Betrieb abgeben, bedeutet immer einen Abschied von einer sehr aktiven und verantwortungsvollen Lebensphase. Dies kann aber gleichzeitig der Beginn eines neuen, freieren Lebensabschnitts sein. Das ständige Müssen kann dem Wollen weichen.

Wo früher nach einem langen und harten Arbeitsleben oft nur wenig Lebenszeit für neue Aktivitäten blieb, liegt heute häufig noch eine lange Zeitspanne mit vielfältigen Chancen. Das Leben nach der Hofübergabe will gestaltet werden. Nur Mut! Packen Sie es an!

SCHNELL GELESEN

Die Hofübergabe ist für viele Übergeber von Existenzangst und der Sinnfrage begleitet. Das macht sie so schwer.

Die Übernehmer stehen hingegen unter großem Verantwortungsdruck, den Betrieb erfolgreich zu führen.

Diese Unsicherheiten können sich zu gegenseitigem Misstrauen hochschaukeln.

Mut, Vertrauen und klärende Gespräche helfen, den Teufelskreis aus Unsicherheiten und Misstrauen zu überwinden.

Konflikte frühzeitig klären

Bei einer Hofübergabe sind starke Gefühle im Spiel und bringen mitunter den Familienfrieden ins Wanken. Eine Mediation kann helfen, z. B. Generations- oder Geschwisterkonflikte zu entschärfen.

UNSERE AUTORINNEN
Iris Fahlbusch
Jutta Lütkenhaus

Die Hofübergabe rüttelt an vielen Grundpfeilern des Zusammenlebens. Es geht um die Neuordnung von Eigentum, Rangordnung, Zugehörigkeit und Sicherheit. Jeder der Beteiligten hat seine ganz eigene Sicht auf die Dinge, fühlt es anders. Mitunter kommt es zu (schweren) Konflikten.

Dann leidet die Familie, die Betriebsentwicklung stockt. Oft ist den Beteiligten gar nicht klar, welche Gefühle eigentlich hinter den Konflikten stecken.

WER IST DER CHEF?

Dem Übergeber fällt es oft schwer, die Verantwortung abzugeben. Fehlt ihm dann noch die Wertschätzung durch den Junior für seine jahrzehntelange Arbeit, sieht er womöglich sein Lebenswerk und Wertesystem gefährdet.

Der Übernehmer seinerseits möchte die unternehmerischen Entscheidungen selbst treffen. Mischt sich der Übergeber ungefragt ein, fühlt sich der Hoferbe schnell in Betriebsführung und Lebensgestaltung beeinträchtigt.

GELD ODER ANERKENNUNG?

Ein weiterer Konfliktpunkt: Das Zusammenleben von Alt und Jung. Der Junior hat meist seine eigene Familie, mit anderen Vorstellungen von Familie, Zusammenleben und Betrieb. Da stoßen oft Welten aufeinander.

Für die weichenden Erben ist die Hofübergabe oft schmerzlich. Denn der Betrieb hat für sie meist einen genauso hohen emotionalen Wert wie für den Übernehmer, sie haben hier ihre familiären Wurzeln. Mit der Hofübergabe wird nun alles anders. Was sonst selbstverständlich war, ist es nun nicht mehr, z.B. die Regeln des Zusammenlebens und Arbeitens auf dem Hof. Die weichenden Erben fühlen sich oft zurückgesetzt. Gespräche über die Hofübergabe drehen sich dann schnell v.a. um Vermögenswerte und Abfindung – dabei geht es um Anerkennung, oft auch für ihre Leistungen für den Betrieb.

EINANDER ZUHÖREN

Hinter all den Konflikten stecken starke Gefühle. Die jeweiligen Emotionen und Erwartungen für die Zukunft des Hofes wurden in der Familie, wenn überhaupt, oft nur unvollständig besprochen oder für selbstverständlich gehalten. Es fehlt die passende Gesprächskultur. Die offene, wertschätzende Kommunikation muss geübt werden.

▷ Ein angespanntes Verhältnis – keine Seltenheit zwischen Hofübernehmern und den weichenden Geschwister.

Foto: Höner

Mediation kann helfen, dass sich Übergeber, Übernehmer und weichende Erben ihrer eigenen Gefühle bewusst werden und die Emotionen der anderen verstehen lernen.

Bei den Mediationsterminen kommen in der Regel alle Beteiligten zusammen und können ihre Konfliktpunkte häufig das erste Mal ohne Streit aussprechen. Jeder bekommt dabei die Möglichkeit, seine Sichtweisen und Interessen darzulegen, während die anderen zuhören. Dabei geht es auch darum, dass jeder mit seinen Themen von den anderen gehört wird.

PERSPEKTIVE WECHSELN

Ganz wichtig ist der Perspektivwechsel: Alle Beteiligten versetzen sich in die Position des jeweils anderen.

- Wie würde sich der Übergeber als 25-jähriger Hofnachfolger fühlen?
- Wie ginge es dem Übernehmer, wenn die Schwester den Hof übernähme?
- Können die weichenden Erben sich vorstellen, wie es ist, den Familienbetrieb verantwortlich zu führen?

An dieser Stelle entsteht meist ganz viel Verständnis füreinander. So kann der Übernehmer z. B. erkennen, was es für die Geschwister bedeutet, Teil des Hofes zu sein, gerne nach Hause kommen zu wollen. Die Geschwister können verstehen, dass es eine große Aufgabe ist, den Betrieb in die Zukunft zu führen und noch Abfindung zu zahlen.

Hilfreich ist auch, gemeinsam in die Zukunft zu schauen. Was wäre denn, wenn wir uns hier nicht gut einigen, nicht mit einem guten Gefühl rausgehen können? Dem ganz konkret nachzufühlen, hilft oftmals, damit die Konfliktparteien wieder wohlwollender miteinander umgehen können.

Am Ende geht es darum, gemeinsame Wege und Lösungen zu suchen, die für alle Beteiligten funktionieren und die die Situation in der Familie entspannen.

ANPACKEN, BEVOR ZU SCHWER

Erfolgreich wirtschaften heißt auch, den Betrieb erfolgreich zu übergeben – in welcher Form auch immer. Denn nur ein übergebener Betrieb bleibt ein Familienbetrieb. Funktioniert das nicht, gefährdet das den Familienfrieden.

Und das kostet alle Beteiligten viel Energie, 24 Stunden am Tag, sieben Tage die Woche – Energie, die gebraucht wird, um den Betrieb erfolgreich zu bewirtschaften. Deshalb ist es die unternehmerische Verantwortung des Übergebers, Lösungen zu suchen.

SCHNELL GELESEN

Hinter den Konflikten zwischen den Generationen oder mit den weichenden Erben, stecken starke Gefühle.

In der Mediation können alle Beteiligten ihre Konflikte und Gefühle ansprechen und die der anderen verstehen lernen.

Konfliktlösungen erarbeiten die Beteiligten im Mediationsprozess selbst, der Mediator ist Moderator und Impulsgeber.

Je früher man sich Hilfe holt, desto besser. Es gilt, das Schwere anzupacken, solange es noch leicht ist – auf jeden Fall bevor es um die konkreten steuerlichen und rechtlichen Regelungen geht. Mitunter benötigen einzelne Beteiligte Zeit, um ihre Erkenntnisse zu verarbeiten und ihre Positionen zu überdenken.

WIE LÄUFT EINE MEDIATION AB?

Egal, ob es ein offener Streit ist, eine Mauer des Schweigens oder „lediglich" ein Unwohlsein. Alles kann Anlass sein, Mediation in Anspruch zu nehmen. Dabei gibt es bestimmte aufeinander folgende Phasen der Mediation. Das nebenstehende Schaubild zeigt die Einzelheiten.

Der Mediator leitet den Prozess und ist allparteilich. Er bringt keine eigenen konkreten Lösungsvorschläge ein, kann aber Impulsgeber für Denkansätze sein. Eine Lösung des Konfliktes sollen die Beteiligten im Gespräch miteinander eigenverantwortlich erarbeiten.

Mediatoren sind ausgebildet – sowohl in Kommunikations- und Verhandlungstechniken als auch im Konfliktmanagement. Wenn die Beteiligten nicht zu sehr zerstritten sind, kommen alle an einen Tisch. Dazu gehören auf jeden Fall die Eltern, der Hofübernehmer sowie die anderen Kinder.

Die Mediation ist für alle Beteiligten zu jedem Zeitpunkt des Verfahrens freiwillig. Mediatoren sind zur Verschwiegenheit verpflichtet. Sie schaffen damit eine geschützte Atmosphäre, sodass die individuellen Wünsche, die Erwartungen und die eigenen Gefühle tatsächlich frei ausgesprochen werden können.

Wie viele Termine die Mediation im Einzelfall benötigt, ist von Fall zu Fall unterschiedlich. In der Praxis braucht es in der Regel mindestens drei Termine, manche Mediationen laufen über ein Jahr und deutlich länger.

MEDIATOR FINDEN

Einen geeigneten Mediator finden Betroffene oft über die Mund-Propaganda oder sie fragen bei den örtlichen landwirtschaftlichen Institutionen. Über die Suchbegriffe „Mediation" und „Hofnachfolge" finden Sie auch im Internet zahlreiche Angebote.

Wichtig zu wissen: Ein „zertifizierter Mediator" erfüllt die definierten Mindeststandards der Aus- und Fortbildung, die im Mediationsgesetz definiert sind. Mitunter kann aber auch ein erfahrener Coach mit entsprechendem Schwerpunkt hilfreich sein.

Auf jeden Fall sollte der Mediator Kenntnisse zur Unternehmensübergabe und Landwirtschaft haben. Zentral ist auch das erste telefonische Gespräch, als Auftraggeber sollten Sie sich verstanden fühlen.

IMMER LÖSUNGEN MÖGLICH?

Gibt es immer eine Lösung bei der Mediation? Ganz überwiegend, aber nicht unbedingt die, die sich die Beteiligten wünschen. Manchmal gelingt es z. B. dem Übergeber nicht, die Gefühle des Übernehmers wahrzunehmen oder die eigenen angemessen auszudrücken. Dann entscheidet sich der Übernehmer womöglich gegen die Hofübernahme. Auch das ist eine legitime Lösung.

PHASEN DER MEDIATION

top agrar

Vorgespräch	Telefonisch
Phase 1	Regeln, Grundlagen, Rahmen u. Vertraulichkeit
Phase 2	Darstellung des Konflikts - Sichtweisen - Gefühle - Themen
Phase 3	Konflikterhellung - Motive - Interessen - Bedürfnisse dahinter
Phase 4	Lösungssuche Ideensammlung
Phase 5	Vereinbarungen

Quelle: Lütkenhaus/Fahlbusch

△ Die Mediation folgt einem festen Schema. Die Beteiligten erarbeiten eigenverantwortlich eine Lösung, der Mediator begleitet.

Übergabevertrag: Darauf kommt es an!

Einen passenden Hofübergabevertrag gibt es nicht von der Stange. Wir zeigen, welche Punkte ein guter Vertrag regeln sollte und worauf Sie dabei achten müssen.

UNSERE AUTOREN
Michael Fauck, Hubertus Schmitte

Den Hof zu Lebzeiten zu übertragen, hat viele Vorteile: Die Beteiligten können die Hofnachfolge aktiv gestalten und individuelle Lösungen finden. Der Hofnachfolger kann frühzeitig Verantwortung übernehmen und der Übergeber sich von Arbeit und Verbindlichkeiten entlasten. Wichtig ist eine rechtzeitige, gut vorbereitete Hofübergabe, bei der möglichst alle Familienmitglieder eingebunden sind. Der Übergabevertrag regelt dann drei zentrale Punkte:

- Die Übertragung des Betriebes auf den Nachfolger.
- Die Altenteilsleistungen zugunsten der abgebenden Generation.
- Die Regelungen zur Abfindung weichender Geschwister.

Die einzelnen Vertragsinhalte können zwischen Übergeber und Übernehmer im Wesentlichen frei gestaltet werden. Dabei sollten aber sämtliche Rechtsverhältnisse möglichst abschließend geregelt werden. Formell muss der Vertrag vor einem Notar geschlossen und nach dem Grundstücksverkehrsgesetz genehmigt werden. Mit dem Eintrag des Übernehmers als neuen Eigentümer ins Grundbuch wird die Übergabe rechtswirksam. Bei Betrieben, die unter die nordwestdeutsche Höfeordnung fallen, muss der Übergabevertrag vom zuständigen Landwirtschaftsgericht genehmigt werden. Dabei prüft das Gericht insbesondere, ob der Hof vollständig übergeben wurde, der Hofübernehmer wirtschaftsfähig ist und ob die Altenteils- und die Abfindungsleistungen vom Hof tragbar sind.

WER IST BETEILIGT?

Der Übergabevertrag muss nur zwischen Übergeber und Übernehmer geschlossen werden. Sobald jedoch Geschwister des Übernehmers im Vertrag z.B. einen Pflicht- und Erbteilsverzicht erklären und als Gegenleistung dafür eine Abfindungszahlung vom Betrieb bekommen sollen, müssen auch die Geschwister am Vertrag beteiligt werden. Für den Fall, dass z.B. noch bestehende Altenteilsrechte zugunsten noch lebender Voreigentümer geändert oder aufgegeben werden sollen, müssen die Betroffenen ebenfalls am neuen Hofübergabevertrag beteiligt werden.

DER PASSENDE ZEITPUNKT

Einen allgemein richtigen Zeitpunkt für die Hofübergabe gibt es nicht. In der Praxis orientieren sich die Betriebe sinnvollerweise meist am Beginn der Rentenbezugsberechtigung des Übergebers – auch wenn die Abgabe des Hofes seit einem Urteil des Bundesverfassungsgerichtes aus 2018 keine zwingende Voraussetzung mehr für den Bezug des Altersgeldes ist. Manchmal sind es auch besondere Ereignisse, wie z.B. gesundheitliche Gründe, die den Übergabezeitpunkt bestimmen. Ein weiteres Kriterium ist das für den jeweiligen Betrieb geltenden Buchführungsjahr.

WAS ZUM BETRIEB GEHÖRT

Meist ist es sinnvoll, dass der Übergeber den Betrieb möglichst geschlossen – mit allen Wohn- und Wirtschaftsgebäuden sowie den bewirtschafteten Flächen – auf den Übernehmer überträgt. Dabei sollte im Vertrag detailliert beschrieben werden, welche Wirtschaftsgüter übergehen und welche nicht. Im Einzelnen geht es um Grundstücke und Gebäude sowie die dazugehörenden Rechte, Pflichten und Anteile, um das lebende und tote Inventar, um alle Wirtschaftsvorräte sowie um die betrieblichen Konten.

Um die Grundstücke vollständig und richtig zu übertragen, holt der Notar vorab einen aktuellen Grundbuchauszug über den Grundstücksbestand des Übergebers ein und hält im Vertrag fest,

Übergabevertrag in Kürze

Bei der Hofübergabe müssen Sie die Übergabemodalitäten, die Altenteilsleistungen und die Abfindungen der weichenden Geschwister regeln.

- Den Zeitpunkt der Übergabe können Sie selbst wählen.
- Bei der Vertragsgestaltung sind Sie grundsätzlich frei.
- Sie müssen den Vertrag vor einem Notar schließen und nach dem Grundstücksverkehrsgesetz genehmigen lassen.
- Beschreiben Sie genau, was übertragen werden soll und was nicht.
- Prüfen Sie Grundbucheintragungen und Verbindlichkeiten.
- Klären Sie den Übergang der verschiedenen Vertragsverhältnisse.
- Machen Sie eine Ertragswertanordnung, wenn weder die Höfeordnung noch ein Anerbengesetz gilt.
- Regeln Sie die Altenteilsleistungen detailliert.
- Verzichten Sie möglichst auf Flächenrückbehalte und eine vertragliche Rückfallklausel.
- Vereinbaren Sie möglichst einvernehmlich angemessene Regelungen zu Abfindung und Nachabfindung.
- Überprüfen Sie die Kosten der Hofübergabe.

△ Hofübergeber und Hofübernehmer sollten Standardklauseln kritisch prüfen und den Übergabevertrag individuell gestalten.

dass auch alle nicht aufgeführten Grundstücke mit übertragen werden. Mitunter passiert es nämlich, dass z.B. später erworbene/geerbte Grundstücke noch nicht im Grundbuch eingetragen sind oder in einem anderen Grundbuchbezirk liegen. Durch die Erstreckung der Übergabe auf alle nicht aufgeführten Grundstücks ist dann gewährleistet, dass diese dennoch mit übergehen.

Üblicherweise werden im Übergabevertrag auch Hinweise zu den mit übergehenden betriebsbezogenen Beteiligungen und Lieferrechten gemacht, z.B. zu Anteilen an Erzeugergemeinschaften und Genossenschaften, zu Prämienrechten (gegebenenfalls Abtretung vom Auszahlungsanspruch) oder zu Beteiligungen an sonstigen Gesellschaften – also auch zu den Anteilen an Interessentengemeinschaften, Forstvereinigungen, Realverbänden etc. Dabei sollten Übergeber und Übernehmer prüfen, ob und unter welchen Voraussetzungen solche Beteiligungen oder Rechte übertragen werden können.

Geklärt werden sollte auch, ob und wie etwaige gewerbliche Betriebsteile mit übertragen werden sollen, die nicht dem klassischen landwirtschaftlichen Betriebsvermögen zuzuordnen sind. Darunter fallen z.B. Biogas-, und PV-Anlagen, Ferienwohnungen, das Hofcafé oder auch Nebenbetriebe wie das Sägewerk und auch die auf ausparzellierten Flächen stehenden Windkraftanlagen, Landarbeiterhäuser etc.

Bei solchen Nutzungen ist zu prüfen, wie eng die Verbindung von landwirtschaftlichem zu gewerblichem Betriebsteil ist, da dies erhebliche erbrechtliche, steuerliche und bewertungsrechtliche Auswirkungen haben kann. Im Zweifel sollten diese Betriebsteile mit übergeben werden. Im Gegenzug und als Ausgleich kann der Übernehmer den Altenteilern eine höhere Barrente zugestehen und ggf. den weichenden Geschwistern eine höhere Abfindung zahlen.

SCHNELL GELESEN

Sämtliche Rechtsverhältnisse sollten Sie abschließend regeln.

Regelungen zu Flächen, Rechten, Anteilen, Beteiligungen sollten enthalten sein.

Beim Zurückbehalten von Flächen ist Vorsicht geboten.

Die Übertragung gewerblicher Betriebsteile muss explizit geregelt werden.

Prüfen Sie Grundbucheinträge, Verbindlichkeiten und Verträge.

Eine Rückfallklausel ist in der Regel nicht sinnvoll.

Altenteils- und Abfindungsregeln können Sie selbst gestalten.

VORSICHT MIT RÜCKBEHALTEN

Ungeklärt ist, was für Windkraftanlagen, Landarbeiterhäuser usw. gilt, die Teil einer größeren landwirtschaftlich genutzten Parzelle sind. Nach einem Urteil des Amtsgerichts Beckum gilt eine solche Parzelle zwar als hofzugehörig und geht im Erbfall an den Hoferben über. Allerdings können die weichenden Erben dann womöglich die Abtrennung der landwirtschaftsfremd genutzten Flächen und deren Übereignung verlangen (Az.: 100 Lw 10/19). Deshalb sollten Landwirte auch hier sicherheitshalber entsprechende Regelungen treffen (siehe oben).

Wollen sich die Hofübergeber Flächen zurückbehalten, ist Vorsicht geboten. Neben der Gefahr der wirtschaftlichen Schwächung des Betriebs, kann es zu steuerlich negativen Auswirkungen kommen, insbesondere zur steuerpflichtigen Entnahme. Der Rückbehalt eines Teilbetriebs, zum Beispiel ein Bauernwald oder eines verkleinerten Restbe-

Foto: Tastowe

△ Damit alle Grundstücke komplett und richtig übertragen werden, prüfen Sie die Grundbücher und dokumentieren Sie lückenlos alle Flächen.

triebs ist dagegen in aller Regel steuerlich unschädlich.

Der Rückbehalt von betriebswichtigen Flächen kann zu einer Versagung der Genehmigung sowohl nach Grundstücksverkehrsgesetz als nach Höferecht führen. Denn jeder Flächenrückbehalt führt insbesondere bei kleineren Betrieben möglicherweise zu einer unwirtschaftlichen Verkleinerung des Betriebes. Hinzu kommt, dass bei Unterbringung der Altenteiler im Pflegeheim das Sozialamt ggf. auf das Vermögen der Altenteiler und damit unter Umständen auch auf die zurückbehaltenen Flächen zurückgreift. Diese gehören nicht zum Schonvermögen.

Im Vertrag sollte auch erwähnt werden, welche persönlichen Gegenstände nicht mit übertragen werden. Das sind meist selbst genutzte Möbel und Haushaltsgegenstände der Altenteilerwohnung, das private Konto und der Pkw. Ausdrücklich erwähnt werden sollte, ob etwaige Antiquitäten wie besonders alte Möbel, Bilder, Bücher, Schmuck „zum Hof gehören sollen" oder im Eigentum der Altenteiler bleiben.

VERBINDLICHKEITEN AUFLISTEN

Der Hofnachfolger übernimmt i.d.R. alle auf dem Hof lastenden Verbindlichkeiten, Belastungen und Rechte Dritter. Dabei sollten Übergeber und Übernehmer alle laufenden betrieblichen Kredite mit aktuellem Stand auflisten, mindestens aber die Gesamtsumme und den aktuellen Kapitaldienst. Die schuldrechtliche Übernahme von Verbindlichkeiten bedarf der Genehmigung durch den Gläubiger, z.B. der Hausbank. Darum kümmert sich der Notar. Grundbuchrechtliche Belastungen in Abteilung I oder II des Grundbuchs, wie Dienstbarkeiten, Wegerechte oder Altenteilsrechte früherer Generationen, übernimmt i.d.R. auch der Hofnachfolger. Dabei sollten Übergeber und Übernehmer prüfen, ob Rechte zugunsten Dritter aktuell sind oder gelöscht werden können. In Abteilung III des Grundbuchs sind alle bestehenden Hypotheken und Grundschulden eingetragen.

Sind die zugrunde liegenden Verbindlichkeiten bereits getilgt, können die Beteiligten überlegen, diese Sicherheiten zu löschen. Auf der anderen Seite können diese ungenutzten Sicherheiten später gegebenenfalls wieder aktiviert werden, und zwar ganz ohne eine erneute, kostenpflichtige Grundschuldeintragung.

VERTRAGSVERHÄLTNISSE PRÜFEN

Möchte der Übernehmer eines landwirtschaftlichen Betriebes in Vertragsverhältnisse des Übergebers eintreten, muss er dies gesondert mit dem Vertragspartner vereinbaren bzw. die Verträge neu abschließen. Eine Ausnahme gibt es für Pachtverträge. Wurden Flächen zugepachtet, tritt der Übernehmer kraft Gesetz in das Pachtverhältnis ein, er muss den Verpächter lediglich innerhalb von 14 Tagen über die Betriebsübernahme informieren. Wurden Flächen verpachtet, tritt der Übernehmer ebenfalls kraft Gesetzes in den Vertrag ein, ohne dass er irgendwelche Anzeigepflichten hätte. Auch bei betrieblichen Versicherungen tritt der Übernehmer automatisch in den Vertrag ein, wobei er dem Versicherer die Betriebsübergabe unverzüglich anzeigen muss (Seite 149 ff). In bestehende Arbeitsverhältnissen mit Dritten tritt der Übernehmer ebenfalls automatisch ein.

WELCHER WERT FÜR ABFINDUNG?

Höfe im Sinne der Höfeordnung und Betriebe, die unter ein landesrechtliches Anerbengesetz fallen oder BGB-Landgüter sind, können auf Grundlage eines privilegierten Wertes übertragen werden. Bei Höfen im Sinne der Höfeordnung berechnet sich die Abfindung der weichenden Geschwister deshalb nach dem Hofeswert, der aus dem Grundsteuerwert abgeleitet wird.

In den Ländern ohne Anerbenrecht, wie z.B. Bayern, Sachsen oder Thüringen bestehen solche Regelungen nicht. Deshalb sollten Übergeber und Übernehmer hier im Übergabevertrag eine gesonderte Ertragswertanordnung aufnehmen, um den gegenüber dem Verkehrswert deutlich geringeren Ertragswert als Berechnungsgrundlage für Abfindungs- oder Ausgleichsansprüche zu bestimmen. Im Bereich der Höfeordnung ist die vorgenannte Ertragswertanordnung nur erforderlich, soweit es sich bei dem übergebenen Hof nicht um einen Hof im Sinne der Höfeordnung handelt und der Betrieb nicht auf Grundlage des Hofeswertes bewertet werden kann.

ALTENTEILSLEISTUNGEN

Mit den Austrags- bzw. Altenteilsleistungen soll die Versorgung der Übergeber im Alter sichergestellt werden. Denn das landwirtschaftliche Altersgeld ist nur eine Teilabsicherung und reicht nicht zum Leben aus. Ein einheitliches Altenteil gibt es jedoch nicht, vielmehr richten sich die Leistungen nach dem Bedarf der Altenteiler und nach der Leistbarkeit für den Betrieb.

Kernpunkte der Austragsleistungen sind das Wohnungsrecht, die persönliche Pflege, Barleistungen und teilweise die Verköstigung. Je nach Einzelfall können weitere Vereinbarungen getroffen werden, z.B. bestimmte Nutzungsvorbehalte an Flächen oder Gegenständen, die Übernahme von Krankenversicherungsbeiträgen oder weitergehenden Arzt- oder Arzneikosten sowie etwaige Fahrdienste.

Zur Sicherung der eingeräumten Rechte, des Leibgedings, reicht i.d.R. die grundbuchrechtliche Absicherung auf der Hofstelle. Die Belastung des gesamten Grundbesitzes würde den Übernehmer zu sehr in seiner Handlungsfreiheit einschränken.

RÜCKFALLKLAUSEL

Häufiger Wunsch beim Hofübergeber ist es, sich für bestimmte Fälle ein Rückforderungsrecht für den Hof vorzubehalten, z. B. falls der Übernehmer seiner Unterhalts- oder Pflegeverpflichtung nicht nachkommt, er den Betrieb ohne Zustimmung des Übergebers veräußern oder belasten will, er Insolvenz anmelden muss oder er (noch alleinstehend) vor dem Übergeber sterben sollte. So nachvollziehbar der Wunsch ist – der Übergeber sollte bedenken, dass er den Übernehmer mit einer Rückfallklausel stark in dessen wirtschaftlicher Verfügungsgewalt einschränkt.

Verträge mit Rückfallklauseln, die ins Grundbuch eingetragen werden, werden bei Betrieben i. S. d. Höfeordnung vom Landwirtschaftsgericht praktisch nicht mehr genehmigt. Klauseln, die die Bewirtschaftung einschränken, wie z. B. das Verbot, Kredite ohne die Zustimmung der Altenteiler aufzunehmen oder Teile des Hofes zu veräußern, werden auch ohne Grundbucheintragung wegen übermäßiger Beeinträchtigung des Hofnachfolgers abgelehnt.

Das Gleiche gilt auch bei Betrieben, die dem BGB Landguterbrecht unterfallen. Die Genehmigungsbehörden sehen insbesondere bei Klauseln, die schon ein Rückforderungsrecht bei Veräußerung von Betriebsteilen oder bei Belastungen ohne Zustimmung des Übergebers vorsehen, eine unzumutbare Beeinträchtigung des Übernehmers.

Allenfalls Regelungen, die sich auf ein grobes Fehlverhalten des Übernehmers beziehen, werden genehmigt. Zudem bereitet die Rückabwicklung einer Hofübergabe immer große Probleme.

WEICHENDE ERBEN ABFINDEN

Bei Höfen im Sinne der Höfeordnung haben die weichenden Geschwister mit Abschluss des Übergabevertrages einen gesetzlichen Abfindungsanspruch. Dieser bemisst sich am Hofeswert. Viele Familien finden jedoch eigene, für Betrieb und Familie passende Lösungen.

Bei Betrieben aus Ländern ohne Höfe- oder Anerbenrecht oder bei Betrieben, die aus sonstigen Gründen nicht der Höfeordnung unterliegen, gibt es dagegen keine gesetzlichen Abfindungsansprüche bei Hofübergabe. Erst bei Tod des Übergebers haben die Geschwister unter gewissen Voraussetzungen erbrechtliche Ansprüche, sog. Pflichtteilsergänzungsansprüche. Meist entscheiden sich die Übergeber aber freiwillig, den weichenden Kindern im Zuge der Übergabe einen angemessenen Ausgleich zukommen zu lassen.

NACHABFINDUNG REGELN

Falls der Übernehmer Grundbesitz veräußert und den Erlös nicht wieder in den Betrieb investiert, haben die weichenden Geschwister i.d.R. einen Ausgleichsanspruch. Bei Betrieben im Sinne der Höfeordnung regelt die Höfeordnung diese Nachabfindungsansprüche. Allerdings empfiehlt es sich, zusammen mit den weichenden Erben zusätzlich individuelle Regelungen im Übergabevertrag zu vereinbaren. Ansonsten können z.B. schon Nachabfindungsansprüche entstehen, wenn eine Dachfläche für eine PV-Anlage verpachtet oder die Scheune für Wohnwagen verpachtet wird. Denn jegliche landwirtschaftsfremde Nutzung löst schon Nachabfindungsansprüche aus.

Bei Betrieben, die nicht dem Höfe- oder einem Anerbengesetz unterliegen, gibt es solche gesetzlichen Ausgleichsansprüche nicht. Meist möchte der Übergeber den weichenden Erben aber entsprechende Ausgleichszahlungen zugestehen. Dies muss dann im Übergabevertrag ausdrücklich und auf den Betrieb zugeschnitten vereinbart werden.

KOSTEN DER ÜBERGABE

Für die Beurkundung des Übergabevertrags und die Eintragungen im Grundbuch fallen Kosten an. Grundlage für die Berechnung ist der jeweilige Geschäftswert, der derzeit höchstens das Vierfache des Einheitswerts beträgt. Daraus ergibt sich ein bestimmter Gebührensatz. Für die Beurkundung des Übergabevertrages verlangt der Notar z.B. zwei volle Gebühren aus dem Geschäftswert. So ergäben sich bei einem Einheitswert von 40.000 € ein Geschäftswert von 160.000 € und daraus dann 762 € Beurkundungskosten, zzgl. Auslagen und Mehrwertsteuer.

Im Zuge der Grundsteuerreform sollen aber auch noch die Gerichts- und Notarkosten angepasst werden. Statt des 4-fachen Einheitswertes soll dann der 0,5-fache Grundsteuerwert der Maßstab sein. Das Bewertungsprivileg soll also fortbestehen, die Notarkosten blieben damit relativ stabil. Bei Redaktionsschluss gab es dazu aber noch keinen abschließenden Gesetzesbeschluss (Seite 59 ff).

Von der (so oder so) privilegierten Bewertung gibt es zwei Ausnahmen:

- Ist der Hof verpachtet, gilt der Verkehrswert des Hofes.
- Ist der „Wert der Gegenleistungen" (Wohnrecht, Barrente, Pflegepflicht, Schuldenübernahme) höher als der 4-fache Einheitswert, gilt dieser erhöhte Wert als Geschäftswert. Das ist regelmäßig der Fall, wenn ein Übernehmer hohe Verbindlichkeiten übernimmt.

Zusätzlich zu den Notarkosten fallen regelmäßig noch weitere Kosten an, wie etwa die Vollzugs- und Betreuungsgebühren oder die Grundbuchkosten.

Foto: Höner

△ Ob Höfeordnung oder Landguterbrecht – Abfindungs- und Nachabfindungsregeln sollten Sie individuell vereinbaren.

WAS DAS ERBRECHT REGELT

Höfeordnung und Landguterbrecht

Die meisten landwirtschaftlichen Betriebe werden nach der nordwestdeutschen Höfeordnung oder dem Landguterbrecht des Bürgerlichen Gesetzbuches (BGB) vererbt bzw. übertragen.

Die Höfeordnung gilt in Schleswig-Holstein, Hamburg, Niedersachsen und Nordrhein-Westfalen und auch dort nur für „Höfe im Sinne der Höfeordnung". Das sind ab 2025 landwirtschaftliche Betriebe, deren Grundsteuerwert bei mindestens 54.000 € liegt oder die im Grundbuch als „Hof im Sinne der Höfeordnung" eingetragen sind und einem Grundsteuerwert von mindestens 27.000 € haben.

Verstirbt der Hofeigentümer, bestimmt die Höfeordnung, dass der Hof geschlossen an nur einen Erben, den Hoferben, vererbt wird. Die Miterben erhalten eine Geldabfindung, die sich am 0,6-fachen des Grundsteuerwertes orientiert. Außerdem haben sie ggf. einen Anspruch auf eine Nachabfindung.

Wird der Hof zu Lebzeiten übertragen, führt die Höfeordnung dazu, dass die weichenden Erben bereits bei Abschluss des Hofübergabevertrages ihren zuvor genannten Abfindungsanspruch haben.

Das BGB-Landguterbrecht gilt für alle „Landgüter" deutschlandweit. Voraussetzung ist, dass der landwirtschaftliche Betrieb leistungsfähig ist und Gewinne erwirtschaftet. Verstirbt der Hofeigentümer, bekommt ein Miterbe den Hof, wenn der Eigentümer die Übernahme des Landguts durch den Miterben angeordnet hat. Die anderen Miterben erhalten ihren Erbanteil in Geld, Grundlage dafür ist der Ertragswert. Wird der Hof zu Lebzeiten übertragen, haben die weichenden Erben keine erbrechtlichen Ansprüche. Sie müssen warten, bis der Übergeber verstirbt.

In der Praxis ist der Unterschied zwischen Höferecht und BGB-Landguterbrecht gar nicht so groß. Die Kernpunkte: die geschlossene Übergabe, die Ausgestaltung von Altenteilsleistungen und die Abfindung der weichenden Erben einschließlich Nachabfindung. Denn auch bei Übergaben nach BGB-Landguterbrecht ist es Brauch, bereits im Übergabevertrag mit den weichenden Erben eine Geldabfindung und einen Nachabfindungsanspruch zu vereinbaren.

Die Unterschiede bei der Gestaltung des Hofübergabevertrages sind vor allem spürbar bei der Bemessung der Abfindungshöhe für die weichenden Erben. Gilt die nordwestdeutsche Höfeordnung, orientieren sich die Vertragsparteien an der Basis des 0,6-fachen Grundsteuerwertes. Bei Landgütern im Sinne des BGB erfolgt die Orientierung in der Regel am deutlich höheren Ertragswert des Hofes.

So tasten Sie sich an die Barrente heran

Bei der Hofübergabe erklären sich die Übernehmer oft bereit, den Senioren neben einem Wohnrecht monatlich eine Barrente zu zahlen. Wir erklären, welche Barrente angemessen ist und wie Sie diese ermitteln.

UNSER AUTOR
Christian Solle

SCHNELL GELESEN

Um eine angemessene Barrente der Altenteiler zu berechnen, listen Sie zuerst die zu erwartenden Ausgaben der Altenteiler detailliert auf.

Im zweiten Schritt berechnen Sie die zu erwartenden Einnahmen.

Stellen Sie Ausgaben und Einnahmen gegenüber. Die finanzielle Lücke können Sie durch die Barrente schließen.

Beachten Sie, dass der Übernehmer nicht nur für die Barrente aufkommen muss, sondern oft weitere Kosten trägt.

Landwirt Hermann Becker möchte mit dem Rentenalter seinen Hof an den Junior übergeben. In einem Hofübergabevertrag wollen der Senior und der Junior die Rechte und Pflichten für beide Parteien konkret festhalten.

Sie einigen sich u.a. auf ein lebenslanges Wohnrecht für Hermann Becker und seine Ehefrau Annegret auf dem Betrieb. Die tägliche Versorgung übernehmen die Altenteiler selbst. Der Junior soll dem Senior aber eine monatliche Barrente auszahlen. Als Junior und Senior den Vertrag konkret ausarbeiten, stellt sich die Frage, wie hoch die Barrente sein soll: Was ist angemessen, was brauchen die Senioren zum Leben?

Den finanziellen Absicherungsbedarf der zukünftigen Altenteiler zu klären, ist sehr schwierig. Es kommt auch auf den bisherigen Lebensstil der Familie

Um eine angemessene monatliche Barrente zu ermitteln, sollten die zukünftigen Altenteiler über ihre Ausgaben gut Bescheid wissen.

Foto: ©Bacho Foto/AdobeStock

an. Um den konkreten Bedarf genau zu ermitteln, gehen Sie am besten in drei Schritten vor:

►1. AUSGABEN AUFLISTEN

Beckers sollten als Erstes sämtliche zu erwartenden Ausgaben auflisten, die in einem Monat anfallen. Wenn auch Sie so eine Liste erstellen, bedenken Sie Kosten für:

- Lebensmittel – falls der Hofübergeber sich nicht verpflichtet, die Verpflegung der Altenteiler zu übernehmen,
- Strom, Wasser, Abwasser – falls der Hofübernehmer sich nicht zur Übernahme der Kosten verpflichtet,
- Restaurantbesuche und Ausgaben für Genussmittel wie zum Beispiel Zigaretten,
- Geschenke für Geburtstage von Freunden und Verwandten,
- Auto (Treibstoff, Reparatur), gegebenenfalls auch Taxikosten,
- Telefon (Kosten für den Festnetzanschluss und Mobilfunkvertrag),
- Steuern (Einkommensteuer, Kfz-Steuer),
- Versicherungen (zum Beispiel Haftpflicht-, Kfz-Versicherung),
- Medikamente, private Arztkosten,
- Reinigungsmittel für den Haushalt,
- Kleidung, Schuhe, Schmuck,
- Neue Möbel, Schönheitsreparaturen, z. B. Kosten für neue Tapeten,
- Dienstleistungen wie zum Beispiel Steuerberater, Friseur oder Fußpflege,
- Urlaub und Freizeitaktivitäten wie Museumsbesuche.

Mehr Bedarf als früher: Generell kann man in unserer Gesellschaft von einem steigenden Konsumverhalten ausgehen. Man gönnt sich was, unter anderem für Reisen, Theater, Gesundheit und Pflege. Die Werte, die vielleicht noch vor zehn Jahren bei der Hofübergabe des Bekannten als Orientierung galten, können heute deutlich höher ausfallen. Erstellen Sie also eine individuelle und möglichst aktuelle Liste.

Achtung Steuerlast: Wenn die Altenteiler eine Rente beziehen und noch zusätzliche Einkünfte, beispielsweise aus einer Photovoltaik-Anlage haben, müssen sie dieses Einkommen versteuern. Auch diese Steuer müssen Sie auf der Ausgabenseite verbuchen. Je nach Einkommenshöhe der Altenteiler sollten Sie daher auch die private Einkommensteuer nicht außer Acht lassen. Wer im Jahr 2024 seine Altersrente erstmals bekommt, muss 83 % der Jahresbruttorente versteuern. Ab 2058 sind Neurenten zu 100 % steuerpflichtig.

In der Übersicht 1 haben wir ein Beispiel für eine Auflistung der monatlichen Ausgaben erstellt. Hermann Becker rechnet mit monatlichen Ausgaben von etwa 2.400 € für sich und seine Frau. 500 € nach oben oder unten je Monat sind aber durchaus möglich.

ÜBERSICHT 1: SO KALKULIERT FAMILIE BECKER DEN BEDARF DER ALTENTEILER

Ausgabepositionen	€ je Jahr*	€ je Monat*
Ernährung, Genussmittel, Gaststättenbesuche	8.100	675
Haushalt, Reinigungs- und Pflegemittel	1.260	105
Haushaltsgeräte	746	62
Dienstleistungen (Steuerberater, Friseur u. Ä.)	1.596	133
Wohnen, eventuell Schönheitsreparaturen	1.155	96
Bekleidung, Schuhe, Schmuck	1.134	95
Freizeit, Urlaub, Bildung, Geschenke	3.885	324
Gesundheit, Medikamente	1.638	137
Verkehr, Pkw, Kommunikation	4.305	359
Versicherungen	2.730	228
Steuern, Abgaben, sonstige Ausgaben	2.520	210
= Summe variabler Ausgaben*	29.069	2.422

*Zahlen gerundet — top agrar; Quelle: Solle

◁ Listet Familie Becker sämtliche anfallenden Ausgaben pro Monat auf, kommen Kosten von gut 2.400 € zusammen.

Tipp: Wenn Sie wissen, dass Sie den Hof in ein paar Monaten oder in den nächsten Jahren übergeben wollen, sollten Sie ruhig schon jetzt eine Art Haushaltsbuch führen. Notieren Sie sämtliche Ausgaben, die in einem Monat anfallen. Das erleichtert später die Kalkulation einer angemessenen Barrente.

►2. EINNAHMEN BERECHNEN

Nachdem die Beckers sämtliche Ausgaben aufgelistet haben, werfen sie nun einen Blick auf ihre zukünftigen Einkünfte. Landwirt Hermann Becker und seine Ehefrau Annegret erhalten je nach

Foto: ©photocrew/AdobeStock

▷ Damit die Altenteiler nicht jeden Euro zweimal umdrehen müssen und sich auch mal etwas leisten können, sollten Sie die monatliche Barrente nicht zu knapp berechnen.

Anzahl der Beitragsjahre Bezüge aus der gesetzlich garantierten berufsständischen Alterssicherung der Landwirte.

Momentan kann die Familie mit einer monatlichen Rente in Höhe von rund 18 €/Beitragsjahr rechnen. Landwirt Becker weist insgesamt 40 Beitragsjahre auf. Er würde also eine monatliche Alterskassenrente in Höhe von rund 720 € bekommen.

Wie viele Ehepartner hat Annegret Becker vor ihrer Unternehmertätigkeit im landwirtschaftlichen Betrieb eine versicherungspflichtige Tätigkeit ausgeübt, die zu Rentenanwartschaften geführt hat. Zusätzlich kann sie Kindererziehungszeiten und die Pflege eines Angehörigen anrechnen lassen. So erhält Annegret Becker eine Rente aus der gesetzlichen Rentenversicherung von ca. 780 €/Monat sowie eine monatliche Alterskassenrente von 350 €. Außerdem hat Frau Becker eine private Rentenversicherung – daraus bekommt sie 100 €/Monat. Die Renten von Ehepaar Becker betragen somit insgesamt gut 1.950 €/Monat (Übersicht 2).

Die Renten der Alterskasse haben wegen der Besonderheiten der Landwirtschaft keine vollständige Absicherung zum Ziel. Man geht davon aus, dass ein Teil der Absicherung vom Hofnachfolger (Übernehmer) getragen werden soll oder kann. Hier zeigt sich ein strukturelles Problem, da eine steigende Zahl von Betrieben keinen Nachfolger hat.

In der Praxis sind bei den Altenteilern, neben geringfügigen Einkünften aus Kapitalvermögen, häufig keine weiteren Einnahmen vorhanden. Dadurch steigt die Abhängigkeit von der nachfolgenden Generation.

Gibt es keinen Nachfolger oder reicht die Ertragskraft des Betriebes nicht aus, um ein Baraltenteil zu garantieren, kann für die Altenteiler finanziell schwierig werden. Daher sollte der Hofnachfolger bereits früh anfangen, zusätzliche Einkommensquellen in Form von Kapitalanlagen etc. aufzubauen, um im Alter selbst nicht in Schwierigkeiten zu geraten und seinen Nachfolger zu entlasten. Durch den Zinseszinseffekt und eine lange Sparphase kann auch mit kleinen Summen langfristig ein erhebliches Vermögen entstehen.

Hermann und Annegret Becker haben jedoch noch zusätzlich private Kapitalanlagen, die 100 €/Monat abwerfen. Die Beiden haben somit Einkünfte von insgesamt gut 2.050 €/Monat zur Verfügung – im Jahr fast 25.000 €.

ÜBERSICHT 2: EINNAHMEN DER BECKERS

Einnahmen der Altenteiler	€/Jahr*	€/Monat*
• Altersrente Ehemann	8.640	720
• Altersrente Ehefrau	4.200	350
• Gesetzliche Rente der Ehefrau	9.437	786
• Private Rentenversicherungen, Pensionen	1.200	100
Einkommensübertragungen	**23.477**	**1.956**
Einkünfte aus Vermögen, Kapitalanlagen	**1.200**	**100**
Sonstige Einnahmen, private Vorsorge	**0**	**0**
= Summe Einnahmen	**24.677**	**2.056**

Zahlen gerundet — *top agrar; Quelle: Solle*

◁ Den größten Anteil der Einnahmen der Altenteiler macht die Altersrente aus.

ÜBERSICHT 3: SO BERECHNEN BECKERS DIE BARRENTE

Einnahmen	€/Jahr*	€/Monat*
Einnahmen der Altenteiler	24.677	2.056
- Bedarf der Altenteiler	29.069	2.422
= Situation ohne Barrente aus dem Hof	**-4.392**	**-366**
+ vereinbarte Barrente	7.200	600
= Finanzielle Situation	**2.808**	**234**

Zahlen gerundet — *top agrar; Quelle: Solle*

△ Die Beckers kalkulieren die Barrente großzügig. So haben die Altenteiler noch einen monatlichen Puffer.

► 3. KONKRET ERMITTELN

Nachdem Familie Becker die Ausgaben und Einnahmen aufgelistet hat, kann sie diese Zahlen in einem dritten Schritt gegenüberstellen und berechnen, wie hoch die Barrente sein sollte.

Die berechneten Ausgaben belaufen sich monatlich auf gut 2.400 €. Es kommen hingegen nur 2.050 €/Monat in die Kasse. Rein rechnerisch müsste Junior Becker somit eine monatliche Barrente von gut 350 € zahlen, damit seine Eltern über die Runden kommen und ihr Konto ausgeglichen ist. Damit noch etwas Spielraum für die Altenteiler bleibt und sie sich auch mal etwas außer der Reihe leisten können, vereinbaren die Beckers eine etwas höhere monatliche Barrente von 600 € (Übersicht 3).

MEHR ALS BARRENTE

Was der Hofübernehmer alles leistet

Achten Sie in Sachen Barrente nicht nur auf den Bedarf der Altenteiler. Denken Sie auch an die Leistungsfähigkeit des Betriebes und daran, dass der Übernehmer mehr als nur die Barrente zahlt.

Angenommen, der Hofübernehmer gewährt den Übergebern ein Wohnrecht an bestimmten Räumen beziehungsweise einer separaten Wohneinheit, die er auch hätte vermieten können. Dadurch entgehen ihm Einkünfte. Je nach Lage und Anordnung der Räume im gesamten Anwesen kann dieser „Mietwert“ erheblich variieren.

Oft ist es auch so, dass der Übernehmer für die mit dem Wohnrecht verknüpften Nebenkosten aufkommt. Dazu zählen insbesondere die Kosten für Energie, also für Heizung und Strom, sowie die auf die Altenteilsräume entfallenden Versicherungsbeiträge, Abgaben und Gebühren. Hier kommt es darauf an, auf welche Verteilung sich Hofübergeber und -übernehmer im Übergabevertrag geeinigt haben.

Weitere Kosten, die der Hofübernehmer monatlich tragen muss, können durch eine freie Verpflegung oder die Übernahme von Pflegeleistungen (Aufwand, die Pflege zu organisieren oder Sachkosten) entstehen.

Neben diesen wiederkehrenden Verpflichtungen muss der Übernehmer zusätzlich eventuell die weichenden Erben abfinden.

So gestalten Sie das Altenteil

Wohnrecht, Baraltenteil, Pflege und Beköstigung – das sind für die Altenteiler die wichtigsten Themen mit Blick auf die Hofübergabe. Eindeutige Regelungen vermeiden späteren Streit.

Foto: ©drubig-photo/AdobeStock

◁ Vereinbarungen zum Altenteil haben sich stark gewandelt – wie auch die Lebensumstände von Alt und Jung.

UNSER AUTOR
Hubertus Schmitte

Das Altenteil soll den Hofübergeber und seinen Ehepartner so absichern, dass sie das Rentenalter sorglos genießen können. Schließlich hat der Übergeber mit dem Hof erhebliches Vermögen an seinen Hofnachfolger abgegeben, wovon er ansonsten im Alter gut hätte leben können. Auf der anderen Seite darf der Hof in seiner Leistungsfähigkeit nicht überfordert werden. Das ist seit eh und je ein Balanceakt. Konkret zu regeln sind dabei vor allem:

- das Wohnungsrecht inklusive Nebenkosten,
- die Verpflegung,
- das Baraltenteil und
- gegebenenfalls die Pflege in alten und kranken Tagen. Dabei sehen die konkreten Inhalte der sog. Pflegeklausel aktuell vielfach ganz anders aus als in der Vergangenheit – schon weil die familiären und betrieblichen Strukturen heute anders sind.

LEBENSLANGES WOHNRECHT

Üblicherweise wird ein lebenslanges, unentgeltliches Wohnungs- bzw. Wohnrecht für die Altenteiler auf dem Hof vereinbart. Der Hofübernehmer ist Eigentümer des von den Altenteilern genutzten Wohnraumes, die Nutzung erfolgt durch die Altenteiler.

In der Vereinbarung sollten die Vertragsparteien als Erstes beschreiben, auf welche Gebäudeteile bzw. Räume sich das Wohnrecht konkret bezieht. Gerade wenn es einmal „knirscht" zwi-

▷ Beziehen die Altenteiler ein eigenes Haus, sollte das Wohnrecht nur auf der Parzelle des Altenteilerhauses abgesichert werden.

schen den Generationen, muss klar sein, wer an welchen Teilen eines Gebäudes das alleinige Besitzrecht hat. Wenn die Altenteiler ein separates Altenteilerhaus nutzen, ist das leicht. Wohnen Altenteiler und Hofübernehmer unter einem Dach, sollten die Parteien z.B. beschreiben, wer welche Etage nutzt oder wer welchen in sich geschlossenen Teil des Hauses nutzt oder wem welche Einzelräume für sich alleine zur Verfügung stehen.

Darüber hinaus sollte klar und konkret geregelt werden, welche Räume und Einrichtungen gemeinschaftlich genutzt werden, z.B. Treppenhaus, Keller, Waschküche, Werkstatt, Garten etc. Selbstverständlich sollten Altenteiler und Hofnachfolger ausdrücklich regeln, dass die Altenteiler auf dem Hof und in den Wirtschaftsgebäuden ein freies Bewegungs- und Zutrittsrecht haben.

SCHNELL GELESEN

Das Wohnrecht sollten Sie einschließlich Nebenkosten regeln.

Bei der Barrente sollten Sie auf eine gute Wertsicherungsklausel achten.

Die Sicherung der Altenteilsrechte sollte auf möglichst wenigen Parzellen erfolgen.

Regelungen zur Pflege sollten individuell angepasst sein.

Die Nebenkosten für die Altenteilerwohnung, also die Kosten für Wasser, Abwasser, Strom, Heizung und Müllentsorgung, trägt in aller Regel der Hofnachfolger. Übernehmen die Altenteiler die Nebenkosten, muss der Übernehmer ein höheres Baraltenteil zahlen. Die grundsätzliche Instandhaltung trägt ebenfalls der Hofübernehmer.

Die Schönheitsreparaturen übernimmt heute i.d.R. der Hofübergeber selbst. So können die Altenteiler z.B. selbst bestimmen, welche neue Tapete sie wollen. Auch die Telefon- und Handykosten sollte der Übergeber selbst tragen. So können Sie von vornherein unnötige Diskussionen vermeiden.

ABSICHERUNG UND WEGZUG

Das Wohnrecht wird im Grundbuch als „beschränkt persönliche Dienstbarkeit" eingetragen. Dabei sollte sich diese aber nur auf die Hofparzelle beziehen, auf der sich die Wohnung befindet bzw. auf die Parzelle, auf der das Altenteilerhaus steht. Das reicht aus. Würde das Wohnrecht auf den ganzen Hof eingetragen, müsste der Übernehmer sich bei Finanzierungen immer mit den Altenteilern abstimmen, da die Banken meist eine grundbuchliche Absicherung verlangen.

Regeln sollten Übergeber und Übernehmer auch den möglichen dauerhaften Wegzug der Altenteiler – sei es freiwillig, aufgrund eines Streites oder wegen eines Umzugs ins Pflegeheim. Denn die dafür geltenden Regelungen der BGB-Ausführungsvorschriften der Bundesländer sind wenig hilfreich: Bei Fortzug in ein Pflegeheim, könnte das Sozialamt, wenn das Geld für die Pflege nicht ausreicht, vom Hofübernehmer Geldersatz für die nicht benutzte Wohnung verlangen. Bei nicht vermietbaren Wohnungen wären das eventuell nur die Nebenkosten, bei abgeschlossenen Wohnungen oder Häusern können das auch mehrere Hundert Euro pro Monat sein.

Deshalb sollten Hofübernehmer und -übergeber zumindest festschreiben, dass das Wohnungsrecht ruht, wenn die Altenteiler dauerhaft in ein Alten- oder Pflegeheim umziehen. Einen Wertersatz müssen die Parteien dafür nicht vereinbaren. Kommt aber eine Nutzung der frei werdenden Wohnung durch die Familie des Hofübernehmers oder eine Weitervermietung infrage, ist ein pauschaler Wertausgleich von z.B. 100 oder 200 €/Monat durchaus angemessen. So können Übernehmer und Übergeber auch noch die weichenden Geschwister von möglichen Pflegekosten entlasten.

Übrigens: Das Wohnrecht erlaubt keine Vermietung der Wohnung an Dritte. Wohl aber dürfen die Altenteiler Familienmitglieder (oder auch Pflegepersonal) mit in die Wohnung aufnehmen. Sie könnten z.B. ein erwachsenes Kind bei sich wohnen lassen. Ein alleinstehender Altenteiler könnte einen Lebensgefährten aufnehmen.

SELBSTSTÄNDIGE VERPFLEGUNG

Eine (volle) Verpflegung der Altenteiler durch gemeinsame Mahlzeiten und die Lieferung von Naturalien vom Hof wird heute nur noch selten vereinbart.

Die Altenteiler kaufen ihre Lebensmittel in der Regel im Einzelhandel und verpflegen sich selbst. Dementsprechend höher sollte die Barrente ausfallen. Das vermeidet auch unnötige familiäre Konflikte um die Verpflegung. Allenfalls im Falle der Hilfebedürftigkeit durch Alter und Krankheit sollten die Parteien einen vertraglichen Anspruch auf Beköstigung festschreiben.

Im Übrigen ist die Familie völlig frei, nach Absprache gemeinsame Mahlzeiten einzunehmen und gemeinsame Einkäufe zu organisieren.

Fotos: landpixel.de

◁ Die Altenteiler haben Anspruch auf eine Barrente. Aufgrund der eigenen Einnahmen kann diese heute aber oft geringer ausfallen als früher.

KNACKPUNKT BARALTENTEIL

Altenteiler haben heute oft gut für ihr Alter vorgesorgt: Sie haben neben den Einnahmen aus der Alterskasse und gegebenenfalls der gesetzlichen Rentenversicherung oft noch weitere Einkünfte, z.B. aus eigenen Versicherungen und aus Kapitalvermögen, aus Mietobjekten, aus PV-Anlagen usw. Die Barrente kann deshalb manches Mal geringer ausfallen als früher. Gerade bei Nebenerwerbslandwirten reicht sogar oft die Altersrente aus der gesetzlichen Rentenversicherung aus, sodass – neben dem unentgeltlichen Wohnungsrecht – eine Barrente nicht erforderlich ist.

Dies kommt dem berechtigten Interesse des Übernehmers, neben dem Einkommen für seine Familie noch finanziellen Spielraum für die Betriebsentwicklung zu haben, sehr entgegen. Dennoch können die Eltern, die einen leistungsfähigen Hof übergeben, selbstverständlich auch eine angemessene Barrente vom Betrieb erwarten.

Wie hoch diese dann konkret ausfällt, muss im Einzelfall entschieden werden. Letztlich geht es darum, einen fairen Ausgleich zwischen dem berechtigten Versorgungsanspruch der älteren Generation und der tatsächlichen Leistungsfähigkeit des Hofes zu schaffen.

WERTSICHERUNGSKLAUSEL

Auf Dauer reicht das Baraltenteil nur dann aus, wenn Hofübergeber und -übernehmer eine Wertsicherungsklausel dafür vereinbaren. Weit verbreitet ist eine Anpassung des Baraltenteils an den Verbraucherpreisindex oder an andere Faktoren, wie z.B. die Entwicklung der landwirtschaftlichen Altersrente. Möglich ist es auch, Indizes zu mischen, z.B. den Verbraucherpreisindex mit dem Index für die Erzeugerpreise landwirtschaftlicher Produkte. Letztere berücksichtigt im Ergebnis auch die Leistungsfähigkeit des Hofes.

Konkret sollten die Parteien vereinbaren, dass die Altenteiler eine Anpassung verlangen können, wenn sich der vereinbarte Index (oder die Kombination der Indizes) um einen bestimmten Prozentsatz, z.B. um mehr als 10%, verändert hat. Die Anpassung erfolgt dann ab dem Monat der auf den folgt in dem die Altenteiler um eine Anpassung gebeten haben.

Eine automatische Anpassung der Barrente an das Fortschreiten der jeweiligen Indizes ist dagegen wenig sinnvoll. Denn dann müssten die Beteiligten ständig neu rechnen. Außerdem könnte es passieren, dass der Hofübernehmer aufgrund eines gestiegenen Indezes eine höhere monatliche Rente zahlen müsste, dies aber nicht macht, weil die Altenteiler keine Anpassung verlangt haben. Gibt es dann später Streit zwischen dem Hofübergeber und dem Hofübernehmer, verlangt der Übergeber womöglich über Jahre rückwirkend

Das Wichtigste in Kürze

- Das Wohnrecht sollte konkrete Gebäudeteile oder auch einzelne Räume beschreiben.
- Es sollte nur für die Hofparzelle bzw. die Parzelle gelten, auf der das Altenteilerhaus steht.
- Grundsätzlich trägt der Hofübernehmer die Nebenkosten.
- Schönheitsreparaturen sowie Telefon- bzw. Handykosten gehen auf Rechnung der Altenteiler.
- Regeln Sie den möglichen Auszug der Altenteiler aus der Wohnung, insbesondere in ein Pflegeheim.
- Die Pflicht des Übernehmers, die Altenteiler voll zu beköstigen, kommt nur bei Hilfebedürftigkeit infrage. Dann sollte die Barrente aber höher ausfallen.
- Die Altenteiler haben einen berechtigten Anspruch auf eine angemessene Barrente, die den Bedarf der Altenteiler und die Leistungsfähigkeit des Betriebes berücksichtigt.
- Aufgrund der höheren Einnahmen der Altenteiler kann die Barrente heute oft deutlich geringer ausfallen als das früher der Fall war
- Eine gute Wertsicherungsklausel gewährleistet eine angemessene Anpassung der Barrente im Laufe der Jahre.
- Die Absicherung der Barrente erfolgt nur auf einzelnen Parzellen.
- Eine umfassende Pflegeverpflichtung ist nicht mehr zeitgemäß und birgt unabsehbare Gefahren.
- Eine Pflegeklausel ist verzichtbar. Wenn sie vereinbart wird, sollte diese inhaltlich und zeitlich begrenzt werden.

▷ Übergeber und Übernehmer(in) verzichten heute manches Mal auf eine Pflegeklausel oder sie vereinbaren eine eingeschränkte Klausel.

Foto: ©pikselstock/AdobeStock

die Erhöhung der Barrente – auch wenn der Streit gar nichts mit der Barrente zu tun hatte.

Regeln sollten Sie auch, dass die Barrente angepasst werden kann, wenn sich die Bedürftigkeit der Altenteiler und/oder die Leistungsfähigkeit des Hofes erheblich verändert. In der Praxis ist dies zwar sicherlich nicht einfach umzusetzen, kann aber eine Notlösung zum Beispiel bei schwerwiegenden finanziellen Problemen des Betriebes sein. Denken Sie auch daran, die Erhöhung der Barrente auszuschließen für den Fall, dass die Altenteiler in einem Pflegeheim untergebracht werden und dadurch ein finanzieller Mehrbedarf entsteht.

Die monatliche Barrente müssen Hofübergeber und -übernehmer als Reallast im Grundbuch absichern. Ähnlich wie beim Wohnrecht sollte der Zahlbetrag der Barrente nur über die Hofstelle und evtl. über weitere Einzelparzellen abgesichert werden. Dann hat der Übernehmer für Finanzierungen noch ausreichend „freie" Parzellen, die er für evtl. Grundschulden nutzen kann, ohne dass die Altenteiler einen Rangrücktritt zugunsten der Bank erklären müssen.

LEISTBARE PFLEGE

Eine umfassende Pflegeverpflichtung des Hofübernehmers für die Altenteiler gehört schon lange nicht mehr in den Hofübergabevertrag. Das verbietet sich schon wegen des Risikos, dass der Hofübernehmer aufgrund der Pflegeklausel an möglichen Pflegeheimkosten beteiligt werden könnte.

Hinzu kommt: Oft ist es der Übernehmerfamilie schlicht nicht möglich, die Pflege persönlich und auf dem Hof zu leisten. Denn auf der einen Seite steigt die Lebenserwartung der Altenteiler auch in kranken Tagen. Auf der anderen Seite sind die jungen Familien meist aufgrund des eigenen familiären und beruflichen Engagements stark belastet. Dennoch bleibt verständlicherweise der Wunsch der Altenteiler, auch in alten und kranken Tagen auf dem Hof leben zu können. Deshalb sollten Übernehmer und Übergeber genau besprechen, in welchem Umfang der Hofübernehmer tatsächlich persönlich Unterstützung leisten kann und inwieweit auch die Angebote der Pflegekasse genutzt werden können.

Heute ist es üblich, die persönliche Pflegeverpflichtung auf die Organisation der Pflege oder auf höchstens den Pflegegrad 1 zu beschränken. Vielfach verzichten Übergeber und Übernehmer aber auch komplett auf eine vertragliche Pflegeklausel – in dem Wissen, dass eine grundlegende Pflege durch gesetzliche Systeme gesichert ist.

Falls Übergeber und Übernehmer eine Pflegeverpflichtung vereinbaren, sollte diese zeitlich beschränkt sein. Sie sollte nur so lange gelten, wie die Altenteiler auf dem Hof bzw. Anwesen verbleiben. Für den Fall, dass der pflegebedürftige Altenteiler nach ärztlicher Feststellung in einem Alten- oder Pflegeheim untergebracht werden muss, sollte die Pflegeverpflichtung ersatzlos entfallen.

Eventuell kann sich der Hofübernehmer verpflichten, sich als Ersatz für seine vertragliche Pflegeverpflichtung mit z.B. 100 oder 200 € an den Pflegeheimkosten zu beteiligen.

Pkw und Fahrten: Für den eigenen Pkw sollte der Übernehmer den Altenteilern einen Anspruch auf Benutzung der Garage, eines Stellplatzes o.Ä. einräumen. Für den Fall, dass die Altenteiler aufgrund von Alter und/oder Krankheit nicht mehr selbst fahren können, sollte der Übernehmer sich verpflichten, unentgeltlich Fahrten zu Arzt, Apotheke, Einkäufen, Verwandten und Behörden etc. zu übernehmen – zumindest solange die Fahrten nicht zu Unzeiten verlangt werden.

WEITERE PFLICHTEN

Begräbnis: Stirbt ein Altenteiler, übernehmen die Erben das Begräbnis, so regelt es das BGB. Um Streit zwischen den Kindern zu vermeiden, sollte schon bei der Hofübergabe klar geregelt werden, ob und wie der Hofübernehmer die Beerdigung der Eltern trägt und gestaltet. Auch heute noch gibt es oft ein Familiengrab, das der Hofübernehmer weiter unterhält. Üblich ist auch, dass der Übernehmer Beerdigung, Trauerfeier, Grabmal und Grabpflege trägt. Angesichts oft moderater Hofabfindungen sind solche Verpflichtungen in der Regel auch durchaus angemessen.

Dennoch steht es den Altenteilern selbstverständlich frei, selbst Versicherungen für diese Zwecke abzuschließen oder Vermögen anzusparen. Im Hofübergabevertrag sollten die Parteien ruhig explizit erwähnen, dass dieses angesparte Vermögen für die entstehenden Begräbniskosten verwendet werden darf.

△ Haben Sie den Hof von Ihren Eltern übernommen und gewähren diesen im Gegenzug beispielsweise ein Wohnrecht und eine Barrente, dürfen Sie diese Ausgaben als Sonderausgaben steuermindernd geltend machen.

Leistungen für Altenteiler richtig absetzen

Hofübernehmer dürfen Altenteilsleistungen als Sonderausgaben von der Einkommensteuer absetzen. Das geht aber nur, wenn sie bestimmte Voraussetzungen erfüllen. Wir zeigen Ihnen, welche.

UNSER AUTOR
Arno Ruffer

Bereits vor zwei Jahren hatte Jan Maier den Hof seiner Eltern übernommen. Im Gegenzug haben diese ein lebenslanges Wohnrecht auf dem Hof und der Junior kümmert sich um die Verpflegung der Altenteiler. Außerdem bekommen sie monatlich einen festen Geldbetrag vom Hofübernehmer. Da Jan Maier in den letzten Monaten aber etwas knapp bei Kasse war, vereinbarte er mit seinen Eltern, dass er einfach ein paar Zahlungen aussetzen kann.

Als ihm nun aber sein Steuerberater erklärt, dass er nicht alle Altenteilsleistungen steuermindernd geltend machen kann, fällt Junior Maier aus allen Wolken. Denn der Steuerberater eröffnet ihm, dass er nicht alle Voraussetzungen erfüllt.

Altenteils- oder Versorgungsleistungen an die Hofübergeber können Sie wie Jan Maier nämlich nur in Ihrer Steuererklärung als Sonderausgaben unbegrenzt von der Einkommensteuer abziehen, wenn Sie folgende Punkte beachten:

- Vereinbaren Sie die Rechte und Pflichten, die Sie gegenüber den Hofübergebern haben, klar und eindeutig in einem Übergabevertrag (Lesen Sie dazu auch Seite 26 ff.).
- Eine notarielle Vereinbarung reicht aber allein nicht aus, Sie müssen die Leistungen auch tatsächlich in der Praxis erbringen.
- Sie können Versorgungsleistungen nicht für einen bestimmten Zeitraum, z. B. für 20 Jahre vereinbaren, sondern Sie sind verpflichtet, diese auf Lebenszeiten zu leisten.
- Zahlen Sie einen Baraltenteil unregelmäßig und auch noch in unterschiedlicher Höhe, dürfen Sie diesen womöglich nicht mehr als Sonderausgaben steuerlich geltend machen.
- Der Fiskus erlaubt Ihnen nur dann die Versorgungsleistungen steuermindernd abzuziehen, wenn der Empfänger der Bezüge zum sogenannten Generationennachfolge-Verbund gehört. Dazu zählen der ehemalige Eigentümer des Hofes oder dessen Ehepartner. Angenommen, Sie wollen den Hof Ihrer Eltern übernehmen. Ihre Großeltern, die den Hof vor Ihrem Vater bewirtschaftet haben, leben auch noch auf dem Hof und bekommen von Ihrem Vater Altenteilsleistungen. Übernehmen Sie nun

den Hof und die Altenteilsleistungen an den Großvater, dürfen Sie auch diese Kosten steuermindernd als Sonderausgaben absetzen.

Zu dem Generationennachfolge-Verbund gehören hingegen nicht die mögliche Lebensgefährtin des Übergebers oder die Geschwister des Hofübernehmers.

• Sie müssen die Versorgungsleistungen vollständig aus den Gewinnen des übertragenen Betriebes zahlen. Das kann besonders bei Kleinbetrieben oder Betrieben mit Verlusten zu Problemen führen.

Verpflichten Sie sich als Hofübernehmer zu Altenteilsleistungen, sind die typischen Leistungen steuerlich wie folgt zu betrachten:

► 1. WOHNRECHT

Vereinbaren Sie im Hofübergabevertrag ein freies Wohnrecht für den Hofübergeber, dürfen Sie den Nutzungswert der Wohnung nicht ansetzen. Das heißt, den ortsüblichen Mietwert dürfen Sie nicht steuermindernd geltend machen.

Verpflichten Sie sich als Hofübernehmer hingegen, die Kosten für Strom, Energie, Wasser, Schönheitsreparaturen und außergewöhnliche Reparaturen zu übernehmen, können Sie diese Kosten vollständig von der Steuer absetzen.

Riskieren Sie aber keinen Ärger mit dem Fiskus und verpflichten Sie sich im Übergabevertrag klar und eindeutig zur Übernahme dieser Leistungen. Es ist nicht ausreichend, wenn Sie im Vertrag schreiben „Übernahme der Unterhaltung an Dach und Fach“. Das wäre nicht eindeutig und Sie laufen Gefahr, dass Ihr Finanzamt dann einen Teil der Ausgaben nicht als Sonderausgaben akzeptiert.

MODERNISIERUNG

Die Kosten für Reparaturen dürfen Sie nur als Sonderausgaben absetzen, wenn die Maßnahmen dazu dienen, den Zustand der Wohnung zu erhalten. Modernisieren Sie die Wohnung der Altenteiler hingegen nur, um den Wert der Wohnung zu steigern, müssen Sie mit der Roten Karte vom Fiskus rechnen. Unschädlich ist es jedoch, wenn Sie sich vertraglich verpflichtet haben, die Wohnung instand zu halten und Sie die Wohnräume durch die Renovierung gleichzeitig modernisieren. Das kann aus baulichen Gründen der Fall sein, wenn Sie beispielsweise defekte einfach verglaste Fenster durch besser isolierte Fenster ersetzen.

SCHNELL GELESEN

Altenteilsleistungen dürfen Hofübernehmer als Sonderausgaben von der Steuer absetzen.

Steuermindernd sind die Altenteilsleistung nur dann, wenn Sie diese auf Lebenszeit erbringen.

Versorgungsleistungen müssen Sie aus den Gewinnen des Betriebes zahlen.

Den Baraltenteil sollten Sie regelmäßig und in gleicher Höhe zahlen. Sonst riskieren Sie Ärger mit dem Fiskus.

Zum anderen müssen Sie manchmal aufgrund von rechtlichen Gründen renovieren, zum Beispiel, wenn die Abgaswerte der alten Heizungsanlage nicht mehr den rechtlichen Vorgaben entsprechen. Tauschen Sie dann die alte Heizung durch ein viel besseres und neueres Modell aus, mit dem Sie zudem Heizkosten sparen, akzeptiert der Fiskus diese Art der Modernisierung.

Nehmen Sie also Renovierungsarbeiten vor, die nicht unbedingt nötig sind, riskieren Sie Ärger mit Ihrem Finanzamt.

Beispiel: Nachdem die Heizung seiner Eltern den Geist aufgab, erneuerte Landwirt Scholz diese umgehend. Im Zuge dessen überlegte sich der Landwirt, dass er gleichzeitig die Wohnräume der Altenteiler besser isolieren könne. So würde er natürlich auf lange Sicht nebenbei auch Heizkosten sparen.

Die Kosten für die neue Heizung und Isolierung wollte Scholz als Sonderausgaben geltend machen. Der Fiskus akzeptierte hingegen nur die Kosten für die neue Heizung, die Kosten für die Isolierung durfte Scholz nicht ansetzen. Denn die Finanzverwaltung geht in so einem Fall davon aus, dass der Landwirt die Räume nur aus eigenem Interesse isoliert hat, um den Wert der Wohnung zu steigern.

Das wollte Scholz jedoch nicht auf sich sitzen lassen. Er dachte, er könne das Problem umgehen, indem er einfach den Übergabevertrag nachträglich um die Klausel „Der Hofübernehmer verpflichtet sich, die Wohnräume der Altenteiler neu zu isolieren“ ergänzt. Er bekam jedoch erneut einen Rüffel: Er darf die Kosten dennoch nicht absetzen, denn sein Vorgehen würde gegen das steuerliche Rückwirkungsverbot verstoßen.

Machen Sie sich also vor dem Abschluss des Hofübergabevertrages darüber Gedanken, welche Kosten Sie übernehmen wollen bzw. sollen. Es nützt nichts, wenn Sie den Vertrag nachträglich noch ändern. Denkbar ist zum Beispiel auch, dass sich der Hofübernehmer verpflichtet, ein behindertengerechtes Bad auszubauen. Halten Sie das im Übergabevertrag fest, können Sie auch diese Kosten steuermindernd berücksichtigen.

STROM UND WASSER

Wenn Sie beispielsweise für die Heizkosten Ihrer Eltern aufkommen, ohne dass Sie dies vertraglich vereinbart haben, dürfen Sie die Kosten dafür auch nicht absetzen.

Vereinbaren Sie im Hofübergabevertrag also nicht nur mögliche Renovierungsarbeiten, sondern auch die Übernahme für Heizungs-, Strom- und Wasserkosten. Wollen Sie dann diese Kosten absetzen, haben Sie zwei Möglichkeiten:

• Tatsächliche Kosten ansetzen: Bei den Kosten für Heizung oder Abwasser,

▷ Verpflichten Sie sich im Übergabevertrag, die Stromkosten der Altenteiler zu zahlen, dürfen Sie diese als Sonderausgaben absetzen.

Foto: ©gopixa/AdobeStock

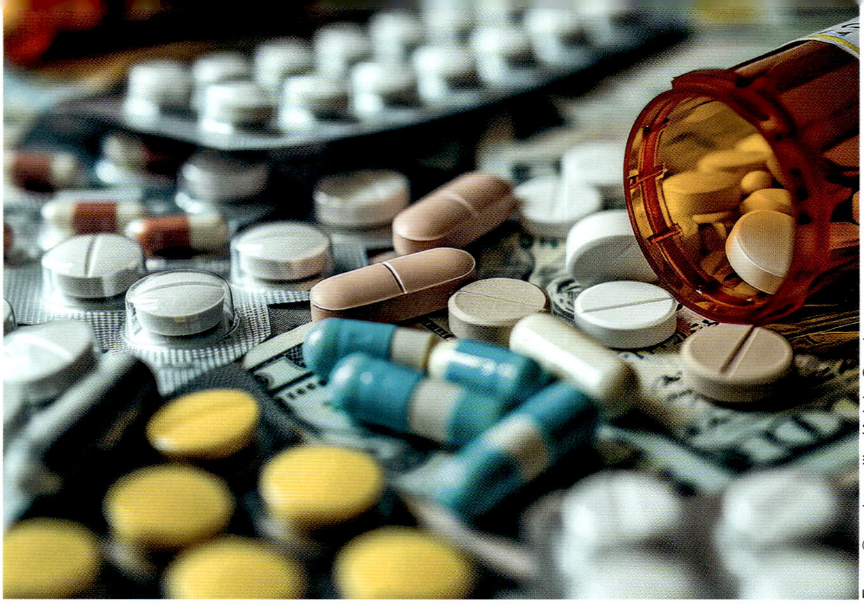

△ Medikamentenkosten, die Sie für die Altenteiler übernehmen, dürfen Sie steuermindernd geltend machen.

schaut das Finanzamt ganz genau hin. Besonders wenn die Altenteiler und der Junior unter einem Dach wohnen. Ihr Finanzamt kann die nachgewiesenen Kosten für Heizung und Beleuchtung dann im Verhältnis der Wohnflächen und die sonstigen Kosten, zum Beispiel für Wasser, Abwasser, Müllabfuhr, nach der Anzahl der Bewohner aufteilen.

Hierzu ein vereinfachtes Beispiel: Sie und die Altenteiler wohnen im gleichen Haus. Angenommen, Sie zahlen pro Monat 180 € für Heizkosten. Die Wohnfläche beträgt insgesamt 150 m². Ihre Eltern bewohnen davon eine eigene kleine Wohnung von 50 m². Sie dürfen somit etwa 60 € der Heizkosten absetzen (180 €/150 m² x 50 m²). Das Finanzamt muss jedoch die Größenangaben der Altenteilerwohnung nachvollziehen können.

Oft ist es auch noch so, dass die Eltern im gleichen Haushalt des Hofübernehmers wohnen und beispielsweise nur ein eigenes Schlafzimmer haben und Wohnzimmer und Küche der jungen Generation mitnutzen. Dann dürfen Sie die Kosten für die Heizung auch nach der Anzahl der Köpfe des Haushaltes aufteilen.

Sie dürfen ebenso einen pauschalen Sachbezugswert pro Jahr ansetzen, wenn Sie die detaillierten Kosten nicht nachweisen können oder wollen. Die Kosten für Heizung, Strom und andere Nebenkosten schätzt die Finanzverwaltung jährlich nach bestimmten Vorgaben. Diese Werte gelten als sogenannte Nichtbeanstandungsgrenzen.

Die aktuellen Werte finden Sie in der Tabelle. Das heißt, setzen Sie diese Werte an, stellen Sie sicher, dass Ihr Finanzamt die Höhe dieser Kosten akzeptiert.

Diese Grenzen gelten im Übrigen auch, wenn Sie Ihren Gewinn nach Durchschnittssätzen (13a-Landwirte) ermitteln. Für einen Altenteiler durften Sie 2023 beispielsweise 773 € pro Jahr steuermindernd ansetzen.

Regeln Sie auch im Übergabevertrag, wer die Kosten zum Beispiel für Schuldzinsen, Grundsteuer oder Kosten für die Versicherung des Wohnhauses trägt. Allerdings können Sie diese Kosten nicht steuermindernd geltend machen.

▶ 2. VERPFLEGUNG

Haben Sie vereinbart, dass Sie die Kosten für die Verpflegung der Altenteiler übernehmen, können Sie diese Kosten absetzen. Diese sind in erster Linie mit ihrem tatsächlichen Wert abzugsfähig. Dazu sammeln Sie die Einkaufsbelege und legen diese dem Finanzamt vor.

Es ist aber auch möglich, einen bestimmten Pauschalbetrag pro Jahr anzusetzen – also wie bei den Kosten für Heizung, Wasser etc. Dazu ziehen Sie die anteiligen Werte der Sachbezüge in der Sozialversicherung heran.

Die Werte gelten bundesweit. Diese Sachbezugswerte finden Sie in der sogenannten Sozialversicherungsentgeltverordnung. Die Werte werden jährlich fortgeschrieben.

Für einen Altenteiler durften Sie 2024 beispielsweise 3.756 € und für das Altenteiler-Ehepaar 7.512 € steuermindernd ansetzen, wenn Sie voll verpflegen (Frühstück, Mittag- und Abendessen, frühere Werte siehe Tabelle). Die Werte gelten hingegen nicht, wenn

- der Hofübergeber Naturalentnahmen (zum Beispiel Milch oder Eier) bekommt,
- Sie die Altenteiler nur zum Teil verpflegen, also beispielsweise täglich mit nur einer Mahlzeit oder
- sich die Altenteiler die für die Verpflegung erforderlichen Nahrungsmittel auf eigene Kosten beschaffen und Sie nur das Kochen übernehmen.

Verwenden Sie für die Beköstigung der Altenteiler auch selbst gewonnene Erzeugnisse aus Ihrem landwirtschaftlichen Betrieb, wie beispielsweise Milch, Eier oder auch Fleisch, müssen Sie diese Kosten außerdem als Eigenverbrauch verbuchen und als Entnahme versteuern. Das gilt aber nicht, wenn Sie Ihren Gewinn nach Durchschnittssätzen ermitteln (13a-Landwirte).

▶ 3. PFLEGE

Häufig kommt es vor, dass sich die Hofübernehmer verpflichten, die Pflege der Altenteiler sicherzustellen. Dabei können Hofübernehmer die Kosten für eine fremde Pflegekraft, Fahrtkosten zum Arzt oder Medikamentenkosten als Sonderausgaben abziehen.

Übernehmen Sie hingegen persönlich die Pflege Ihrer Eltern, akzeptiert es der Fiskus nicht, wenn Sie diese Leistungen geltend machen. Entsprechendes gilt, wenn der Hofübernehmer die Kosten für die Unterbringung in einem Pflegeheim trägt, der Übergabevertrag aber nur die Pflege im häuslichen Bereich vorsieht. Aber angenommen, einer der Altenteiler zieht ins Pflegeheim und Sie haben sich im Hofübergabevertrag auf

DIESE WERTE BEANSTANDET DER FISKUS NICHT

Kalenderjahr	Altenteiler – Ehepaar		Altenteiler – Einzelperson	
	Vollbeköstigung[1]	Heizung, Beleuchtung[2]	Vollbeköstigung[1]	Heizung, Beleuchtung[2]
2021	6.312 €	1.410 €	3.156 €	705 €
2022	6.480 €	1.448 €	3.240 €	724 €
2023	6.912 €	1.546 €	3.456 €	773 €

1) Kosten für Frühstück, Mittag- und Abendessen zusammen;
2) Je nach Bundesland können die Werte um wenige Euro variieren
top agrar; Quelle: Ruffer

◁ Wollen Sie die anfallenden Kosten für die Altenteiler nicht detailliert auflisten, dürfen Sie diese pauschalen Werte steuermindernd ansetzen.

die Übernahme der Kosten für das Pflegeheim – auch anteilig – geeinigt, dann können Sie die jährlichen Aufwendungen für das Heim, Reinigung des Zimmers, Zubereitung und Servieren der Mahlzeiten usw. steuerlich absetzen. Sind die getragenen Kosten dann höher als die vereinbarten Pflegekosten, zählt die Differenz als freiwillige Leistung. Diese Kosten können Sie weder als Sonderausgaben noch als außergewöhnliche Belastung absetzen.

▶ 4. BARALTENTEIL

Zahlen Sie Ihren Eltern monatlich einen bestimmten Geldbetrag als Altenteilsleistungen, dürfen Sie diese Ausgaben im vollen Umfang als Sonderausgaben absetzen. Am besten verpflichten Sie sich im Übergabevertrag dazu, monatlich einen festen Betrag auf das Konto des Hofübergebers zu überweisen. Zahlen Sie den Betrag bar aus, kann das Finanzamt das anzweifeln.

Wichtig ist auch, dass Sie den Geldbetrag regelmäßig und in gleicher Höhe an die Altenteiler auszahlen, ansonsten riskieren Sie, dass das Finanzamt die Zahlungen nicht als Sonderausgaben akzeptiert (Niedersächsisches Finanzgericht, Az.: 3 K 490/12). Gehen Sie auf Nummer sicher und richten bei Ihrer Bank einen Dauerauftrag ein, so bekommt der Altenteiler das Baraltenteil pünktlich und regelmäßig. Was die Altenteiler dann mit dem Geld anstellen, ist steuerlich nicht erheblich.

Wichtig ist, dass Sie das Baraltenteil während der gesamten Dauer vertragsgemäß an die Altenteiler auszahlen. Verstoßen Sie grob gegen die vertraglichen Klauseln, müssen Sie damit rechnen, dass der Fiskus Ihnen dauerhaft den Abzug der Kosten verwehrt.

Es ist steuerschädlich, wenn Sie die vereinbarte Summe nicht regelmäßig und in gleicher Höhe zahlen. So z.B. wenn Sie

- mit den Zahlungen zwischendurch einen Monat aussetzen, weil Sie knapp bei Kasse sind,
- in einem Monat eine geringere Summe zahlen, dafür aber im nächsten Monat einen höheren Betrag zahlen oder
- mehrere Monate mit der Zahlung aussetzen, das vereinbarte Baraltenteil dann aber nach dieser Zeit in einem Schlag nachholen.

Beanstandet das Finanzamt das Baraltenteil, kann das durchaus dazu führen, dass der Fiskus Ihnen den steuerlichen Sonderausgabenabzug dann nicht nur für die Vergangenheit, sondern auch für die Zukunft komplett streicht.

DIE ZAHLUNGEN ANPASSEN

Nur in wenigen Fällen akzeptiert es der Fiskus, wenn Sie den Übergabevertrag ändern und die Zahlungen anpassen, zum Beispiel, wenn

- sich das Versorgungsbedürfnis des Hofübergebers ändert, z.B. der Senior pflegebedürftig wird oder wenn
- sich die Leistungsfähigkeit des Hofübernehmers ändert, z.B. aufgrund eines nachhaltigen Ertragsausfalls.

Wollen Sie die Versorgungsleistungen nachträglich ändern, müssen Sie dies schriftlich tun und begründen. Geben Sie als Grund das veränderte Versorgungsbedürfnis der Altenteiler oder den veränderten Nettoertrag des Betriebes an. Mündliche Änderungen des Vertrages erkennt der Fiskus nicht an. Sie brauchen den geänderten Vertrag nicht notariell beurkunden zu lassen. Sprechen Sie die Änderung jedoch unbedingt mit Ihrer Steuerberaterin oder Ihrem Steuerberater ab.

▶ 5. SONSTIGES

Oft vereinbaren Übergeber und Übernehmer, dass der Junior die Beerdigungskosten übernimmt. Angenommen, Jan Maiers Mutter verstirbt zuerst. Dann kann der Junior die Kosten dafür absetzen. Er kann aber nur die Kosten für Beerdigung und Trauerfeier des erstversterbenden Altenteilers als Sonderausgaben absetzen. Im Gegenzug muss sein Vater als Ehemann der Verstorbenen die Übernahme der Kosten durch den Junior als sonstige Einkünfte versteuern. Verstirbt der Vater z.B. ein Jahr später, kann Jan Maier diese Beerdigungskosten nicht geltend machen.

Das zahlt der Hofübergeber

Die Leistungen, die der Hofübergeber bekommt, betrachtet der Fiskus als Einkommen, da die Altenteiler einen geldwerten Vorteil dadurch haben. Diese Leistungen müssen die Altenteiler als „sonstige Einkünfte" versteuern. Beispiel: Angenommen der Hofübernehmer verpflichtet sich, den Altenteilern ein behindertengerechtes Badezimmer zu bauen. Der Junior kann die Kosten voll von der Steuer absetzen. Die Altenteiler müssen dann im Gegenzug genügend finanzielle Mittel aufbringen können, um die Steuer auf diese „sonstigen Einkünfte" zu bezahlen. Denn ein behindertengerechtes Bad kann schnell 10.000 € und mehr kosten. Bei einem Eingangssteuersatz von 14 % schulden die Altenteiler dem Fiskus also 1.400 € Einkommensteuer zuzüglich Soli und Kirchensteuer!

Beziehen Ihre Eltern die Altenteilsleistungen als Ehepartner gemeinsam, sind also Gesamtberechtigte, hat jeder von ihnen (anteilig) sonstige Einkünfte. Aber: Dem Übergeber werden aus den anteiligen Arbeitskosten 20 % Steuerabzug gewährt (Handwerkerleistungen).

SONDERAUSGABEN

Vorsicht bei Verkauf und Aufgabe

Verkaufen Sie nach der Hofübergabe wesentliche Teile des Betriebes, prüfen Sie, ob Sie die Versorgungsleistungen für die Altenteiler weiterhin von den Nettoerträgen des verbleibenden Vermögens decken können. Denn auch wenn sich der Betrieb verändert, gilt: Versorgungsleistungen können Sie nur als Sonderausgaben abziehen, wenn der Ertrag des übergebenen bzw. umgeschichteten Vermögens die Versorgungsleistungen abdeckt. Übergeben Sie den Hof auf die nächste Generation oder verpachten Sie den Betrieb im Ganzen, ist das unschädlich. Die Altenteilsleistungen können Sie wie gewohnt weiter absetzen.

Haben Sie den Hof übernommen, geben die Landwirtschaft aber nach einigen Jahren auf, dürfen Sie die Altenteilszahlungen nicht mehr als Sonderausgaben absetzen.

Wenn Sie einen ehemaligen landwirtschaftlichen Betrieb übernehmen, der sich im Privatvermögen befindet, können Sie Altenteilsleistungen nicht mehr als Sonderausgaben absetzen. Dieses gilt für Übergabeverträge nach dem 31.12.2007 (Datum des Notarvertrages).

△ Bei der Pflegeklausel gilt es, sowohl die Interessen der Altenteilern als auch des Hofübernehmers zu berücksichtigen.

Das Kreuz mit der Pflegeklausel

Eine Pflegeklausel im Übergabevertrag ist heute nicht mehr selbstverständlich. Doch ist es klug, leichtfertig darauf zu verzichten?

UNSERE AUTORIN
Anne Schulze Vohren

Landwirt Jan Strube möchte endlich den Betrieb seines Vaters übernehmen. Aber noch ist der Übergabevertrag nicht unter Dach und Fach. Die Pflegeklausel bereitet dem Hofübernehmer, seinen Eltern und den beiden Schwestern am meisten Kopfzerbrechen. Soll überhaupt eine Pflegeklausel vereinbart werden? Wenn ja, wie soll diese aussehen? Jan Strube, seine Eltern und die Geschwister haben hier unterschiedliche Vorstellungen.

Und das ist völlig normal. Keiner der Beteiligten weiß, was die Zukunft bringen wird. Die Landwirte, deren Familien und auch Berater sind oft unsicher. Immer häufiger wird deshalb gar keine Pflegeklausel mehr vereinbart. Für andere Familien dagegen ist ein Verzicht auf die Pflegeklausel undenkbar.

UNTERSCHIEDLICHE INTERESSEN

Das Wichtigste ist wohl, dass sich alle Familienmitglieder gründlich mit dem Thema Pflegeklausel beschäftigen und gemeinsame Lösungen finden. Grobe Unstimmigkeiten oder totgeschwiegene Konflikte können im Pflegefall zum Bumerang werden und am Ende sogar den Familienfrieden aufs Spiel setzen!

Zunächst sollten deshalb alle Beteiligten, also Hofübergeber, Hofübernehmer genauso wie auch die weichenden Erben, ihre eigenen Interessen einbringen:

- Die Altenteiler wollen sich für ihren Lebensabend versorgt wissen. Dabei möchten sie meist möglichst lange in den eigenen vier Wänden verbleiben. Gleichzeitig haben die Altenteiler oft den Wunsch, den Hof und den Hofübernehmer nicht zu überlasten.
- Der Hofübernehmer möchte ebenfalls die Versorgung und die Pflege der Altenteiler gewährleistet sehen, gleichzeitig möchte er eine Überlastung von Familie und Betrieb verhindern.
- Auch die weichenden Erben wollen die Altenteiler gut versorgt wissen. Dabei sehen sie jedoch zunächst den Hofübernehmer in der Pflicht. Schließlich hat er den Hof bekommen.

All diese so verschiedenen Interessen sind berechtigt. Hinzu kommt, dass sich die Lebensverhältnisse auf den Höfen in den letzten 20 Jahren gravierend geändert haben.

Heutzutage leben die Altenteiler und die Familie des Hofübernehmers vergleichsweise unabhängig voneinander. Und bei der jungen Familie ist die Zeit oft knapp. Werden die Altenteiler dann hilfe- und pflegebedürftig, stellt dies schnell den Alltag aller Beteiligten auf den Kopf.

Hier gilt es, für jede Familie eine persönliche Kompromisslinie bei den Vereinbarungen zur Pflege zu finden.

PFLEGEKLAUSEL, ABER WIE?

Früher haben sich die Hofübernehmer meist zur uneingeschränkten Pflege der Altenteiler auf dem Hof verpflichtet. Mit der Folge, dass sie sich heute unter Umständen mit beträchtlichen Beträgen an den Pflegeheimkosten der Eltern beteiligen müssen.

Um eine solche Überbelastung des Hofübernehmers zu vermeiden, werden schon seit einigen Jahren nur noch eingeschränkte Pflegeklauseln empfohlen, zum Beispiel auf das Maß des Pflegegrades 2. Damit können die Altenteiler bis einschließlich des Pflegegrades 2 die Pflege vom Hofnachfolger bzw. dessen Familie persönlich verlangen. Alternativ wird häufig eine auf die häusliche Pflege beschränkte Pflegeverpflichtung vereinbart, soweit diese ohne professionelle Hilfe bzw. ohne Fachpersonal geleistet werden kann.

Angesichts der heutigen Arbeitsbelastung und geänderten Wertvorstellungen, empfiehlt sich heute eine noch weiter eingeschränkte Pflegeklausel.

So hat z.B. der Westfälisch-Lippische Landwirtschaftsverband (WLV) folgende Klausel entwickelt: „Der Übertragsnehmer gewährt dem Übertragsgeber und seinem Ehepartner Hilfe und Unterstützung in den Tagen der Krankheit oder körperlichen Bedürftigkeit. Dazu zählen Wäsche- und Wohnungspflege, die Organisation der Pflegeunterstützung und die Essensreichung. Konkrete Pflege, die über den Umfang des Pflegegrades 1 hinausgeht, können die Altenteiler nicht verlangen.“

Der Schwerpunkt bei dieser Klausel liegt auf der organisatorischen Unterstützung und auf der hauswirtschaftlichen Versorgung der Altenteiler. Eine solche Klausel sei oft besser als ein kompletter Verzicht auf eine Pflegeklausel, so Rechtsanwalt Hubertus Schmitte aus Münster. Denn damit bleibe der Hofübernehmer in der Pflicht, sich im Pflegefall um die Eltern zu kümmern.

NUR SO WEIT ZUMUTBAR

Die vereinbarten Leistungen sollten nur so weit gehen, wie sie für den Hofübernehmer zum Zeitpunkt des Pflegefalles zumutbar sind. Dies sollte in der Pflegeklausel ausdrücklich vereinbart werden. Denn Krankheiten in der Familie oder eine umfassende Berufstätigkeit beider Ehepartner können die Möglichkeiten der persönlichen Unterstützung und Pflege erheblich einschränken. Auch eine Demenz eines Altenteilers kann sehr schnell zur Überlastung der Familie führen. In solchen Fällen sollte die Unterstützung und Pflege auf mehrere Schultern verteilt werden können.

Um im Falle einer Heimunterbringung einen Zugriff des Sozialamtes auf die Pflegeklausel zu verhindern, sollte die vertragliche Pflegeverpflichtung des Übernehmers zeitlich beschränkt sein. Sie sollte nur solange gelten, wie die Altenteiler auf dem Hof bzw. Anwesen verbleiben.

Für den Fall, dass der pflegebedürftige Altenteiler nach ärztlicher Feststellung in einem Alten- oder Pflegeheim untergebracht werden muss, sollte die Pflegeverpflichtung ersatzlos entfallen. Alternativ kann man auch für den Fall der Heimunterbringung einen Geldbetrag von z.B. 100 oder 200 € im Monat festlegen, mit dem der Hofübernehmer sich als Ersatz für seine vertragliche Pflegeverpflichtung an den Pflegekosten beteiligen muss.

Wichtig ist auch, dass die Altenteiler sich im Hofübergabevertrag verpflichten, staatliche Leistungen wie das Pflegegeld und gegebenenfalls auch Leistungen aus privaten Versicherungen zu beanspruchen und diese Leistungen demjenigen zukommen zu lassen, der die Pflege tatsächlich ausübt. ▶

SCHNELL GELESEN

Alle Beteiligten sollten sich intensiv mit dem Thema Pflege und Pflegeklausel auseinandersetzen.

Für eine Pflegeklausel gibt es durchaus gute Gründe.

Ohne Pflegeklausel ist die Pflege dennoch gesichert.

Das Sozialamt zahlt, wenn das Geld von Altenteilern und Kindern nicht reicht.

ÜBERSICHT 1: LEISTUNGEN DER PFLEGEKASSE IN DEN PFLEGEGRADEN 1 BIS 5

Leistungen	Pflegegrad 1	Pflegegrad 2	Pflegegrad 3	Pflegegrad 4	Pflegegrad 5
Höchstgrenze Pflegegeld/Monat	–	347 €	599 €	800 €	990 €
Höchstgrenze Pflegesachleistungen/Monat	–	796 €	1.497 €	1.859 €	2.299 €
Leistungen bei stationärer Unterbringung	–	805 €	1.319 €	1.855 €	2.096 €
Verhinderungspflege	–	1.685 €/Jahr	1.685 €/Jahr	1.685 €/Jahr	1.685 €/Jahr
Kurzzeitpflege	–	1.854 €/Jahr	1.854 €/Jahr	1.854 €/Jahr	1.854 €/Jahr
Entlastungsbeitrag	131 € pro Monat Entlastungsbeitrag für Betreuungsleistungen und haushaltsnahe Dienstleistungen von anerkannten Anbietern				
Bauzuschuss	Bei Bedarf Anspruch auf einen Bauzuschuss von bis zu 4.180 € für häusliche Umbaumaßnahmen				

Pflegegeld und Pflegesachleistungen sind kombinierbar. Verhinderungs- u. Kurzzeitpflege gelten ab 1.7.2025 als ein Entlastungsbudget und können flexibel genutzt werden. Pflegepersonen, die einen Pflegebedürftigen mit Pflegegrad 2 – 5 pflegen, haben ab einer Pflegezeit von zehn Wochenstunden an mindestens zwei Tagen/Woche Anspruch auf die Zahlung von Rentenversicherungsbeiträgen durch die Pflegekasse. *top agrar; Quelle: Bundesverwaltungsamt*

△ Ab Pflegegrad 2 haben pflegende Angehörige ggf. Anspruch auf die Zahlung von Rentenversicherungsbeiträgen durch die Pflegekasse.

Foto: ©PhotographyByMK/AdobeStock

△ Das Pflegegeld sollte demjenigen zustehen, der die Pflege auf dem Hof tatsächlich übernimmt. In der Regel ist das die Familie des Hofübernehmers.

GESCHWISTER NICHT FREISTELLEN

Immer wieder kommt es vor, dass die Geschwister des Hofnachfolgers verlangen, sie im Innenverhältnis von ihren gesetzlichen Unterhaltspflichten gegenüber ihren Eltern freizustellen. Das sollte der Hofnachfolger jedoch niemals tun. Denn bei einer Freistellung der Geschwister müsste er über seine eigenen Unterhaltspflichten hinaus auch noch für die gesetzliche Unterhaltspflicht der Geschwister einstehen. Das kann einem Übernehmer bei einer Heimunterbringung der Eltern teuer zu stehen kommen.

Angenommen, der Bruder des Hofübernehmers ist Chefarzt und alleinstehend. Dann müsste der gutverdienende Bruder sich u.U. mit mehreren Hundert Euro im Monat an den Heimkosten beteiligen. Hätte der Hofübernehmer seinen Bruder im Innenverhältnis von dieser Pflicht freigestellt, müsste er seinem Bruder diesen Betrag ersetzen.

VERZICHT AUF PFLEGEKLAUSEL?

Immer mehr Familien entscheiden sich, ganz auf eine Pflegeklausel zu verzichten. Aber was bedeutet das konkret?

Die praktischen Auswirkungen auf die Pflege der Altenteiler sind in der Praxis meist sehr gering. Zwar muss der Hofübernehmer ohne Pflegeklausel keine praktische Pflege leisten und die Altenteiler haben keinen einklagbaren Anspruch auf Pflege. Oftmals übernimmt jedoch die Familie des Hofübernehmers die notwendige und zumutbare häusliche Pflege freiwillig, häufig ergänzt durch einen Pflegedienst.

Aber auch wenn der Hofübernehmer und sein Ehepartner einen pflegebedürftigen Altenteiler tatsächlich nicht persönlich pflegen sollten, ist die Pflege gewährleistet. Allerdings ist der Altenteiler dann womöglich schon bei leichter Pflegebedürftigkeit komplett auf einen Pflegedienst oder andere Hilfskräfte angewiesen. Außerdem müsste der Altenteiler dann die von der Pflegeversicherung nicht gedeckten Kosten der Pflege von Anfang an selbst übernehmen, außerdem wohl noch die Kosten für eine Haushaltshilfe.

Für einen pflegebedürftigen Altenteiler könnte der Verzicht auf eine Pflegeklausel deshalb neben dem möglichen Verzicht auf die persönliche Pflege mit einer höheren finanziellen Belastung bzw. Überlastung verbunden sein. Der Hofübernehmer wäre dementsprechend entlastet. Damit steigt aber auch das Risiko, dass sich alle Kinder des Altenteilers (weichende Erben und Hofübernehmer) schon bei der häuslichen Pflege im Rahmen ihrer gesetzlichen Unterhaltspflicht an den Pflegekosten beteiligen müssen. Insbesondere bei relativ geringem Einkommen und Vermögen der Altenteiler kann das gerade für die weichenden Erben mit höheren finanziellen Belastungen verbunden sein.

Die konkrete Höhe der Kostenbeteiligung hängt dann noch von der Leistungsfähigkeit und dem Familieneinkommen der Kinder ab.

TEURER FÜR GESCHWISTER

In der Regel reichen die Unterhaltszahlungen der Kinder aus, um die Kosten der häuslichen Pflege zu decken. Ansonsten zahlt das Sozialamt die verbleibenden Kosten.

Ist die Unterbringung in einem Pflegeheim unumgänglich, wird auch in diesem Fall ein Teil der Kosten von der Pflegeversicherung getragen. Für die verbleibenden Kosten muss auch hier zunächst der Altenteiler aufkommen, dann eventuell der Hofnachfolger, indem er für das entfallende Wohn- und Beköstigungsrecht einen Geldersatz zahlen muss.

Abschließend müssen sich noch der Ehegatte und alle Kinder des Pflegebedürftigen im Rahmen der gesetzlichen Unterhaltspflicht beteiligen. Aufgrund der hohen Heimkosten muss in der Regel auch noch das Sozialamt einspringen. Details zur Kostenübernahme lesen Sie auf der Folgeseite.

Diese Regeln beachten

Falls Sie sich für eine Pflegeklausel im Hofübergabevertrag entscheiden, sollte diese folgende Beschränkungen enthalten:

- Schränken Sie die Pflege ein, zum Beispiel auf die Organisation der Pflege und auf den Pflegegrad 1.
- Im Fall der Heimunterbringung entfällt die Pflegeverpflichtung.
- Die Pflegeverpflichtung darf sich nicht in Geldersatz umwandeln.
- Die Pflegeverpflichtung gilt nur, solange sie zumutbar ist.
- Die weichenden Erben sollten nicht von ihren gesetzlichen Unterhaltspflichten freigestellt werden.

IM HEIM UNTERBRINGEN

Für den Fall der Heimunterbringung der Altenteiler macht es also keinen Unterschied, ob eine Pflegeklausel vereinbart wurde oder nicht. Denn die Pflegeklausel legt in der Regel fest, dass die Pflegeleistungen des Hofübernehmers auf den Aufenthalt der Altenteiler auf dem Hof beschränkt sind. Dann muss der Übernehmer bei Heimunterbringung aus der Pflegeklausel heraus entweder gar nichts oder bei Vereinbarung eines Ersatzbetrages dann diesen Ersatzbetrag von z.B. 100 oder 200 € pro Monat zahlen.

STEUERFALLE BEI ALTVERTRÄGEN

Unabhängig davon, ob Sie eine Pflegeklausel vereinbaren oder wie Sie eine mögliche Pflegeklausel ausgestalten, sind die in einem neuen Hofübergabevertrag vereinbarten Versorgungsleistungen beim Hofübernehmer steuerlich als Sonderausgaben voll abziehbar. Das gilt zumindest für all die Hofübergabeverträge, die seit dem 1. Januar 2008 abgeschlossen wurden.

Für Verträge, die vor dem 1. Januar 2008 abgeschlossen wurden, kann es allerdings steuerliche Probleme mit der vollen Abziehbarkeit der Versorgungsleistungen geben – und zwar dann, wenn der Übergeber und der Übernehmer keine Pflegeklausel vereinbart haben oder der Übernehmer sich in der Pflegeklausel nur sehr eingeschränkt zur Pflege verpflichtet, also zum Beispiel rein organisatorisch.

In solchen Fällen sollten Sie überlegen, den Vertrag privatschriftlich anzupassen, indem Sie sich als Übernehmer selbst zu Pflege- und Betreuungsleistungen in alten und in kranken Tagen beispielsweise bis zu 1,5 Stunden täglich im Haushalt der Altenteiler verpflichten. Dann ist weiterhin eine volle Absetzbarkeit der Versorgungsleistungen als Sonderausgaben möglich.

PFLEGE – JA ODER NEIN

Wie entscheiden?

Pflegeklausel ja oder nein – die Meinungen sind unter bäuerlichen Familien und Experten unterschiedlich.

Die einen meinen: Wenn es in der Familie funktioniert, braucht es keine Pflegeklausel – funktioniert es nicht, hilft sie sowieso nicht. Außerdem bestehe immer ein finanzielles Risiko für den Hofübernehmer.

Die anderen sagen: Gibt es eine Pflegeklausel, fühlt der Übergeber sich stärker in der Pflicht und setzt sich mehr für seine Eltern ein, hinzu komme die Entlastung der weichenden Erben. Wichtig sei, eine wasserdichte Klausel.

Wie die Pflege bezahlt wird

Das Sozialamt zahlt die nicht gedeckten Kosten für die Pflege – aber erst, wenn alle anderen Quellen ausgeschöpft sind.

Richtig teuer wird die Pflege meistens bei Unterbringung im Pflegeheim. Für die verbleibenden Kosten kommt zunächst der Pflegebedürftige mit dem eigenen Einkommen auf. Dazu zählen v.a. Baraltenteil, Altersgeld, ggf. die gesetzliche Rente und manchmal Leistungen einer privaten Pflegeversicherung.

Reicht das nicht, und das ist üblich, springt das Sozialamt ein. Dieses trägt die verbleibenden Heimkosten, schöpft aber alle Möglichkeiten aus, sich das Geld zurückzuholen (s. Übersicht 2).

▶ 1. VERMÖGEN ALTENTEILER

Herangezogen werden kann das gesamte verwertbare Vermögen des Altenteilers. Ist der Altenteiler noch Eigentümer des Hofes, kann auch das Hofvermögen in Anspruch genommen werden – auch wenn der Hofnachfolger den Betrieb als Pächter bewirtschaftet. In solchen Fällen ist es allerdings üblich, dass das Sozialamt nicht das Hofvermögen beansprucht, sondern vom Hofübergeber eine Kostenbeteiligung verlangt.

▶ 2. ÜBERGABEVERTRAG

Als Nächstes beansprucht das Sozialamt die vertraglichen Verpflichtungen des Hofübernehmers aus dem Hofübergabevertrag. Dazu zählen Ersatzansprüche aus der Wohnrechts-, Beköstigungs- und Pflegeklausel. Dabei kommt es aber auf die konkrete Formulierung an. Hier gibt es nicht nur bei der Pflegeklausel, sondern auch bei der Wohnungsrechts- und Beköstigungsklausel Möglichkeiten, die Einstandspflicht des Hofübernehmers zu begrenzen.

▶ 3. RÜCKFORDERUNG

Geschenke, die der Pflegebedürftige in den letzten zehn Jahren gemacht hat, sind die am häufigsten genutzte Quelle des Sozialamtes. Hat ein Altenteiler z.B. drei Jahre vor Eintritt des Pflegefalls ein bebautes Grundstück an eine Enkelin verschenkt, kann das Sozialamt das Grundstück von der Enkelin zurückfordern. In der Praxis wird dabei allerdings oft nach Verhandlungslösungen gesucht, die die tatsächliche Rückgabe verhindern.

Die Übergabe des Hofes an den Hoferben ist rein rechtlich als „teilweise" Schenkung des Altenteilers anzusehen. Von ihrem Rückforderungsrecht machen die Sozialämter – zumindest bei Haupterwerbsbetrieben – in der Regel keinen Gebrauch. Und auch bei Nebenerwerbsbetrieben kann die Rückgabe des Betriebes in der Regel verhindert werden. Dafür muss sich der Nebenerwerbslandwirt in solchen Fällen aus dem eigenem Einkommen an den Pflegekosten beteiligen.

▶ 4. GESETZLICHER UNTERHALT

Zuletzt prüft das Sozialamt, inwieweit der Ehegatte und die Kinder des Pflegebedürftigen sich an den Pflegekosten beteiligen müssen. Sie sind gesetzlich verpflichtet, Unterhalt zu leisten. Grundsätzlich müssen sich alle Kinder des Pflegebedürftigen an den Heimkosten beteiligen: Die nicht mehr auf dem Hof lebenden, schon abgefundenen Kinder, genauso wie der Hofnachfolger.

Diese Unterhaltspflicht ist jedoch seit 2020 stark eingeschränkt. Die Einkommensgrenze für die Unterhaltspflicht der Kinder liegt jetzt bei einem Jahresbruttoeinkommen von 100.000 €.

Bei der Ermittlung der Einkommensgrenze berücksichtigt das Sozialamt nur das Einkommen des unterhaltspflichtigen Kindes, nicht das Familieneinkommen. Vorhandenes Vermögen berücksichtigt das Sozialamt übrigens nicht. Wichtig ist auch, dass das Sozialamt wohl nur noch in begründeten Fällen die Finanzlage der Kinder prüfen und gegebenenfalls Geld verlangen wird.

ÜBERS. 2: WER ZAHLT DIE PFLEGE?

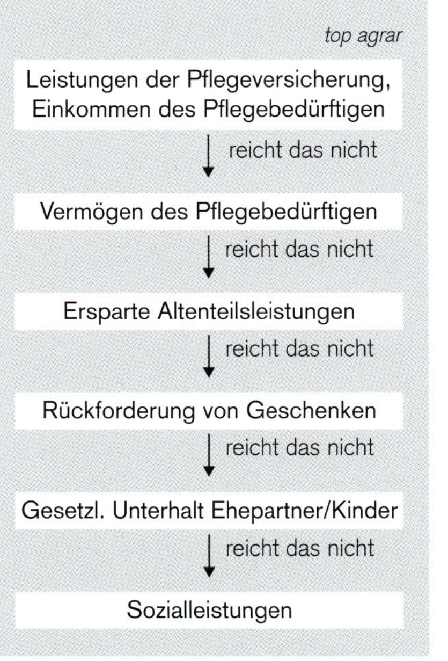

△ Ob und wie viel ein Kind zahlen muss, hängt von seinem Einkommen ab.

Abfindung: Was ist gerecht, was verkraftet der Hof?

Viele Betriebe verkraften keine umfangreichen Abfindungen, andere haben dagegen mehr Spielraum. Je nach wirtschaftlicher Ausgangslage gibt es enorme Unterschiede, wie die nachfolgenden betriebswirtschaftlichen Kalkulationen zeigen.

UNSER AUTOR
Christian Solle

Egal ob der Betrieb nach der nordwestdeutschen Höfeordnung, einem Anerbengesetz oder dem BGB-Erbrecht übergeben wird: Im Ergebnis wird der landwirtschaftliche Betrieb geschlossen an einen Hoferben übergeben, während die weichenden Erben mit einem Geldbetrag vom Hof abgefunden werden. Dabei wird der Hoferbe in gewisser Weise privilegiert, weil er seine Miterben nicht nach dem Verkehrswert des Betriebes abfinden muss, sondern nach einem deutlich niedrigeren Wert. So billigt die Höfeordnung den weichenden Erben lediglich eine Abfindung auf der Basis des 0,6-fachen Grundsteuerwertes, dem sogenannten Hofeswert zu. Davon können die vorhandenen Verbindlichkeiten bis max. 80 % des Hofeswertes abgezogen werden. Der dann verbleibende Betrag ist die rechnerische Vermögensmasse, die unter den gesetzlichen Erben (also meist dem Ehepartner und den Kindern einschließlich des Hofübernehmers) aufzuteilen ist.

Nach dem landwirtschaftlichen Sondererbrecht in Baden-Württemberg, Bremen, Hessen und Rheinland-Pfalz werden die weichenden Erben auf Grundlage des Reinertrages bzw. des Ertragswertes abgefunden. Und selbst bei der Vererbung eines Betriebes als Landgut nach dem Bürgerlichen Gesetzbuch muss der Hofnachfolger seine Geschwister nicht nach dem Verkehrswert abfinden, sondern nach dem (niedrigeren) Ertragswert. Dieser errechnet sich als kapitalisierter Reinertrag eines durchschnittlichen, ordnungsgemäß bewirtschafteten Betriebes. Allen diesen Bestimmungen liegt der (richtige) Gedanke zugrunde, dass ein Hof zwar u.U. ein erhebliches Vermögen darstellt, das aber für den Hoferben nicht zu realisieren ist, da es sich um seinen Arbeitsplatz handelt (siehe S. 124 ff).

GROSSE UNTERSCHIEDE

Ein vorsorgender Landwirt wird sich bei der Abfindung der weichenden Kinder aber nicht einfach auf das Gesetz verlassen, sondern individuelle Regelungen anstreben, die zu Betrieb und Familie passen. Um gute Lösungen zu finden, sollten die Eltern rechtzeitig Gespräche mit dem Nachfolger und den weichenden Kindern führen. Faustformeln helfen dabei nicht weiter und sind auch für die weichenden Erben kaum nachvollziehbar. Sinnvolle Regelungen lassen sich nur aufgrund konkreter Zahlen des einzelnen Betriebes finden.

Am Anfang steht also die gründliche Analyse des Unternehmens. Dafür sollten Sie die wirtschaftlichen Daten Ihres Betriebes über mindestens fünf Wirtschaftsjahre zusammenstellen und diese als Grundlage für Diskussionen über die Höhe einer möglichen Abfindung nutzen. Wie die Übersicht 1 anhand einiger repräsentativer Kennzahlen für spezialisierte viehhaltende Betriebe der Sauen-, Mastschweine- und Milchviehhaltung im langjährigen Schnitt vergangener Wirtschaftsjahre zeigt, gibt es hier je nach Betrieb erhebliche Unterschiede der wirtschaftlichen Ausgangslage bzw. der Leistungsfähigkeit.

ÜBERSICHT 1: UNTERSCHIEDLICHE AUSGANGSLAGE VOR DER ÜBERGABE

Betriebe, eingeteilt nach wirtschaftlichem Erfolg (Nettorentabilität)	Das untere Viertel	Durchschnitt	Das obere Viertel
Kennzahlen spezialisierter viehhaltender Betriebe			
Anzahl verkaufter Mastschweine	2.242	2.854	3.433
Anzahl Sauen	253	270	302
Anzahl Kühe	82	100	124
landwirtschaftliche Fläche im Eigentum	25,97 ha	27,73 ha	28,64 ha
bewirtschaftete landwirtschaftliche Fläche	57,43 ha	67,03 ha	79,26 ha
Fremdkapital im letzten Wirtschaftsjahr	211.675 €	283.583 €	327.228 €
ordentliches Ergebnis im Schnitt der Wirtschaftsjahre	8.558 €	78.486 €	153.021 €
bereinigte Eigenkapitalveränderung im Schnitt	- 12.101 €	21.650€	67.925 €
Geldüberschuss bzw. -bedarf im Schnitt (Cash-Flow III)	-3.890 €	34.851 €	76.936 €

top agrar; Quelle: Unternehmensergebnisse buchführender Betriebe in Nordrhein-Westfalen (NRW)

▷ Unterschiedliche wirtschaftliche Situationen erfordern individuelle Lösungen bei der Abfindung.

Foto: Höner

△ Bei der Abfindungsfrage gilt es, die Interessen von Hofnachfolger, Eltern und Geschwistern unter einen Hut zu bekommen.

WIRTSCHAFTLICHE LAGE

Im Schnitt halten spezialisierte Sauenhalter etwa 270 Sauen und verkaufen Schweinemäster durchschnittlich 2.854 Mastschweine. Auf Milchvieh ausgerichtete landwirtschaftliche Betriebe halten 100 Kühe (Beispielszahlen im langjährigen Schnitt der vergangenen Wirtschaftsjahre in NRW).

Im Ergebnis konnte über die Betriebe hinweg ein bereinigter Gewinn von knapp 78.500 € erzielt werden – mit Schwankungen von 61.177 € für die Schweinemäster bis 93.385 € für die Milchviehhalter. Während das untere Viertel jährlich etwa 12.000 € an Substanz verloren hat, konnte das obere Viertel das Eigenkapital jährlich um fast 68.000 € steigern. Würde bei diesen Betrieben die Hofübergabe anstehen, ließen sich aufgrund der Betriebsanalyse folgende Aussagen ableiten:

Der durchschnittliche Betrieb hat Potenzial. Er bietet für einen jungen, unternehmerisch handelnden Hofnachfolger eine solide Existenzgrundlage und die Möglichkeit, moderate Abfindungsleistungen zu zahlen.

Das obere Viertel erzielt über Jahre hinweg herausragende wirtschaftliche Ergebnisse. Der jährlich erwirtschaftete Geldüberschuss lässt neben einer Weiterentwicklung deutlichen Spielraum für Abfindungsleistungen erkennen.

Das untere Viertel hat erhebliche wirtschaftliche Probleme. Trotz ähnlicher Kapazitäten ist das Ergebnis völlig unbefriedigend. Obwohl der Fremdkapitalbesatz absolut betrachtet niedriger liegt als beim Schnitt der Betriebe und dem oberen Viertel, scheint die mittel- und langfristige Existenzfähigkeit nicht gegeben zu sein. Die bisherige Bewirtschaftung konnte nur durch erhebliche Einlagen gesichert werden. Abfindungsleistungen sind gar nicht finanzierbar.

SCHNELL GELESEN

Die gesetzlichen Regeln geben eine Orientierung, sind aber kein Muss.

Grundlage für die Abfindungen sollte die betriebswirtschaftliche Situation sein.

Erfolgreiche Betriebe können mehr als die gesetzliche Abfindung zahlen.

Für weniger erfolgreiche Betriebe ist eine Abfindung kaum leistbar.

Im Zweifelsfall kann auch die Betriebsaufgabe der richtige Weg sein.

GESETZLICHE ANSPRÜCHE

Die Betriebe haben also ganz unterschiedliche Möglichkeiten, Abfindungen an die weichenden Erben zu zahlen. Um sich im Einzelfall konkret über die Höhe der Abfindung zu einigen, können die gesetzlichen Abfindungsregelungen nach Höfeordnung bzw. BGB-Erbrecht als Orientierung dienen.

Ein Beispiel: Der Hofübergeber und seine Ehefrau leben in Zugewinngemeinschaft und haben zwei Kinder. Die Tochter übernimmt den Hof und muss den Bruder abfinden. Die Übersicht 2 zeigt, wie viel Abfindung die Hofnachfolgerin ihrem Bruder – je nach Situation des Betriebes – zahlen müsste, zunächst nach den Regeln der Höfeordnung auf Grundlage des Hofeswertes und dann nach den Regeln des BGB-Erbrechts auf Grundlage des Ertragswertes. Die Berechnungen zeigen:

Der ab 1. Januar 2025 verwendete Grundsteuerwert, der sich neben dem Wohnhaus im Wesentlichen auf Grund-

Die Höhe der Abfindung sollte sich an der wirtschaftlichen Situation des Betriebes orientieren.

Foto: © Marco2811/AdobeStock

ihren Bruder zahlen, ohne die Substanz angreifen zu müssen oder die künftige Entwicklung des Betriebes zu gefährden? Dabei haben wir, ausgehend vom bisherigen ordentlichen Ergebnis, neben den Entnahmen für den Hofnachfolger und seine Familie im Schnitt der letzten Wirtschaftsjahre, auch eine notwendige Eigenkapitalbildung berücksichtigt.

Die Berechnungen zeigen, dass selbst bei sparsamer Lebensweise das untere Viertel, aber auch der Schnitt der Betriebe nicht in der Lage ist, überhaupt eine Abfindung aus der laufenden Ertragskraft aufzubringen. Daher bietet es sich für den Hofübergeber an, schon früh mit dem Aufbau einer Abfindungssumme zu beginnen, um den Hofübernehmer zu entlasten. Gut laufende Betriebe haben selbst unter der Annahme höherer Lebenshaltungskosten und Berücksichtigung einer guten Eigenkapital-

lage der Eigentumsfläche errechnet, ist unabhängig von der tatsächlichen Wirtschaftlichkeit des Betriebes. So ergeben sich auf Basis des Grundsteuer- bzw. des Hofeswertes und unter Berücksichtigung der Verbindlichkeiten relativ niedrige Abfindungsbeträge. Gerade bei den erfolgreichen Betrieben erscheinen solche Abfindungen als deutlich zu niedrig.

Geht man vom Reinertrag aus, ergeben sich selbst nach Abzug der betrieblichen Verbindlichkeiten sowie der Altenteilsleistungen im Schnitt der Betriebe und insbesondere bei den erfolgreich wirtschaftenden Betrieben erhebliche, teilweise überhöht erscheinende Abfindungssummen. Bei weniger erfolgreichen Betrieben ergibt sich dagegen u.U. eine Abfindung von null.

WAS KANN DER BETRIEB VERKRAFTEN?

Die Ergebnisse zeigen, dass die gesetzlichen Bestimmungen – Höfeordnung oder auch BGB-Erbrecht – bei der Erbabfindung leicht zu einer Schieflage führen können. So erscheint z.B. die Abfindung für einen erfolgreich geführten Betrieb nach dem Hofeswert unangemessen niedrig, nach Reinertrag bzw. Ertragswert dagegen eher überhöht.

Deshalb haben wir als Nächstes noch die Belastbarkeit der Betriebe durch Erbabfindungen berechnet. Konkret: Wie viel kann die Hofnachfolgerin aus dem erwirtschafteten Einkommen an

ÜBERSICHT 2: DAS SIEHT DIE GESETZLICHE ABFINDUNG VOR

Betriebe, eingeteilt nach wirtschaftlichem Erfolg (Nettorentabilität)	Das untere Viertel	Durchschnitt	Das obere Viertel
Abfindung – Berechnung nach Höfeordnung			
Grundsteuerwert[1]	206.520 €	221.715 €	215.453 €
Hofeswert (=0,6-Fache des Grundsteuerwertes)	123.912 €	133.029 €	129.272 €
Hofeswert abzgl. Fremdkapital (=0,2-Fache des Hofeswertes)	24.782 €	26.606 €	25.854 €
-davon Ehepartner des Übergebers[2] (50 %)	12.391 €	13.303 €	12.927 €
-dem Bruder zu zahlende Abfindung (25 %)	6.196 €	6.651 €	6.464 €
Erbteilsberechnung auf Grundlage des Ertragswertes nach BGB-Recht			
Reinertrag (€/ha LF)	-526 €	610 €	1.565 €
kapitalisierter Reinertrag = Ertragswert[3]	-544.010 €	736.158 €	2.233.307 €
„plus Wohnungswert"[4]	220.320 €	220.320 €	220.320 €
= Hofesvermögen	-323.690 €	956.478 €	2.453.627 €
abzüglich Fremdkapital	211.675 €	283.583 €	327.228 €
abzüglich kapitalisiertes Wohnrecht[5]	108.691 €	108.691 €	108.691 €
abzüglich Barrente[6]	90.576 €	90.576 €	90.576 €
= Reinvermögen	-734.633 €	473.628 €	1.927.132 €
davon Ehepartner des Übergebers[2] (50 %)	–	236.814 €	963.566 €
Anspruch Erbteil Bruder (25 %)	–	118.407 €	481.783 €
Pflichtanspruch Erbteil Bruder (12,5 %)	–	59.203 €	240.892 €

1) Annahme: 9.000 €/ha Eigentumsfläche bei Veredelungsbetrieben; 6.750 €/ha bei Futterbaubetrieben. 2) In den meisten Fällen nimmt der Ehepartner jedoch keine Abfindung in Anspruch, sondern ein Altenteil in Form einer Barrente sowie des Wohnrechts. Dies kann wertmäßig erheblich vom gesetzlich festgelegten Abfindungswert abweichen. 3) Der Faktor ist Ländersache, Faktor 18 findet sich u. a. in Baden-Württemberg, Bayern und den neuen Bundesländern, Faktor 25 in NRW. 4) Wohnungswert: 170 m², 6 €/m², 12 Monate, Faktor 18. 5) Kapitalisiertes Wohnungsrecht: 80 m², 6 €/m², 12 Monate, plus 240 € Nebenkosten mal Faktor nach §14 Bewertungsgesetz für die Ehefrau als statistische länger lebende. Hier Faktor von 12,58 bei einem Alter von 65 Jahren bei Übergabe des Betriebes. 6) Barrente: 600 €/Monat, 12 Monate, Faktor nach § 14 des Bewertungsgesetzes. *top agrar; Quelle: Unternehmensergebnisse buchführender Betriebe in NRW, Christian Solle, eigene Berechnungen*

△ Die gesetzlichen Abfindungsregelungen passen oft nicht zum Betrieb und zur Familie.

Foto: Schulze Harling

△ Gewerbliche Anlagen, wie PV, Windkraft, Biogas oder gewerbliche Tierhaltungen werden meist mit dem landwirtschaftlichen Betrieb an den Hofnachfolger übergeben.

bildung Luft für höhere Abfindungsbeträge. Die Einzelheiten zeigt Übersicht 3.

INDIVIDUELLE LÖSUNGEN

Die Praxisbeispiele machen deutlich, dass die gesetzlichen Vorgaben zur Berechnung der Abfindung über alle Betriebe hinweg die tatsächliche wirtschaftliche Situation zu wenig berücksichtigen.

Über die verschiedenen Methoden lässt sich zumindest ein Ergebnisspektrum schon mal grob eingrenzen. Eine wirklich „gerechte" Abfindung zu finden, ist daher nur möglich, wenn alle Beteiligten, also auch die weichenden Erben, die wirtschaftliche Situation des Betriebes kennen und auch die betriebswirtschaftlichen Zusammenhänge verstehen.

Nur dann können Hofübergeber und Hofnachfolger Verständnis von den weichenden Erben erwarten und angemessene Lösungen in der Abfindungsfrage finden. Am besten ist es, wenn die Eltern schon frühzeitig für die Abfindung vorsorgen, damit nicht die volle Belastung den Hofnachfolger zum Zeitpunkt der Übernahme trifft.

Auch eine andere Frage sollte nicht tabu sein: Wird überhaupt ein Betrieb übergeben, der noch Existenzgrundlage für Sohn oder Tochter sein kann? Bei den weniger erfolgreichen Betrieben wäre in vielen Fällen die Betriebsaufgabe der bessere Weg.

Denn die Vermögenserhaltung sollte vor der Hoferhaltung stehen. Auch hier sollten Sie den Übergang rechtzeitig in Angriff nehmen und mit allen Familienmitgliedern individuelle Lösungen finden.

Auch wenn bei Aufgabe des Betriebes die Privilegierung des Hofübernehmers hinsichtlich der Vermögensaufteilung wegfällt, kann auch ein auslaufender Betrieb oft noch geschlossen an ein Kind übergeben werden und die weichenden Erben mit einer höheren Abfindung z. B. auf Grundlage der tatsächlich erzielten Nettopacht nach Abzug betrieblicher Festkosten abgefunden werden. Details zur Übergabe auslaufender Betriebe lesen Sie ab Seite 52.

WINDKRAFT, PV & CO.

Zuschlag für Gewerbebetriebe

Viele Landwirte haben in den letzten Jahren in erneuerbare Energien investiert. Das sind meist gewerbliche Anlagen, die in der Regel zum hofesfreien Vermögen gehören. In diesen Fällen sollten individuelle Zuschläge zur Abfindung vorgenommen werden. Das gilt auch für vermietete Altenteiler- oder Landarbeiterhäuser. Mehr dazu lesen Sie im Beitrag Biogas & Co. ab S. 42.

In anderen Fällen haben Veredlungsbetriebe ihren Hof auch aus steuerlichen Gründen durch die Gründung von 51a- (neu 13b-) Gesellschaften aufgeteilt. Die Stallerweiterungen werden häufig im Sonderbetriebsvermögen errichtet und gehören, wenn sie sich auf der ungeteilten Hofstelle befinden, zum Hof. Ähnliches gilt z. B. für andere hofeszugehörige Gewerbebetriebe, wie z. B. verpachtete Windkraftstandorte.

Bei der Hofübergabe wird der Betrieb dann meist in seiner Gesamtheit übergeben. Da die „neuen" Anlagen aber in der Regel nicht im Grundsteuerwert enthalten sind, sollte für solche Anlagen bei der Übergabe im Rahmen der Höfeordnung ein Zuschlag zum Grundsteuer- bzw. Hofeswert vorgenommen werden. Ebenso sollte es einen Zuschlag für das Umlauf- und Viehvermögen geben, über das der Übergeber als Hauptgesellschafter einer 51 a-Gesellschaft (neu:13b-Gesellschaft) verfügt.

ÜBERSICHT 3: DAS KÖNNEN DIE BETRIEBE AN ABFINDUNG LEISTEN

Einteilung nach Erfolg (Nettorentabilität)	Das untere Viertel	Durchschnitt	Das obere Viertel
Ordentliches Ergebnis im Schnitt der WJ	8.558 €	78.486 €	153.021 €
- Entnahmen für Lebenshaltung	-26.838 €	-35.299 €	-43.425 €
- Entnahmen für private Versicherungen	-9.810 €	-11.616 €	-12.649 €
- Entnahmen für private Steuern	0	-15.697 €	-45.906 €
- bare und unbare Altenteilsleistungen[1]	-10.080 €	-10.080 €	-10.080 €
- notwendige Eigenkapitalbildung	-10.000 €	-15.000 €	-30.000 €
= jährlicher Abfindungsbetrag	= -48.170 €	= -9.206 €	= 10.960 €
Barwert der Abfindung[2]		-159.188 €	189.527 €

1) Die Altenteilsleistungen bestehen aus 600 € Barrente/Monat sowie 240 € Nebenkosten; 2) Barwert der Abfindung: Rentenbarwertfaktor bei 30 Jahren und einem Zinssatz von 4 % = 17,292

top agrar; Quelle: Christian Solle, eigene Berechnungen

△ Die Höhe der Abfindungen für die weichenden Erben sollte sich an den konkreten wirtschaftlichen Möglichkeiten des Betriebes orientieren.

Foto: Rolink

△ Biogasanlagen wecken oft Begehrlichkeiten bei den weichenden Erben. Dennoch sind gute, einvernehmliche Lösungen möglich.

Biogas & Co.: Hofübergabe richtig gestalten

Wollen Sie Ihre Biogas- und PV-Anlage oder Ihr ehemaliges Landarbeiterhaus zusammen mit dem Betrieb an den Hofnachfolger übertragen? Wir zeigen, was Sie bei der Übergabe und den Abfindungszahlungen beachten müssen.

UNSER AUTOR
Hubertus Schmitte

Übernimmt der Hoferbe nicht nur den Hof, sondern dazu z.B. eine Biogas- und Photovoltaik-Anlage oder auch ein Mietobjekt, weckt das bei den weichenden Erben oft Begehrlichkeiten. Die Abfindung der weichenden Erben ist bei der Hofübergabe ohnehin eine heikle Angelegenheit. Gehören zum Hof noch gewerbliche Anlagen, die ein Hoferbe mit übernehmen soll, geht es oft ans Eingemachte.

So werden Zuschläge zur Hofabfindung fällig, wenn der gewerbliche Betrieb unter das landwirtschaftliche Erbrecht fällt. Noch schwieriger ist es, wenn die Anlage unter das allgemeine Erbrecht fällt und ohne weitere Regelungen übergeben wird. Dann können die weichenden Erben, wenn der Übergeber innerhalb von zehn Jahren nach Übergabe verstirbt, auf ihren Pflichtteil pochen. Das gilt zum Beispiel für viele Biogas- und Photovoltaik-Anlagen.

Hier gilt es teure Fehler zu vermeiden und allen Beteiligten gerecht zu werden. Folgende Beispiele zeigen, wie wichtig es ist, sich innerhalb der Familie zu besprechen und schon im Vorfeld klare Regelungen für eine korrekte und gerechte Übergabe zu finden.

SCHNELL GELESEN

Gewerbliche Anlagen, die zum Hof gehören, erhöhen die Hofabfindung.

Nicht zum Hof gehörige Objekte, erfordern besondere Übergabe- und Abfindungsvereinbarungen.

Die Abfindung kann sich am gesetzlichen Pflichtteil orientieren.

Die Wertermittlung v. a. von Biogas- und PV-Anlagen birgt erhebliche Unsicherheiten.

Eine einvernehmliche Lösung hilft, Betrieb und Familienfrieden zu erhalten.

Hof mit Biogas- und PV-Anlage

Gute Regelungen für die Übergabe mindern die Risiken für Hofübernehmer und weichende Erben

Landwirt Harald Schulze (Name geändert) ist 65 Jahre alt und möchte seinen Schweinemastbetrieb auf den 35-jährigen Sohn übertragen. Der Betrieb umfasst insgesamt 196 ha und 2.300 Mastplätze mit Ferkelaufzucht. Hinzu kommen eine 400 kW-Biogasanlage und eine Photovoltaik-Anlage auf dem Scheunendach (siehe Übersicht 1).

Den landwirtschaftlichen Betrieb – ein Hof im Sinne der Höfeordnung – möchte Schulze zusammen mit der Biogas- und der Photovoltaik-Anlage geschlossen an seinen Sohn übergeben. Die beiden Töchter sollen bei Übergabe eine angemessene Abfindung erhalten.

Die Übergabe des landwirtschaftlichen Betriebes kann nach den Regeln der Höfeordnung erfolgen: Der Hofnachfolger bekommt den Betrieb und gewährt dem Hofübergeber und dessen Ehefrau ein Wohnrecht im Wert von 700 € und ein monatliches Baraltenteil von 2.500 €. Den beiden weichenden Erben steht aufgrund der hohen Altenteilslasten eine höferechtliche Abfindung von nur 14.000 € zu. Wie diese sich genau errechnet, zeigt die Übersicht 1.

Die Biogas- und die Photovoltaik-Anlage sind dagegen gewerblich. Sie gelten in diesem Fall als nicht hofeszugehöriger Doppelbetrieb und fallen somit unter das allgemeine Erbrecht (siehe Infotext ab S. 44 unten).

Das heißt: Schulze kann zwar auch die gewerblichen Anlagen auf den Hofnachfolger als Alleineigentümer übertragen – sogar ohne den weichenden Erben dafür eine Abfindung zu zahlen. Falls er aber innerhalb von zehn Jahren nach Hofübergabe stirbt, entstünden den weichenden Erben u.U. Pflichtteilsergänzungsansprüche, die sie gegen den Übernehmer geltend machen könnten.

Foto: ©Shotshop/IMAGO

△ Das Loslassen des Betriebes fällt leichter, wenn die Übergabe gut geregelt ist.

Diese Pflichtteilsergänzungsansprüche leiten sich vom gesetzlichen Erbteil ab und werden auf Grundlage des Verkehrswertes der Anlagen ermittelt. Für den Hofübernehmer können sie bei hohen Verkehrswerten zu einem großen finanziellen Risiko werden.

Besser ist deshalb, wenn Schulze und seine Kinder schon bei der Übergabe eine angemessene Abfindungsregelung für die Biogas- und Photovoltaik-Anlage finden. Im Gegenzug sollten die weichenden Erben einen Pflichtteilsverzicht für die beiden Anlagen unterschreiben, damit der Hofübernehmer vor nachträglichen Erbansprüchen geschützt ist. So wären mit der Übergabe alle gegenseitigen Forderungen abschließend geregelt.

RISIKO AUCH FÜR GESCHWISTER

Es ist allerdings nicht ganz einfach, eine für alle Seiten befriedigende Abfindung zu ermitteln. Denn anders als bei landwirtschaftlichen Betrieben gibt es für Gewerbebetriebe, die unter das allge-

ÜBERSICHT 1: SPIELRAUM BEI ABFINDUNGEN FÜR BIOGAS UND PHOTOVOLTAIK

Betrieb[1]	Eigenschaften	Kennzahlen für die Abfindung (€)		So könnte die Abfindung aussehen
Fläche	196 ha, davon 70 ha Eigentum	Grundsteuerwert Hofeswert	700.000 420.000	Gesetzliche Abfindung Landwirtschaft: Abfindung wegen der hohen Nachlassverbindlichkeiten auf Grundlage des Fünftel-Hofeswertes: 84.000 € x 1/6 = 14.000 € Abfindung pro weichendem Erben
Tierhaltung (landwirtschaftlich)	2.300 Mastplätze, 1.200 Ferkelaufzuchtplätze als 51a- bzw. 13b-Gesellschaft mit Berufskollegen	Nachlassverbindlichkeiten[2] Fünftel-Hofeswert	510.566 84.000	
Biogasanlage (gewerblich als Doppelbetrieb)	400 kW, GmbH & Co. KG, auf eigener, nicht-hofeszugehöriger Parzelle	geschätzter Verkehrswert	240.000[3]	Mögliche Abfindung für Biogas- und PV-Anlage: Eine gesetzliche Pauschalregelung gibt es nicht. Als Diskussionsgrundlage dient der gesetzliche Pflichtteil, errechnet auf Grundlage des summierten Verkehrswertes[3]: 360.000/12 = 30.000 € als mögliche Abfindung pro weichendem Erben[4]
PV-Anlage (gewerblich als Doppelbetrieb)	auf dem Scheunendach	geschätzter Verkehrswert	120.000[3]	

1) Alleineigentum von Harald Schulze (65 J.), verheiratet, Zugewinngemeinschaft mit Ehefrau (62 J.), 3 Kinder: Hofübernehmer und 2 Töchter;
2) Kapitalisiert auf Basis von 700 €/Monat Wohnrecht und 2 500 €/Monat Baraltenteil; 3) Schätzung der Landwirtschaftskammer, mit Unsicherheiten behaftet;
4) Pflichtteils- bzw. Pflichtteilsergänzungsanspruch: 1/12 des summierten Verkehrswertes je weichendem Erbe — *top agrar; Quelle: Schmitte*

△ Der Pflichtteil dient als Orientierung für die Abfindung. Die tatsächliche Abfindung kann aber je nach Leistungsfähigkeit des Betriebes auch durchaus niedriger oder höher ausfallen.

meine Erbrecht fallen, keine gesetzlichen Bewertungsprivilegien.

Angesichts der auf den ersten Blick oft beträchtlichen Verkehrswerte und der hohen Einspeisevergütungen verlangen die weichenden Erben nicht selten sehr hohe Abfindungsbeträge. Schnell kann es dann um mehrere Hunderttausend Euro für jeden weichenden Erben gehen. Die weichenden Erben argumentieren, dass ihnen ja für den Fall, dass keine einvernehmliche Übergabe zustande komme, hohe Pflichtteilsergänzungsansprüche bei Tod des Übergebers zustehen würden. Dieses Risiko wolle der Hofübernehmer doch wohl nicht eingehen.

Die Pflichtteilsergänzungsansprüche bestehen aber „nur“ bis zu zehn Jahre nach der Übergabe und reduzieren sich noch mit jedem Jahr, das nach der Übergabe vergeht, um jeweils ein Zehntel. Hinzu kommt, dass die Verkehrswerte und damit die Pflichtteils- bzw. Pflichtteilsergänzungsansprüche gerade bei Biogas- und PV-Anlagen oft weniger hoch sind, als vermutet. Für die weichenden Erben gibt es also auch ein erhebliches finanzielles Risiko, wenn es zu keiner Einigung zum Zeitpunkt der Übergabe kommt.

Ziel muss es daher sein, eine für alle Seiten tragfähige einvernehmliche Vereinbarung von Übergabe und Abfindung zu finden. Hier ist Kompromissbereitschaft von allen Seiten gefordert.

Foto: Heil

◁ Auch der Standort der Anlage ist entscheidend für die erbrechtliche Einordnung.

VERKEHRSWERT „BEREINIGEN“

Die entscheidende Frage bleibt aber, wie die Abfindung konkret berechnet wird. Als Diskussionsgrundlage will die Familie Schulze die Pflichtteils- bzw. Pflichtteilsergänzungsansprüche der Töchter ermitteln. Diese belaufen sich auf ein Zwölftel der summierten Verkehrswerte für die Biogas- und die PV-Anlage. Entscheidend ist jetzt, welche Verkehrswerte angesetzt werden.

Der Berater errechnet für beide Anlagen zusammen einen „unbereinigten“ Verkehrswert von 1,57 Mio. €, indem er die hohen Einspeisevergütungen der Anlagen kapitalisiert. Das ergäbe dann einen Pflichtteilsanspruch von rund 130.000 € für jeden weichenden Erben. Einen solch hohen Betrag als Abfindung (über 260.000 € für beide Töchter) kann der Betrieb trotz guter wirtschaftlicher Ergebnisse nicht stemmen.

Dieser unbereinigte Verkehrswert ließe sich auch im Falle eines Verkaufs bei Weitem nicht realisieren. Zur Ermittlung des erbrechtlich relevanten Verkehrswertes müssen deshalb insbesondere Verbindlichkeiten und latente Steuern abgezogen werden. Bei der Bewertung ist auch zu berücksichtigen, dass zum Beispiel eine Biogasanlage nicht unabhängig vom landwirtschaftlichen Betrieb betrieben werden kann, weil über den landwirtschaftlichen Betrieb das Substrat für die Biogasanlage bereitgestellt und gleichzeitig die Gärreste ausgebracht werden. Außerdem sind die eventuellen Rückbaukosten nach Ende der 20-jährigen EEG-Vergütungsgarantie zu berücksichtigen.

Und natürlich müssen sowohl bei der Biogas- als auch bei der PV-Anlage die oft erheblichen Betriebskosten abgezogen und die vom Unternehmer geleistete Arbeit berücksichtigt werden. Und last but not least fallen sowohl die Biogas- als auch die PV-Anlage früher oder später aus der EEG-Förderung heraus. Ob sie sich dann noch wirtschaftlich betreiben lassen, ist zurzeit völlig offen.

Alle diese Punkte müssen bei der Ermittlung des erbrechtlich relevanten Verkehrswertes berücksichtigt werden. Insbesondere für die stark vom landwirtschaftlichen Betrieb abhängigen und v.a. fremdfinanzierten Biogasanlagen kann der Verkehrswert durchaus Richtung null tendieren. Dementsprechend hätten die weichenden Erben dann auch keinen Pflichtteilsanspruch.

WIE VIEL FÜR BEIDE TÖCHTER?

Für den Betrieb Schulze hat der Berater einen Verkehrswert von 240.000 € für die Biogasanlage und von 120.000 € für die PV-Anlage geschätzt – wissend, dass die Werte je nach Bewertungsansatz abweichen können. Damit läge der Pflichtteil der Töchter bei gut 30.000 €. Zuzüglich der Hofabfindung von knapp 14.000 € ergäbe sich für die beiden Schwestern des Hofnachfolgers eine Gesamtabfindung von knapp 44.000 €. Einen solchen Betrag könnte der Betrieb ohne Weiteres verkraften.

Aufgrund der sehr guten wirtschaftlichen Verhältnisse des Betriebes wird in der Familie auch über eine höhere Abfindung diskutiert. Denkbar wäre z.B., sich nicht am Pflichtteil, sondern am doppelt so hohen gesetzlichen Erbteil zu orientieren, das wären 60.000 €. Dann betrüge die Gesamtabfindung je 74.000 € für jeden weichenden Erben.

Eine andere Möglichkeit wäre, die weichenden Erben für einen begrenzten Zeitraum an den Erträgen der Anlagen zu beteiligen. Ebenso ist denkbar, die recht geringe Hofabfindung aufzustocken. In allen Fällen darf jedoch die Ertragsfähigkeit des landwirtschaftlichen Betriebes nicht gefährdet werden!

ANDERE BETRIEBSZWEIGE

Welches Erbrecht für gewerbliche Betriebe?

Für alle Betriebszweige, die erbrechtlich zum landwirtschaftlichen Betrieb gehören, ist eine geschlossene Übergabe als Hof nach der Höfeordnung oder als Landgut nach dem Landguterbrecht möglich. Beide Regelungen stellen sicher, dass der landwirtschaftliche Betrieb im Erbfall geschlossen an den

Hoferben fällt. Außerdem sind die Abfindungsansprüche der übrigen Erben sowohl im Erbfall als auch bei der Übergabe begrenzt. Diese berechnen sich nicht nach dem Verkehrswert des Betriebes, sondern nach dem deutlich niedrigeren Hofes- bzw. Ertragswert.

NEBENBETRIEBE

Zum Hofvermögen im engeren Sinne zählen landwirtschaftliche Nebenbetriebe. Das sind Betriebszweige, die eindeutig dem landwirtschaftlichen Betrieb dienen. Typischerweise sind das gewerbliche Aktivitäten, die ausschließlich der Verarbeitung selbst erzeugter landwirtschaftlicher Produkte dienen, z.B. die hofeigene Molkerei oder Schlachterei. Solche Betriebe gelten in ihrer Gesamtheit als landwirtschaftlich und fallen komplett unter das landwirtschaftliche Erbrecht. Es sind auch keine Zuschläge bei der Abfindung vorzunehmen. Solche Fälle sind aber in der Praxis eher selten.

Auf der anderen Seite kann nach herrschender Meinung sogar eine Biogasanlage als hofeszugehöriger Nebenbetrieb gelten, wenn die Anlage überwiegend mit betriebseigenen Substraten läuft. Bisher gibt es dazu aber noch keine eindeutige Rechtsprechung. Deshalb sollten Landwirte im Zweifelsfall davon ausgehen, dass die Biogasanlage je nach Standort als Gemischt- oder Doppelbetrieb gilt und eine dementsprechende rechtliche Vorsorge treffen.

Die meisten gewerblichen Zusatzbetriebe wie Biogas-, Photovoltaik- oder Windkraftanlagen, Mietobjekte, Hofläden und Hofcafés gelten entweder als Gemischt- oder Doppelbetrieb. In diesen Fällen müssen Sie je nach rechtlicher Einordnung bestimmte Sonderregelungen für die Übergabe treffen. Im Einzelnen:

GEMISCHTBETRIEBE

Ein Gemischtbetrieb liegt vor, wenn Landwirtschaft und Gewerbe so eng miteinander verflochten sind, dass eine Trennung für einen oder sogar beide Teilbereiche nachteilig wäre. Die gewerbliche Anlage gilt dann als hofeszugehörig. Typische Beispiele sind der Hofladen, das Hofcafé oder die dachintegrierte PV-Anlage.

Gemischtbetriebe fallen, solange der landwirtschaftliche Teil überwiegt, als Gesamtheit unter das landwirtschaftliche Erbrecht. Allerdings muss bei der Höfeordnung sowohl im Erbfall als auch bei der Übergabe ein Zuschlag zum Hofeswert ermittelt werden. Entsprechend höher muss die Abfindung für die weichenden Erben ausfallen. Dabei orientiert sich der Zuschlag zum Hofeswert am Verkehrs- oder Ertragswert, muss aber für jeden Fall individuell ermittelt werden. Wie das gehen kann, lesen Sie in unserem Beispiel ab Seite 46.

Ebenfalls als Gemischtbetrieb gelten alle gewerblichen Anlagen, die auf einer hofeigenen, landwirtschaftlich genutzten Parzelle stehen. In diesem Fall kann auch eine große Biogasanlage, die überwiegend mit zugekauften Substraten betrieben wird oder ein fremdvermietetes Landarbeiterhaus noch als hofeszugehörig gelten.

Aber Vorsicht: Bei einem Hofgrundstück, das aus mehreren katasterrechtlichen Flurstücken besteht, gelten nur die Flurstücke als hofeszugehörig, die auch landwirtschaftlich genutzt werden. Wenn jedoch auf einem Flurstück eines Hofgrundstückes lediglich die gewerbliche Anlage betrieben wird, gelten Anlage und Flurstück nicht mehr als hofeszugehörig. Das geht aus einem Urteil des Bundesgerichtshofes hervor.

DOPPELBETRIEBE

Ein Doppelbetrieb ist eine Kombination von landwirtschaftlichem und gewerblichem Betrieb, bei der beide Betriebsteile nur lose verbunden sind. Typischerweise sind das verpachtete Windkraftstandorte sowie größere Biogasanlagen mit überwiegend zugekauften Substraten oder Mietobjekte, die auf einer eigenen, nicht hofeszugehörigen Parzelle stehen. Außerdem gelten auf dem Dach aufgeschraubte PV-Anlagen als Doppelbetrieb.

In diesen Fällen fällt der landwirtschaftliche Betrieb unter das landwirtschaftliche Sondererbrecht, die gewerblichen Betriebsteile unter das allgemeine Erbrecht.

Um alles abschließend mit der Übergabe zu regeln, sollten Sie mit der gesamten Familie eine angemessene Abfindungsregelung vereinbaren und die weichenden Erben einen Pflichtteilsverzicht unterschreiben. Einzelheiten zeigt unser Beispiel ab Seite 46.

Wichtig: Bei gewerblichen Anlagen lässt sich nicht immer eindeutig feststellen, unter welches Erbrecht die Anlage fällt und welche Regeln für Übergabe und Abfindung gelten. In solchen Fällen sollten Landwirte und Berater entsprechend angepasste vertragliche Vereinbarungen mit den weichenden Erben treffen. So sind Sie als Landwirt auf der sicheren Seite. ►

Foto: Höner

◁ Die meisten gewerblichen Zusatzbetriebe, wie z. B. Windkraftanlagen bzw. -standorte, gelten entweder als Gemischt- oder Doppelbetrieb.

Zuschlag für das Landarbeiterhaus

Ein hofeszugehöriges Mietobjekt kann die Abfindung um ein Mehrfaches erhöhen.

Foto: ©hydebrink/Adobe Stock

△ Ein Landarbeiterhaus kann in vielen Fällen geschlossen mit dem Hof übergeben werden.

Landwirt Lothar Reben (Name geändert) ist 68 Jahre alt und bewirtschaftet einen 50 ha großen Milchviehbetrieb. Zum Hof gehört ein fremdvermietetes, ehemaliges Landarbeiterhaus, wie die Übersicht 2 zeigt.

Der Landwirt möchte den landwirtschaftlichen Betrieb zusammen mit dem Landarbeiterhaus auf die älteste Tochter übertragen. Diese gewährt den Altenteilern im Gegenzug ein Wohnrecht im Wert von 300 € und eine monatliche Barrente von 600 €.

In diesem Fall ist eine geschlossene Übergabe mit dem landwirtschaftlichen Betrieb auch im Rahmen der Höfeordnung möglich. Zwar handelt es sich bei der Vermietung um einen gewerblichen Betriebszweig. Da das vermietete Landarbeiterhaus jedoch auf einer Hofparzelle steht, gilt dies als hofeszugehörig und bildet zusammen mit dem Hof einen Gemischtbetrieb. Einzelheiten zur rechtlichen Einordnung lesen Sie im Kasten ab Seite 44 unten.

Für solche Fälle muss nach den Regeln der Höfeordnung jedoch ein Zuschlag zum Hofeswert für den gewerblichen Betriebszweig gemacht werden. Entsprechend höher kann die Abfindung für die weichenden Erben dann ausfallen.

Wie hoch ein solcher Zuschlag sein muss, ist in der vorhandenen Rechtsprechung noch nicht geklärt. Er kann sich zwischen 0 und 100 % des Verkehrswertes bewegen.

Klar ist, dass der Zuschlag sich am Verkehrswert oder Ertragswert des Objektes orientieren soll und der Zuschlag Erbgerechtigkeit für die weichenden Erben herstellen soll. Auf der anderen Seite darf der landwirtschaftliche Betrieb nicht überfordert werden.

Im Falle von Landwirt Lothar Reben würde ein Zuschlag des kompletten Verkehrs- bzw. Ertragswertes von 140.000 € einen Gesamthofeswert von 245.000 € ergeben. Entsprechend ihrer Erbquote stünde den weichenden Erben

ÜBERSICHT 2: DAS LANDARBEITERHAUS ERFORDERT EINE HÖHERE ABFINDUNG

Betrieb[1]	Eigenschaften	Kennzahlen Abfindung (€)		So könnte die Abfindung aussehen
Fläche	50 ha, davon 30 ha Eigentum	Grundsteuerwert Hofeswert	400.000 240.000	Die Abfindung berechnet sich nach dem Hofeswert. Für das hofzugehörige Landarbeiterhaus wird ein rechnerischer Zuschlag von max. 140.000 € (100 % des Verkehrswertes) vorgenommen. Abgezogen werden die Nachlassverbindlichkeiten. Die Rechnung: Hofeswert für landwirtschaftlichen Betrieb: 240.000 € Zuschlag Landarbeiterhaus: + 140.000 € abzüglich Nachlassverbindlichkeiten: - 135.000 € Gesamthofeswert: = 245.000 € Die gesetzliche Abfindung für jeden weichenden Erben beträgt damit maximal 40.833 € (1/6 des Gesamthofeswertes). Nur für den landwirtschaftlichen Betrieb betrüge die Abfindung lediglich 17.500 €, nämlich 1/6 des Hofeswertes abzüglich Schulden (240.000 € - 135.000 € = 105.000 € : 6)
Tierhaltung	Milchviehhaltung	Nachlass-verbindlichkeiten[2]	135.000	
Vermietung (Gemischt-betrieb)	früher Landarbeiterhaus: Baujahr 1920 (ren. 1990), 120 m^2 Wohnfläche, steht auf der Hofparzelle, 500 € Kaltmiete	Verkehrswert[3]	140.000	

1) Alleineigentum von Lothar Reben (68 J.), verheiratet, Zugewinngemeinschaft mit Ehefrau (62 J.), 3 Kinder: Hofübernehmer und 2 Töchter;
2) Kapitalisiert auf Basis von 300 €/Monat Wohnrecht und 600 €/Monat Baraltenteil; 3) Schätzung der Landwirtschaftskammer *top agrar; Quelle: Schmitte*

△ Wie hoch der Zuschlag zum Hofeswert tatsächlich sein muss, hängt vom Einzelfall ab und ist rechtlich nicht endgültig geklärt.

nach der Höfeordnung eine Abfindung von je 40.833 € zu (Übersicht 2). Das ist 2,33-mal mehr als bei der Hofabgabe ohne das vermietete Landarbeiterhaus.

Dass das eine realistische Vorgehensweise ist, zeigt ein Fall am Amtsgericht Steinfurt. Dort musste der Richter entscheiden, ob ein Landwirt, der seinen Hof zusammen mit einem vermieteten Altenteilerhaus und einem vermieteten Spieker übergeben wollte und die beiden weichenden Erben mit je 15.000 € abgefunden hatte, rechtmäßig handelte.

Nein, sagte der Richter. Der Ertragswert für das Altenteilerhaus sowie der Baulandwert der Bodenfläche des Spiekers hätten zum Hofeswert zugeschlagen werden müssen. Im Ergebnis ergab sich ein deutlich höherer Gesamthofeswert, sodass den weichenden Erben eine Abfindung von je 60.000 € zugesprochen wurde, also viermal mehr als die zuvor gezahlte Abfindung.

VOLLER VERKEHRSWERT?

In der Regel kann es jedoch keinen vollen Zuschlag des Verkehrswertes geben. Das würde schlicht den Geist des Höferechts aushebeln, weil der Hoferbe die Abfindungen dann oft nur durch Veräußerungen aus dem Betriebsvermögen stemmen könnte und der landwirtschaftliche Betrieb in seiner Existenzfähigkeit gefährdet wäre. Bei einer hofeszugehörigen Biogasanlage, deren Betrieb allein auf der Arbeitsleistung des Landwirts und der Belieferung mit Substraten des landwirtschaftlichen Betriebes beruht, sind auch unter Berücksichtigung des wirtschaftlichen Risikos allenfalls 20 % des Ertragswertes anzusetzen.

Foto: ©VAKSMANV/AdobeStock

△ Übergeberinnen und Übergeber geht es um Betrieb und Erbgerechtigkeit.

Anders ist es bei hofeszugehörigen Windkraftstandorten, die verpachtet sind. Hier ist kein Arbeitseinsatz des Hofübernehmers erforderlich und es ist nur ein geringeres wirtschaftliches Risiko in Ansatz zu bringen.

Wichtig ist jedoch, dass die erhöhte Abfindung immer aus dem Ertrag der Zusatznutzung finanziert werden kann und die Substanz des landwirtschaftlichen Betriebes nicht gefährdet wird.

Übrigens: Im Landguterbrecht ist die Berechnung der zusätzlichen Abfindung deutlich einfacher. Der Abfindungsanspruch errechnet sich per Gesetz nach dem Ertragswert. Bei Gemischtbetrieben fällt dieser dann aufgrund der gewerblichen Standbeine entsprechend höher aus.

KOMPROMISSE FINDEN

Erbgerechtigkeit schaffen

Führt die Ermittlung der Erbansprüche für die gewerblichen Anlagen zu Beträgen, die der Betrieb nicht schultern kann, braucht es Kompromisse.

Optimal ist es, wenn Barvermögen oder hofesfreies Vermögen vorhanden ist, das vorab an die weichenden Erben geht. Ebenfalls gut ist, wenn zum Betrieb lukrative Objekte, wie ehemalige Landarbeiterhäuser oder Bauland, gehören, die ausgegliedert werden können. Oft müssen jedoch andere Möglichkeiten gefunden werden.

Dann ist es z. B. denkbar, die weichenden Erben eine Zeit lang, z. B. 10 oder 20 Jahre, an den nicht-landwirtschaftlichen Einnahmen, also Mieteinnahmen, Windkraft-Pachteinnahmen oder Einspeiseerlösen zu beteiligen. Eine solche Beteiligung sollte allerdings zeitlich begrenzt sein.

Hilfreich ist auch, mit den weichenden Erben für den landwirtschaftlichen Betrieb Nachabfindungsansprüche zu vereinbaren, die über das Maß des landwirtschaftlichen Erbrechts hinausgehen. So könnte z. B. vereinbart werden, dass im Falle von Grundstücksverkäufen der Hofübernehmer die Erlöse, die nicht in den Hof reinvestiert werden, mit den weichenden Erben gemäß den Erbquoten teilt.

Auch die Pflegeverpflichtung für die Eltern kann Verhandlungsgegenstand sein. Denn diese ist ein hohes Kostenrisiko für gut verdienende weichende Erben. Im Sinne einer einvernehmlichen Übergabe könnten Landwirte sich für den Pflegefall verpflichten, die unterhaltsrechtliche Inanspruchnahme der Geschwister durch das Sozialamt im Innenverhältnis bis zu einer gewissen Grenze zu übernehmen. Wichtig dabei ist, dass diese Ausgleichspflicht auf einen Höchstbetrag begrenzt ist.

Nicht auf die lange Bank schieben!

Die Übergabe von Hof und gewerblichen Anlagen ist oft ausgesprochen kompliziert.

- Die erbrechtlichen Rahmenbedingungen der Übergabe sind nicht immer eindeutig. Ist die Anlage ein Gemischt- oder ein Doppelbetrieb?
- Weichende Erben haben oft hohe, am vermeintlich hohen Verkehrswert orientierte Abfindungsansprüche.
- Verkehrswerte und Pflichtteilsansprüche, die als Maßstab für die Abfindung dienen können, sind aber v. a. bei Biogas und PV oft niedriger als gedacht und schwer zu ermitteln.
- Um trotz allem eine gerechte und für den Betrieb tragbare Lösung zu finden, muss die Abfindungsfrage in der Familie offen diskutiert werden.

Schieben Sie die Übergabe dennoch nicht auf die lange Bank! Denn wenn Sie die Anlage nicht übergeben, fällt sie bei Tod des Eigentümers u. U. an eine Erbengemeinschaft aus Hofübernehmer und weichenden Erben. Das sollte nicht passieren!

Falls Sie jetzt noch nicht übergeben wollen, sollten Sie zumindest in einem Testament oder Erbvertrag den Hofnachfolger als Alleinerben einsetzen.

Im Einzelfall kann auch eine frühzeitige Übergabe ohne Zustimmung der weichenden Erben besser sein als gar nicht zu übergeben. Denn die weichenden Erben können ihre Pflichtteilsergänzungsansprüche bei Tod des Übergebers nur bis zu zehn Jahre nach Übergabe geltend machen.

PV-Anlage: Behalten oder mit dem Hof übertragen?

Viele Landwirte betreiben PV-Anlagen – oft als Altersvorsorge. Spätestens bei der Hofübergabe müssen sie entscheiden, ob sie die Anlage mit übergeben oder nicht.

UNSERE AUTOREN
Arno Ruffer, Christian Solle

Gerade ältere Landwirte haben in den vergangenen Jahren PV-Anlagen gebaut, um nach der Hofübergabe ihre Rente mit den Einspeiseerlösen aufzubessern.

Steht die Hofübergabe an, möchte der Übergeber die PV-Anlage deshalb oft für sich zurückbehalten. Das ist auch gut möglich. Vielfach ist es jedoch sinnvoller, die Anlage auf den Junior zu übertragen und sich dafür eine höhere Barrente auszahlen zu lassen. Das hat Vorteile für Übergeber und Übernehmer.

ALTENTEILER BEHALTEN PV-ANLAGE

Behält ein Landwirt bei der Hofübergabe die PV-Anlage in seinem Eigentum, kann er seine Altersversorgung direkt aus den Einspeiseerlösen aufbessern. Die finanzielle Abhängigkeit vom Hofübernehmer sinkt. Genau das wünschen sich viele Altenteiler. Allerdings hat der Rückbehalt gewichtige Nachteile.

- **Betreuung der Anlage:** Der Altenteiler muss sich auch weiterhin um die PV-Anlage kümmern. Er müsste sich also auch noch im hohen Alter mit Handwerkern und Versicherungsvertretern auseinandersetzen und ggf. nach dem Ende der garantierten Einspeisevergütung über die weitere Verwertung des Stroms entscheiden.
- **LKK-Beiträge:** Betreibt ein Altenteiler eine PV-Anlage, zählen für die Bemessung des Beitrags zur Landwirtschaftlichen Krankenkasse (LKK) nicht nur die Renten, sondern auch die Einnahmen aus der PV-Anlage. Diese gelten bei Anlagen über 30 kW (peak) als Einkommen aus Gewerbebetrieb und sind deshalb beitragspflichtig.

Foto: Heil

△ Behält ein Landwirt die PV-Anlage bei der Hofübergabe für sich, muss er als Altenteiler ggf. einen zusätzlichen Beitrag zur LKK für die Anlage zahlen.

• **Erbfall:** Verstirbt der Altenteiler und hat vorher nichts anderes geregelt, geht die PV-Anlage an eine Erbengemeinschaft aus allen Kindern und gegebenenfalls dem überlebenden Ehepartner über. Der Hofübernehmer müsste sich dann für die letztendlich an den Hof gebundene PV-Anlage mit den Familienmitgliedern auseinandersetzen. Das führt schnell zu sehr unerfreulichen erbrechtlichen Auseinandersetzungen. Um das zu verhindern, sollte der Altenteiler zumindest testamentarisch den Hofnachfolger als Alleinerben einsetzen und den weichenden Erben eine angemessene Abfindung zukommen lassen.

• **Pflegefall:** Ziehen der Altenteiler oder sein Ehepartner ins Pflegeheim, wird zur Deckung der Kosten zuerst das Einkommen der Altenteiler, dann aber u.U. auch deren Vermögen vom Sozialamt herangezogen. So ist es durchaus denkbar, dass eine im Besitz des Altenteilers befindliche PV-Anlage verkauft werden muss – u.U. auch nach dem Tod des Altenteilers.

NACHFOLGER ÜBERNIMMT

Einfacher ist es oft, wenn der Übergeber die PV-Anlage direkt mit dem landwirtschaftlichen Betrieb auf den Nachfolger überträgt. Als Gegenleistung sollte der neue Betriebsleiter den Eltern mit einer höheren Barrente entgegenkommen. Beachten Sie aber, dass der Zeitraum der garantierten Einspeisevergütung nach dem Jahr der Anschaffung auf 20 Jahre begrenzt ist. Insofern wird man nicht den vollen Gewinn als Zuschlag zur Barrente vereinbaren.

Bei dieser Lösung fallen bei Anlagen über 30 kW (peak) weder beim übergebenden Altenteiler noch beim jungen Hofübernehmer höhere Krankenkassenbeiträge an. Der Erbfall kann schon im Vorfeld geregelt werden und der Vermögensrückgriff in einem möglichen Pflegefall wird in aller Regel verhindert. Außerdem wissen die Altenteiler meist zu schätzen, dass sie sich nicht mehr um die PV-Anlage kümmern müssen. Ein weiterer Vorteil für den Hofübernehmer ist: Er kann den erhöhten Baraltenteil steuerlich als Versorgungsleistung absetzen. Das funktioniert allerdings bei Anlagen von bis zu 30 kW (peak) nicht, weil deren Erträge von der Steuer freigestellt sind.

IM ÜBERGABEVERTRAG REGELN

Damit die Vorteile auch zum Tragen kommen, müssen Sie im Hofübergabevertrag ein paar Punkte extra regeln:

• Werden die Einspeiseerlöse der PV-Anlage als zusätzliches Baraltenteil (teilweise) an die Altenteiler weitergereicht, sollten Sie das genau beschreiben. Andernfalls können hohe Baraltenteile zu Schwierigkeiten bei der Genehmigung des Hofübergabevertrages führen – weil das hohe Baraltenteil aus der Bewirtschaftung des Hofes in der Regel nicht allein zu leisten ist. Gegebenenfalls hilft es, die Zusammensetzung des Baraltenteils aufzuschlüsseln, um kenntlich zu machen, welcher Anteil aus dem Betrieb und wie viel aus der PV-Anlage kommt. Aus steuerlicher Sicht ist es wichtig, dass das zusätzliche Altenteil lebenslang vereinbart wird,

Was für Windkraftanlagen gilt

Wer Windkraftanlagen oder verpachtete Windkraftstandorte besitzt, muss ebenfalls spätestens bei der Hofübergabe überlegen, wie es mit dem Objekt weitergeht.

• Anders als bei PV-Anlagen sind Windkraftanlagen und verpachtete Windkraftstandorte meist (wenn sie nicht ausparzelliert sind) hofeszugehörig. Dann werden sie automatisch mit dem landwirtschaftlichen Betrieb übertragen.

• Handelt es sich jedoch um eine ausparzellierte Fläche, ist diese i. d. R. nicht hofzugehörig. Das Gleiche gilt für Kapitalbeteiligungen an Bürgerwindparks (GmbH & Co. KG). Der Übernehmer könnte solche Flächen einschließlich der Beteiligungen also für sich zurückbehalten. Dennoch bietet es sich an, die Fläche mit Beteiligung – aus gleichen Gründen wie bei PV-Anlagen – gegen ein erhöhtes Baraltenteil auf den Nachfolger zu übertragen.

Foto: Höner

△ Übergeben Sie die PV-Anlage an die Hofnachfolgerin oder und lassen sich die Einspeiseerlöse als zusätzliches Baraltenteil auszahlen, sollten Sie das im Übergabevertrag regeln.

SCHNELL GELESEN

Landwirte wollen ihre PV-Anlage oft als Altersversorgung für sich behalten.

Oft ist es finanziell und erbrechtlich günstiger, die PV-Anlage – gegen ein höheres Baraltenteil – direkt auf den Hoferben zu übertragen.

Aus steuerlichen Gründen kann alternativ auch der Verkauf der PV-Anlage sinnvoll sein.

wobei es bei Auslaufen der Anlage reduziert werden kann.

- Die Höhe des Baraltenteils sollte sich zunächst am Bedarf der Altenteiler orientieren. Die Einspeiseerlöse aus der PV-Anlage dienen dann der Abrundung des Altenteils. Auf jeden Fall sollte der Übernehmer die Einspeiseerlöse nicht pauschal durchreichen. Schließlich übernimmt der Hofnachfolger nicht nur die Erlöse, sondern auch die Betreuung der Anlage und das Fremdkapital. Bei der Kalkulation sollten Sie auch die Kreditlaufzeiten berücksichtigen. Kurze Laufzeiten können zu Liquiditätsengpässen führen. Und bedenken Sie auch, dass die garantierte Einspeisevergütung 20 Jahre nach der Inbetriebnahme ausläuft. Im Kasten auf der Seite 51 lesen Sie, wie Familie Schulte gerechnet hat.
- Die Übergabe der PV-Anlage fällt in der Regel nicht unter das landwirtschaftliche Erbrecht, sondern unter das allgemeine Erbrecht. Wenn also der Übergeber die Anlage auf den Hofnachfolger überträgt, entsteht den weichenden Erben kein Abfindungsanspruch, sondern ein sogenannter Pflichtteilsergänzungsanspruch.

Das heißt: Wenn der Hofübergeber innerhalb von zehn Jahren nach der Übergabe stirbt, können die weichenden Erben ihren erbrechtlichen Pflichtteil geltend machen. Das ist ein unkalkulierbares Risiko für den Übernehmer.

Deshalb sollten Sie schon zum Zeitpunkt der Übergabe mit den weichenden Erben eine gerechte und abschließende Abfindungsregelung vereinbaren. Den Wert der PV-Anlage können Sie dabei überschlägig ermitteln, indem Sie von einer linearen Abschreibung über 20 Jahre ausgehen. Nach zehn Jahren wäre die Photovoltaikanlage also etwa die Hälfte der Anschaffungskosten wert. Der Restwert kann mit einer Jahresabschreibung, also etwa 5 % der Anschaffungskosten, kalkuliert werden.

Übergibt ein Landwirt eine größere Photovoltaikanlage, erhöht das möglicherweise die Notarkosten für den Hofübergabevertrag. Deshalb könnte ein Landwirt die PV-Anlage auch außerhalb der eigentlichen Hofübergabe ohne einen notariellen Vertrag auf den Junior übertragen und dafür als Gegenleistung einen angemessenen Rentenanspruch vereinbaren.

Allerdings fehlt es bei dieser Konstruktion in der Regel an der dinglichen Absicherung der Rentenzahlung. Damit gibt es dann keine Sicherheit für die Altenteiler.

Foto: Höner

△ Behält der Altenteiler die PV-Anlage für sich, sollte er per Testament den Hofnachfolger als Alleinerben einsetzen und den weichenden Erben eine Abfindung zugestehen.

PV-ANLAGE VERKAUFEN?

Aus steuerlichen Gründen kann es sinnvoll sein, die Photovoltaikanlage nicht einfach an den Hofnachfolger zu übertragen, sondern die Anlage an ihn zu verkaufen.

Dann kann der Hofübernehmer die Anlage als Abschreibungsobjekt nutzen – vorausgesetzt, er hat eine entsprechend hohe Steuerlast und die Anlage selbst ist steuerpflichtig. Dies trifft derzeit nur auf Anlagen über 30 kWp zu.

Der Altenteiler auf der anderen Seite spart den Krankenkassenbeitrag und hat durch den Verkaufserlös einen sofortigen Liquiditätsüberschuss. Allerdings muss er den Verkaufserlös versteuern.

Er kann aber, wenn er das 55. Lebensjahr vollendet hat, einen einma-

ÜBERSICHT 1: SO RECHNET SICH DER VERKAUF DER PV-ANLAGE FÜR VATER UND SOHN

Gut 5.000 € Liquiditätsüberschuss für den Vater	
Veräußerungspreis	110.000
erhaltene Einspeisevergütung + Wert Eigenstromverbrauch	+ 107.874
Zwischensumme	**= 217.874**
abzüglich Zinsen + Tilgung	- 49.000
abzüglich jährlicher Kosten von 2.600 €	- 23.400
abzüglich Anschaffungskosten	- 140.000
Liquiditätsüberschuss	**= 5.474**
Freibetrag mindert Steuerlast des Vaters	
Veräußerungserlös	110.000
abzüglich Buchwert	- 77.000
Veräußerungsgewinn	**= 33.000**
abzüglich Freibetrag	- 45.000
zu versteuern	**= 0**
Anschaffung bringt steuerliche Vorteile für den Sohn	
jährliche Einspeisevergütung + Wert Eigenstromverbrauch	11.986
abzüglich jährlicher Abschreibung	- 10.000
abzüglich Kosten	- 2.600
abzüglich Zinsen an die Bank (1. Jahr)	- 627
abzüglich Sonder-AfA (40 % von 110.000 €)	- 44.000
Steuerlicher Verlust durch Anschaffung der PV-Anlage (im 1. Jahr)	= - 45.241 €

Anschaffung der PV-Anlage im Jahr 2016, Verkauf an Sohn im Jahr 2025.

top agrar; Quelle: Solle

◁ Verkauft der Hofübergeber die PV-Anlage an den Hofnachfolger, kann das für beide Parteien finanzielle Vorteile haben.

ligen Freibetrag von 45.000 € in Anspruch nehmen – wenn er diesen nicht schon vorher, z.B. für den Verkauf eines Biogas- oder Windinvestments, verbraucht hat. Bei einem Veräußerungsgewinn bis zu 136.000 € wird der Freibetrag voll gewährt, bei höheren Verkaufserlösen schmilzt der Freibetrag sukzessiv ab. Ab einem Veräußerungsgewinn von über 181.000 € schreibt das Gesetz vor, dass der Freibetrag auf 0 € gesetzt wird.

STEUERVORTEILE

Wie gerechnet wird, zeigt folgendes Beispiel aus der Praxis:

Ein verwitweter Landwirt hat nach Erreichen seines 65. Lebensjahres seinen landwirtschaftlichen Betrieb auf den Sohn übertragen. Seine im Jahr 2016 für einen Anschaffungspreis von 140.000 € angeschaffte PV-Anlage (70 kWp) wird er zum 1. Juli 2025 an seinen Sohn verkaufen, um sich so die sonst anfallenden Kranken- und Pflegeversicherungsbeiträge zu sparen.

Der Vater hat die Anlage linear mit einem jährlichen AfA-Satz von 5 % abgeschrieben und sie über eine Laufzeit von insgesamt 20 Jahren und mit einem Zinssatz von 1,40 % pro Jahr finanziert. Zum 1. Juli 2025 beträgt der Buchwert noch rund 77.000 €. Die jährliche Einspeisevergütung liegt bei etwa 4.600 €, der Wert des Eigenstroms bei ca. 7.300 €.

Der Sohn kauft die Photovoltaikanlage für genau 110.000 €. Er bekommt noch für elf Jahre die Einspeisevergütung ausgezahlt und spart aus der Eigenstromerzeugung Stromkosten. Unter Berücksichtigung eines angemessenen Zinssatzes ergibt dies einen Barwert von knapp 111.000 €, daher ist der angesetzte Kaufpreis von 110.000 € durchaus gerechtfertigt.

Bei einem unangemessen hohen Kaufpreis rechnet das Finanzamt diesen übrigens auf einen angemessenen Kaufpreis herunter. Das Mehrentgelt wäre dann aber beim Vater nicht steuerpflichtig und fiele beim Sohn auch nicht in die Bemessungsgrundlage für die Abschreibung.

Die Übersicht 1 zeigt, wie sowohl der Vater als auch der Sohn vom Verkauf bzw. Kauf der Photovoltaikanlage profitieren können.

Der Vater hat durch den Verkauf einen sofortigen Liquiditätsüberschuss von gut 5.000 € und außerdem einen Steuervorteil durch die Ausschöpfung des vollen Freibetrages von 45.000 €. Zu versteuern ist beim Vater der Unterschiedsbetrag zwischen dem Veräußerungspreis nach Abzug der Veräußerungskosten einerseits und dem Buchwert der Anlage.

Der Sohn hat einen erheblichen Steuervorteil durch das neue Abschreibungspotenzial der gekauften Photovoltaikanlage, die ihm immerhin einen steuerlichen Verlust von 45.241 € im ersten Jahr bringt.

BEISPIEL AUS DER PRAXIS

300 € mehr Barrente

Michael Schulte (Name geändert) hat im Juni 2016 eine PV-Anlage mit einer Leistung von 70 kWp auf dem Dach des Boxenlaufstalles installieren lassen. Die jährliche Einspeisevergütung liegt bei etwa 4.600 €, der Wert des Eigenstroms bei ca. 7.300 €.

Die Anlage kostete 140.000 € netto, die er über die KfW mit einem Zinssatz von 1,40 % finanziert hat. Der Landwirt brachte 50.000 € Eigenkapital in die Investition ein. Neben dem Kapitaldienst kalkuliert der Landwirt 1,8 % der Investitionssumme für Reparaturen, Versicherungen und Buchführung ein.

Der Landwirt möchte seinen Betrieb samt PV-Anlage zum 1. Juli 2025 an seinen Sohn Alexander übergeben. Für sich und seine Ehefrau überschlägt er einen Geldbedarf von rund 2.500 € pro Monat. 900 € bekommt er aus verschiedenen Renten, 500 € aus einer Immobilienvermietung und 800 € als Baraltenteil vom Hof.

Den verbleibenden Bedarf von 300 € pro Monat will der Hofübernehmer durch ein zusätzliches Baraltenteil aus der Einspeisevergütung der PV-Anlage finanzieren. Pro Jahr ergibt das 3.600 € (300 € x 12) und macht damit etwa ein Drittel der Summe aus (Netto-) Einspeisevergütung und Wert des Eigenstroms aus. Das sollte vom Betrieb auch gut zu stemmen sein.

Bei einer kurzen Kreditlaufzeit von zehn Jahren und entsprechend hohen Tilgungsraten könnte der Hofnachfolger das zusätzliche Baraltenteil von 300 € je Monat in den ersten Jahren nicht aus den Erträgen der PV-Anlage finanzieren.

Wie die Grafik zeigt, müsste der Junior Alexander Schulte die zusätzliche Barrente für etwa vier Jahre nach der Hofübergabe zunächst aus anderen Quellen speisen oder die Summe vorfinanzieren. Aber auch dies würde sich letztlich rentieren.

Anders sähe es bei einer 15-jährigen Finanzierung aus. Hier würde der Überschuss aus den Einspeiseerlösen von Anfang an fast ausreichen, um das zusätzliche Altenteil von 300 € pro Monat zu bedienen. Erst recht bei einer Laufzeit von 20 Jahren.

ÜBERSICHT 2: JÄHRLICHE ÜBERSCHÜSSE AUS DER PV-ANLAGE JE NACH KREDITLAUFZEIT

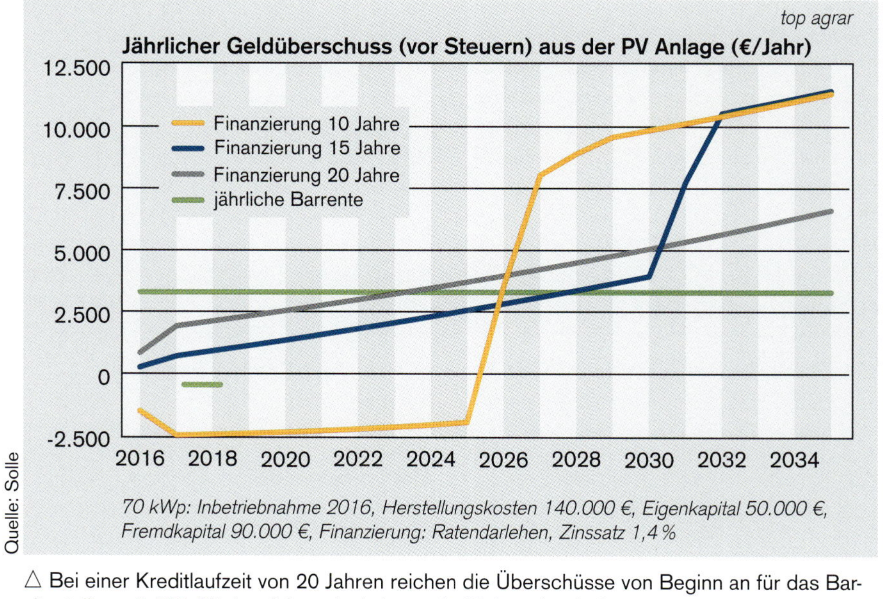

△ Bei einer Kreditlaufzeit von 20 Jahren reichen die Überschüsse von Beginn an für das Baraltenteil von 9.600 €/Jahr, nicht so bei einer zehnjährigen Laufzeit.

Auslaufende Betriebe: Richtig übergeben!

Wenn keines der Kinder den Betrieb fortführt, wirft die Hofübergabe oft schwierige Fragen auf. Vor allem, wenn die Eltern den Betrieb als Einheit erhalten möchten. Welche Lösungen gibt es?

UNSER AUTOR
Hubertus Schmitte

Das Rentenalter rückt näher, aber keines der Kinder kann oder will den Hof fortführen – auch nicht im Nebenerwerb. Mit dieser Situation sind im Zuge des Strukturwandels viele Betriebsleiter-Ehepaare konfrontiert.

Sie stehen dann vor schwierigen Fragen, wenn es um die Zukunft bzw. Vererbung des Hofes geht. Häufig sind sie bestrebt, den Betrieb als Einheit in der Familie zu halten. Oft wohnt sogar ein Sohn oder eine Tochter mit Familie auf der Hofstelle. Dieses Kind soll dann auch den Betrieb bekommen.

Doch wie gelingt das, ohne die übrigen Kinder massiv zu benachteiligen und dadurch den Familienfrieden zu gefährden? Und wie sichert man den eigenen Lebensabend unter diesen Voraussetzungen finanziell ab?

Damit dieser Balanceakt gelingt, sollten Sie die Übergabe möglichst schon mit der Aufgabe der aktiven Bewirtschaftung in Angriff nehmen. Dann haben Sie noch alle Fäden in der Hand und die besten rechtlichen Gestaltungsmöglichkeiten. Dabei gelten unterschiedliche Spielregeln, je nachdem, ob der Betrieb ein Hof im Sinne der Höfeordnung ist oder unter das BGB-Erbrecht fällt.

Die nordwestdeutsche Höfeordnung gilt in den Bundesländern Nordrhein-Westfalen, Niedersachsen, Hamburg und Schleswig-Holstein.

SCHUTZSCHIRM NUTZEN

Dieses Sondererbrecht betrifft alle Betriebe mit mind. 54.000 € Grundsteuerwert, bei denen der Hofvermerk nicht im Grundbuch gelöscht wurde. Zudem auch für Betriebe mit einem Grundsteuerwert zwischen 27.000 und 54.000 €, bei denen der Hofvermerk auf Antrag des Eigentümers ins Grundbuch eingetragen wurde. Weitere Sondererbrechte bestehen in Rheinland-Pfalz, Baden-Württemberg, Hessen und Brandenburg. Hiervon sind aber zahlenmäßig deutlich weniger Betriebe betroffen.

Die Höfeordnung stellt sicher, dass ein Betrieb geschlossen an die nächste Generation geht und dieses Ziel auch nicht durch überhöhte Abfindungen an die weichenden Erben gefährdet wird. Dahinter steht das staatliche Interesse an der Erhaltung bäuerlicher Familienbetriebe. Diesen Schutzschirm können Sie in der Regel auch noch für einen auslaufenden Betrieb nutzen. Voraussetzung ist, dass der Betrieb zum Zeitpunkt der Übergabe die strengen Kriterien der Höfeordnung tatsächlich erfüllt. Am sichersten ist es deshalb, wenn Sie die Übergabe schon kurz vor Rentenbeginn bzw. der Aufgabe der eigenen Bewirtschaftung durchführen. Die Verpachtung der Flächen sollte also möglichst schon der Nachfolger übernehmen.

Vorteil der Lösung: Der landwirtschaftliche Betrieb bleibt als Einheit erhalten. Die übrigen Kinder können auch keine überhöhten finanziellen Forderungen stellen, die dann indirekt zu Flächenverkäufen oder zur Zerschlagung des Hofes führen würden. Denn die Höfeordnung begrenzt die Abfindungen, indem sie aus dem relativ niedrigen Hofeswert abgeleitet werden. Die Hofübergabe wäre damit endgültig und rechtssicher geregelt.

SCHWIERIGE GESPRÄCHE

Allerdings sind die niedrigen Abfindungen, wie sie die Höfeordnung vorsieht, den übrigen Kindern kaum zu vermitteln, da der Betrieb vom Übernehmer ja nicht mehr aktiv fortgeführt wird. Sie sehen den Hof eher als Vermögenswert, an dem sie gerne beteiligt werden möchten. Im Sinne der Erbgerechtigkeit und des Familienfriedens ist es deshalb meist sinnvoll, höhere Abfindungen für die weichenden Kinder vorzusehen, am besten einvernehmlich mit allen Beteiligten. Das ist finanziell zwar nicht immer leicht umzusetzen. Doch mit gutem Willen lässt sich oft eine gute Lösung finden.

Für den Fall, dass das nicht funktioniert, sollten Sie den weichenden Erben klarmachen, dass Sie die Übergabe ggf. auch alleine mit dem vorgesehenen Nachfolger abwickeln können. Die weichenden Erben bekämen dann nur die gesetzliche Abfindung, wie sie die Höfeordnung vorsieht. Mit diesem Szenario vor Augen fällt es den weichenden Erben oft erheblich leichter, einer guten Kompromisslösung zuzustimmen.

Einfach sind solche Gespräche nicht. Außerdem fehlt – im Gegensatz zu ei-

SCHNELL GELESEN

Die Höfeordnung greift vielfach auch noch für landwirtschaftliche Betriebe, die bald auslaufen.

Das Risiko, dass Ihr Betrieb den Schutz der Höfeordnung verliert, wird umso größer, je länger Sie mit der Hofübergabe warten.

Die Landgut-Privilegierung bietet für Betriebe, die unter das BGB-Erbrecht fallen, oft ebenfalls keine Sicherheit.

Um Familienfrieden und Betrieb zu bewahren, sollten Übergeber möglichst früh eine einvernehmliche Übergabe vereinbaren, mindestens aber einen Erbvertrag.

ner „normalen“ Hofübergabe – der „Druck“ des Hofnachfolgers, der die Bewirtschaftung eigenverantwortlich übernehmen will. In der Praxis wird deshalb bei auslaufenden Betrieben die Frage der Übergabe häufig nach hinten verschoben oder zu Lebzeiten gar nicht angepackt. Die „Stunde der Wahrheit“ kommt dann mit dem Erbfall.

JE LÄNGER SIE WARTEN …

Je länger Sie jedoch mit der Übergabe warten, desto größer wird das Risiko, dass Ihr Betrieb den Schutz der Höfeordnung verliert. Das ist immer dann der Fall, wenn die „wirtschaftliche Betriebseinheit“ aufgelöst wird und eine Wiederaufnahme der aktiven Bewirtschaftung nicht realistisch erscheint.
Als Indizien für eine endgültige Aufgabe gelten z. B.:

- eine langfristige, kleinparzellierte Verpachtung,
- der Umbau der Hofstelle,
- die Vermietung bzw. Verpachtung der Hofstelle und
- die Veräußerung von lebendem und totem Inventar.

Je stärker diese Indizien ausgeprägt sind, desto mehr sprechen sie für eine komplette Auflösung der wirtschaftlichen Betriebseinheit. Auch eine Wiederaufnahme der Bewirtschaftung ist bei schon länger aufgegebenen Betrieben oft nicht realistisch. Denn dafür müsste sich der landwirtschaftliche Betrieb aus sich selbst heraus rechnen, also ohne Pachtflächen und Zuschüsse von außen. Diese Anforderungen sind hoch und werden in der Praxis oft nicht erfüllt.

Die Konsequenz: Obwohl der Wirtschaftswert hoch genug und der Hofvermerk noch im Grundbuch eingetragen ist, verlieren viele ausgelaufenen Betriebe in der Folgezeit ihre Hofeigenschaft und den Schutz der Höfeordnung. Dies ist vielen älteren Betriebsinhabern nicht bewusst. Sie geben dann, z. B. mit 70 Jahren, den Betrieb an eines der Kinder, und zwar formal nach den Regeln der Höfeordnung.

Dann kann es jedoch passieren – und passiert in der Praxis auch immer wieder – dass die weichenden Erben im Erbfall die Hofeigenschaft nachträglich überprüfen lassen. Stellt das Gericht dann fest, dass der Betrieb zum Zeitpunkt der Übergabe kein Hof im Sinne der Höfeordnung mehr war und der Übergeber innerhalb von zehn Jahren nach der Übergabe verstorben ist, können die weichenden Erben Pflichtteilsergänzungsansprüche nach den Regeln des allgemeinen Erbrechts verlangen. Diese leiten sich vom gesetzlichen Pflichtteil ab und werden auf Grundlage des Verkehrswertes zum Zeitpunkt der Übergabe ermittelt. Wenn es schlecht läuft, können die Pflichtteilsergänzungsansprüche der Geschwister dazu führen, dass der Hofübernehmer im Nachhinein viele Flächen verkaufen muss.

Ähnlich groß ist das Risiko, wenn sich der Betriebsinhaber nicht zu einer lebzeitigen Übergabe entschließen kann, sondern darauf vertraut, dass bei Eintritt des Erbfalls die Höfeordnung die Aufteilung bzw. Zerschlagung des Betriebes verhindern wird. Dies kann sich als böse Fehlkalkulation erweisen und erst recht zu unüberbrückbaren Streitigkeiten innerhalb der Familie führen. ▶

Läuft der Betrieb aus, ist es oft besonders schwer, den Betrieb an die nächste Generation zu übergeben.

Foto: Höner

Wenn Sie also einen schon länger aufgegebenen bzw. verpachteten Betrieb übergeben wollen, ist es rechtlich sicherer, den Betrieb von vornherein aus der Höferolle zu nehmen. Für die Übergabe bzw. den weiteren Erbgang gelten dann die Regeln des BGB-Erbrechts.

ZEHN JAHRE RISIKO

Danach müssten die Abfindungen für die weichenden Kinder im Prinzip auf der Basis des Verkehrswertes berechnet werden. Das ist i.d.R. finanziell nicht machbar. Als Kompromiss könnte man sich an einem Wert zwischen dem Hofes- und dem Verkehrswert orientieren, z.B. am sog. Ertragswert (Seite 138ff).

Wenn eine Einigung gefunden ist, sollten alle Beteiligten den Übergabevertrag unterschreiben, also der Übergeber, der Hofnachfolger und die übrigen Erben, und zwar einschließlich der darin festgelegten Abfindungs- und Nachabfindungsregelungen. Nur dann können Sie sicher sein, dass die Hofübergabe glatt über die Bühne geht und rechtlich nicht mehr angreifbar ist.

Falls das nicht gelingt, könnten Sie die Übergabe aber auch ohne die weichenden Erben über die Bühne bringen, auch ohne Regelungen zu Abfindung und Nachabfindung. Denn nach dem BGB-Erbrecht kann Sie niemand daran hindern, den Hof geschlossen an eines der Kinder zu übergeben und die Abfindungsfrage nach eigenem Ermessen zu regeln. Allerdings ist dies mit nicht unerheblichen Risiken verbunden.

Denn wenn der Übergeber innerhalb von zehn Jahren nach der Übergabe stirbt, können die weichenden Erben ihre Pflichtteilsergänzungsansprüche gegen den Hofübernehmer geltend machen. Diese berechnen sich dann nach dem Verkehrswert, was für den Übernehmer bedeuten kann, dass dieser die Abfindung womöglich nur durch Flächenverkäufe bezahlen kann.

Andererseits besteht dieses Risiko für den Übernehmer „nur" zehn Jahre, wobei sich die Ansprüche der weichenden Erben noch mit jedem Jahr, das seit der Übergabe vergangen ist, um jeweils ein Zehntel verringern! Dies sollten Sie den übrigen Erben vor Augen führen, um vielleicht doch noch zu einer einvernehmlichen Lösung zu kommen.

LANDGUTÜBERGABE

Liegt Ihr Betrieb weder im Bereich der Höfeordnung noch eines anderen Anerbenrechts, wird es schwieriger, den Betrieb geschlossen an eines der Kinder zu übergeben. Die einzige Privilegierung, die Sie in diesem Fall nutzen können, ist das BGB-Landguterbrecht.

Danach können Sie den gesamten Betrieb zum Ertragswert an eines Ihrer Kinder übergeben. Die Ansprüche der übrigen Erben richten sich dann nicht nach dem Verkehrs-, sondern dem Ertragswert. Dieser entspricht in der Regel dem 18-fachen oder 25-fachen des jährlichen Reinertrages, je nach Bundesland.

Die Abfindungen sind also höher als bei einem vergleichbaren Betrieb, der unter die Höfeordnung fällt. Sie vermeiden jedoch eine Verkehrswert-Abfindung, die in vielen Fällen zum Flächenverkauf oder zur Zerschlagung des Betriebes führen würde.

Auch ein auslaufender Betrieb kann durchaus die Kriterien eines „Landguts" erfüllen. Dazu genügt es, dass der Betrieb eine selbstständige Wirtschaftseinheit mit den nötigen Wohn- und Wirtschaftsgebäuden darstellt. Außerdem muss er eine ausreichende Größe haben (die aber verhältnismäßig klein sein kann) und für den Inhaber eine selbstständige Einkommensquelle darstellen. Er muss aber keine bäuerliche Durchschnittsfamilie ernähren können.

Bei einem auslaufenden Betrieb, der bis zuletzt aktiv bewirtschaftet wurde, ist also eine Übergabe als Landgut möglich. Gibt der Übernehmer den Betrieb jedoch nach Übergabe auf, gilt der Betrieb nicht mehr als Landgut. Stirbt dann der Übergeber innerhalb von zehn Jahren nach Übergabe, können die Miterben bezüglich des Betriebes Pflichtteilsergänzungsansprüche auf Basis des Verkehrswertes verlangen.

Dass der Betrieb noch als Landgut übergeben wurde, spielt dann keine Rolle mehr. Entscheidend ist, dass der Betrieb zum Zeitpunkt des Erbfalls kein Landgut mehr war. Einzige Erleichterung für den Hofübernehmer ist, dass die Pflichtteilsergänzungsansprüche mit jedem Jahr, das seit der Übernahme vergangen ist, um ein Zehntel sinken.

Fazit: Bei auslaufenden Betrieben, die unter das allgemeine BGB-Erbrecht fallen, sollten Sie sich nicht auf die „Landgutlösung" verlassen. Sicherheit, dass der Betrieb auch wirklich als Einheit erhalten bleibt, bekommen Sie nur, wenn Sie innerhalb Ihrer Familie eine einvernehmliche Lösung finden, die dann auch von allen Beteiligten unterschrieben wird.

SCHICKSAL UNGEWISS

Wird ein ausgelaufener Betrieb nicht zu Lebzeiten übertragen, und sorgt der Eigentümer auch nicht per Testament oder Erbvertrag für den Erbfall vor, ist das weitere „Schicksal" des Hofes sehr ungewiss. Mit dem Tod des Inhabers fällt der Betrieb an eine Erbengemeinschaft. Rechtlich gibt es dann nur noch eine Chance, den Betrieb ungeteilt als Einheit zu erhalten – und zwar durch das Zuweisungsverfahren nach Grundstückverkehrsgesetz.

Danach kann jeder Miterbe beim zuständigen Landwirtschaftsgericht beantragen, dass ihm der Betrieb ungeteilt zugewiesen wird. Die Voraussetzungen dafür sind hoch: Die Zuweisung ist nur zulässig, wenn zum landwirtschaftlichen Betrieb eine zur Bewirtschaftung geeignete Hofstelle gehört und die Erträge wesentlich zum Unterhalt einer bäuerlichen Familie ausreichen.

In den meisten Fällen bleibt es also bei der Erbengemeinschaft, die mit den entsprechenden Erbquoten der jeweiligen Miterben als Eigentümer im Grundbuch eingetragen wird. Eine Erbengemeinschaft ist eine Zwangsgemeinschaft, die auf Zeit angelegt ist und abgewickelt

Foto: Heil

◁ Am sichersten im Sinne der Höfeordnung: Erst übergibt der Landwirt den noch aktiven Betrieb, dann verpachtet der Übernehmer die Flächen.

werden soll. Wie dies zu geschehen hat, überlässt das Gesetz zunächst den Miterben. Sinnvollerweise vereinbaren die Beteiligten eine Realteilung, um sich so einvernehmlich und kostengünstig auseinanderzusetzen. Die Miterben können auch den gesamten Betrieb veräußern und den Erlös aufteilen.

Doch das klappt längst nicht immer: Da zu jeder Veräußerung die Zustimmung aller Miterben erforderlich ist, kann jeder „Querdenker" eine vernünftige Abwicklung blockieren. Ein weiteres Konfliktfeld ist die Verwaltung des Nachlasses. Gerade bei Immobilienbesitz müssen immer wieder neue Entscheidungen getroffen werden. In der Praxis tun sich Erbengemeinschaften i.d.R. sehr schwer damit. Am Ende bleibt dann oft nur die unerwünschte Teilungsversteigerung, die jeder Miterbe beantragen kann.

FRÜHZEITIG REGELN

Nicht auf später warten

Den Betrieb auslaufen zu lassen, ist oft ein schmerzhafter Prozess: Der Stall muss geräumt, die Maschinen verkauft und die Flächen verpachtet werden. Noch schwerer fällt vielen Landwirten dann die Übergabe des Betriebes. Denn oft ist da noch ein Funken Hoffnung, dass doch ein Kind oder Enkel den Betrieb weiterführen wird. Und anders als bei aktiven Betrieben besteht kein unmittelbarer Druck durch einen Hofnachfolger, der vom Betrieb leben muss.

Vielen Eltern ist es wichtig, dass der Hof trotzdem bei einem der Kinder als Einheit erhalten bleibt. Doch wie findet man dann einen gerechten Ausgleich für die übrigen Kinder? All dies macht die Übergabe eines auslaufenden bzw. schon aufgegebenen Betriebes oft noch schwerer als die normale Hofübergabe!

Dennoch: Nichts zu tun, ist die schlechteste Lösung. Das mag zwar viele Jahre gut gehen, aber spätestens wenn der Betriebsleiter stirbt, kommt der Tag der Wahrheit. Am Ende wird der Betrieb oft willkürlich zerschlagen und die Familie bleibt womöglich auf ewig zerstritten. Das können und sollten Sie verhindern. Es gibt gute Möglichkeiten, die Übergabe sowie die Abfindung und Nachabfindung für die weichenden Erben sinnvoll zu gestalten. Wichtig ist, dass Sie das Ganze nicht auf die lange Bank schieben.

NOTLÖSUNG

Besser Erbvertrag als Testament

Wer seinen Betrieb nicht zu Lebzeiten übergeben will, sollte zumindest den Erbfall regeln – am besten mit einem Erbvertrag, mindestens mit einem Testament. Beide Instrumente greifen in der Zukunft und sind mit gewissen Unsicherheiten und Risiken verbunden.

Der Erbvertrag wird zwischen dem Betriebsleiter und dem Hofübernehmer als Alleinerben geschlossen. Die entsprechenden Regelungen für die Hofübergabe werden aber erst mit dem Tod des Landwirts wirksam. Da zu diesem Zeitpunkt der Schutz der Höfeordnung und des Landguterbrechts meist nicht mehr greift, sollten Sie den Betrieb im Erbvertrag von vornherein nach dem allgemeinen BGB-Erbrecht übergeben.

Die Folge: Im Erbfall können die Geschwister Pflichtteilsansprüche geltend machen. Deshalb sollten Sie die weichenden Erben auch beim Erbvertrag mit ins Boot holen und mit diesen angemessene Abfindungs- und Nachabfindungsregelungen vereinbaren (siehe Seite 89ff.). Im Gegenzug sollten die weichenden Erben einen Pflichtteilsverzicht erklären. Dann sind über den Vertrag hinausgehende Ansprüche der weichenden Erben ausgeschlossen.

NOTLÖSUNG TESTAMENT

Auch beim Testament sollten Sie davon ausgehen, dass der aufgegebene Betrieb zum Zeitpunkt des Erbfalls unter das allgemeine BGB-Erbrecht fällt. Dementsprechend können Sie zwar einen Alleinerben als Hofnachfolger bestimmen und auch Abfindungs- und Nachabfindungsregelungen für die weichenden Erben anordnen. Wenn Sie aber mit Ihren Zuwendungen unterhalb des Pflichtteils bleiben, können die weichenden Erben im Erbfall die Differenz vom Alleinerben einfordern. Denn sie haben Anspruch auf ihren Pflichtteil. Und als Erblasser allein haben Sie per Testament keine Möglichkeit, einen Pflichtteilsverzicht zu bestimmen.

Außerdem bestimmen Sie im Testament über Ihre Kinder hinweg. Deshalb wird über testamentarische Regelungen oft vor Gericht gestritten. Das Testament ist deshalb immer eine Notlösung.

Wenn nichts geregelt ist …

Hat ein Betriebsleiter die Bewirtschaftung seines Betriebes aufgegeben und keinerlei Regelungen für die Übergabe bzw. den Todesfall getroffen, greifen im Erbfall die gesetzlichen Regelungen. Bei den Erben kommt es dann oft zu einem bösen Erwachen:

- Handelt es sich noch um einen Hof im Sinne der Höfeordnung, erbt ein Hoferbe den gesamten Betrieb. Die weichenden Erben haben lediglich Anspruch auf die relativ geringe Abfindung nach den Regeln der Höfeordnung und fühlen sich deshalb düpiert. Schnell entsteht Streit darüber, wer der berechtigte Hoferbe ist.
- Häufig ist unklar, ob der Betrieb noch ein Hof im Sinne der Höfeordnung ist. Dann streiten die weichenden Erben im Erbfall gerne darüber, ob die Hofeigenschaft noch vorliegt oder nicht. Denn davon hängt es ab, ob eines der Kinder den Betrieb ungeteilt übernehmen kann und den weichenden Erben nur geringe Abfindungen zahlen muss oder ob der Betrieb nach dem allgemeinen BGB-Erbrecht vererbt wird.
- Ist von vornherein klar, dass ein Betrieb nicht (mehr) unter den Schutz der Höfeordnung fällt – entweder weil er die Kriterien der Höfeordnung nicht mehr erfüllt oder weil von vornherein keine Höfeordnung gilt – wird der Betrieb nach den Regeln des allgemeinen BGB-Erbrechts vererbt. Dann bildet sich eine Erbengemeinschaft aus allen Miterben. Alle Kinder erben gleichberechtigt und müssen gemeinschaftlich das Erbe verwalten und gemeinsam über die Zukunft des Betriebes entscheiden. Das geht selten gut. Oft enden Erbengemeinschaften dieser Art mit der endgültigen Zerschlagung des Betriebes – genau das, was der Übernehmer nicht wollte.

Geschwister abfinden bei auslaufenden Betrieben

Mehr Nachabfindung, Aufteilung der Pachteinnahmen, modifizierte Pflegeverpflichtung – so können Sie weichende Erben auslaufender Betriebe angemessen beteiligen.

Bei auslaufenden Betrieben bereitet die Frage von Abfindung und Nachabfindung oft besonders viel Kopfzerbrechen.

Foto: Meinert

UNSER AUTOR
Hubertus Schmitte

Wird ein auslaufender Hof übertragen, dient er dem Nachfolger nicht mehr als Existenzgrundlage, sondern ist vor allem ein Vermögenswert. Je nach Höhe der Pachteinnahmen bleibt dem Hofnachfolger nach Abzug der laufenden Kosten sogar noch ein ordentliches Plus.

Davon muss der Übernehmer zunächst einmal den Lebensabend der Altenteiler sichern. Das steht bei der Übergabe auslaufender Betriebe an allererster Stelle. Aber auch bei der Abfindung und der Nachabfindung der weichenden Erben sind häufig andere Lösungen als bei einer „Norm"-Übergabe gefragt.

ERBGERECHTIGKEIT SCHAFFEN

Die Abfindungen des Höferechts sind für auslaufende Betriebe in aller Regel zu gering. Das andere Extrem – die Abfindung nach Maßgabe des Verkehrswertes – ist von Eltern bzw. Übernehmer nicht zu leisten, ohne den Hof zu zerschlagen. Deshalb muss ein Kompromiss gefunden werden. Denkbar ist zum Beispiel, sich bei der Ermittlung der Abfindung am Ertragswert zu orientieren. Der Kasten auf Seite 57 zeigt an einem Beispielsbetrieb, wie viel Abfindung den Kindern nach Verkehrswert, Hofeswert und Ertragswert zustehen würde.

In der Praxis entscheidend ist, welche Möglichkeiten es überhaupt gibt, höhere Abfindungen zu realisieren. Am einfachsten sind folgende Fälle:

- Es ist hofesfreies Vermögen, wie Immobilien oder Barvermögen, vorhanden.
- Zum Betrieb gehören Landarbeiterhäuser, Bau- bzw. Bauerwartungsland oder lukrative Flächen mit Windkraft-

bzw. Mobilfunkanlagen, die ausgegliedert werden können.

• Die Eltern haben Barvermögen z.B. aus Inventarverkäufen angespart.

In diesen Fällen können Sie die vorhandenen Vermögensgegenstände zur Abfindung der weichenden Erben nutzen, entweder indem die weichenden Erben z.B. eine Immobilie oder eine wertvolle Fläche bzw. das Geld aus dem Verkauf bekommen. Dies sind auf jeden Fall die elegantesten Wege, Erbgerechtigkeit herzustellen. Allerdings ist das nicht der Regelfall.

AN PACHTEN BETEILIGEN?

Was bleibt, sind die Pachteinnahmen des Hofübernehmers – allerdings erst nach Abzug der laufenden Unterhaltskosten und des Altenteils. Denn gerade bei auslaufenden Betrieben muss das vorhandene Vermögen in erster Linie den Lebensabend der Eltern finanziell absichern.

Die verbleibenden Einnahmen können zur Abfindung der Geschwister herangezogen werden. Dazu gibt es u.a. folgende Möglichkeiten:

• Der Hofübernehmer wird verpflichtet, seine Geschwister an den jährlichen Pachteinnahmen zu beteiligen. Nachteil ist, dass die Geschwister versuchen könnten, sich z.B. in Pachtverhandlungen einzumischen, um möglichst viel für sich herauszuholen. Dem sollte der Hofübergeber nicht zustimmen. Zudem sollte eine solche Beteiligung zumindest zeitlich begrenzt sein, z.B. auf zehn oder zwanzig Jahre.

• Der Hofnachfolger zahlt seinen Eltern aus der Pacht ein relativ hohes Altenteil, das diese teilweise für die weichenden Erben ansparen und letzteren spätestens im Erbfall zukommen lassen. Solche Vereinbarungen bleiben aber auch bei vertraglicher Absicherung letztlich unkalkulierbar. Denn falls die Eltern früh sterben oder ihr Vermögen für die Pflege verbraucht wird, gehen die weichenden Erben u.U. leer aus.

• Eine Alternative könnte sein, dass der Hofnachfolger einen Kredit aufnimmt, um seinen Geschwistern direkt bei bzw. nach der Übergabe ihre Abfindung zu zahlen. Den Kredit muss der Übernehmer dann aus den Pachteinnahmen tilgen. Dies ist zwar wegen der Zinsbelastung die „teuerste" Lösung, hat jedoch den Vorteil, dass das Thema Abfindung ein für alle Mal abgeschlossen ist.

Bei relativ kleinen Betrieben funktionieren diese Lösungen jedoch häufig nicht. Denn der Übernehmer kann dann aus den Pachteinnahmen gerade mal das Altenteil und die laufenden Kosten für Instandhaltung, Steuern und Versicherungen tragen. In diesen Fällen ist es sicherlich schwierig, die Pachteinnahmen für Abfindungszahlungen heranzuziehen.

HÖHERE PFLEGEVERPFLICHTUNG?

Ein heikles Thema bei allen Übergaben ist die Pflegeklausel.

• Bei aktiven Betrieben sollte der Hofübernehmer die Pflege in der Regel nur bis einschließlich des Pflegegrades 1, höchstens bis einschließlich des Pflegegrades 2 vertraglich übernehmen. Danach, also meist dann, wenn ein Altenteiler im Pflegeheim untergebracht wird, müssen sich alle Geschwister im Rahmen ihrer gesetzlichen Unterhaltspflicht an den Heimkosten beteiligen (siehe Seite 34 ff).

• Bei nicht mehr bewirtschafteten Betrieben ist es dagegen denkbar, dass der

SCHNELL GELESEN

Die Abfindung nach Höfeordnung ist für auslaufende Betriebe meist zu gering.

Eine höhere Abfindung lässt sich am besten mit hofesfreiem Vermögen realisieren.

Auch möglich: Eine Beteiligung der Geschwister an den Pachteinnahmen oder eine höhere Pflegeverpflichtung des Übernehmers.

Nachabfindungsansprüche können ausgeweitet werden.

Wie viel für die weichenden Erben?

Landwirt Thomas Senge und seine Ehefrau (Zugewinngemeinschaft) gehen auf die 65 zu. Mit Renteneintritt möchte Senge den Ackerbaubetrieb in Niedersachsen geschlossen auf seine Tochter übertragen. Diese wohnt mit ihrer Familie auf dem Hof, wird den Betrieb aber nach der Übergabe verpachten. Nach der Höfeordnung würden die beiden jüngeren Brüder eine Abfindung von je 60.000 € bekommen, oder sogar nur den entsprechenden Pflichtteil von 30.000 €. Das ist zu wenig, befindet der Landwirt. Eine Abfindung nach Verkehrswert, 550.000 € pro Kind, kann der Betrieb jedoch nicht leisten, ohne größere Flächen zu verkaufen.

Das ist das Dilemma, in dem viele Betriebsleiter stecken. In der Praxis bietet es sich dann oft an, sich am Ertragswert zu orientieren, der in etwa das Einkommenspotenzial des Betriebes widerspiegelt, wenn er noch aktiv bewirtschaftet würde.

GROSSE UNTERSCHIEDE

Betrieb Senge	
Anzusetzender Wert des Betriebes	**50 ha Eigentum (40 Pkt.), davon 40 ha Ackerland, 10 ha Grünland. 0,4 ha Hofstelle: 1 Wohnhaus, 1 Altenteilerhaus. Grundsteuerwert 600.000 €. 3 Kinder.**
Verkehrswert	**3.300.000 €**
• Gesetzlicher Erbteil (1/6) • Pflichtteil je Kind (halber Erbteil)	550.000 € 275.000 €
Hofeswert	**360.000 €**
• Abfindung je Kind (1/6) • Pflichtteil je Kind (halber Erbteil)	60.000 € 30.000 €
Ertragswert	**600.000 €**
• Abfindung je Kind (1/6) • Pflichtteil je Kind (halber Erbteil)	100.000 € 50.000 €

top agrar; Quelle: Hubertus Schmitte

△ Je nach gesetzlicher Grundlage fallen die Pflichtteils- bzw. Abfindungsbeträge für die weichenden Erben unterschiedlich hoch aus.

Übernehmer seine Geschwister bei den Pflegekosten entlastet, indem er sich vertraglich verpflichtet, für seine Geschwister die gesetzliche Unterhaltspflicht gegenüber den Eltern im Pflegefall ganz oder teilweise allein zu übernehmen. Er stellt damit seine Geschwister von ihrer gesetzlichen Unterhaltspflicht gegenüber ihren Eltern frei (siehe Seite 37).

Zumindest für sehr gut verdienende Geschwister mit einem Jahreseinkommen von 100.000 € und mehr kann eine solche Regelung eine deutliche Entlastung bringen. Der Hofübernehmer kann im Zweifelsfall Flächen verkaufen, um die Verpflichtung zu erfüllen. Diese Flächen sollte er allerdings nachabfindungsfrei verkaufen dürfen. Zudem ist es meist sinnvoll, die Freistellung der Geschwister der Höhe nach zu begrenzen – auf einen bestimmten Betrag oder zum Beispiel auf den Wert von 5 oder 10 ha LF.

Foto: Heil

△ Ist Bauland vorhanden, dient dies oft zur Abfindung der weichenden Erben.

MEHR NACHABFINDUNG

Einen Anspruch auf Nachabfindung haben die weichenden Erben nur dann, wenn ein Betrieb nach Höfeordnung oder Grundstückverkehrsgesetz übergeben bzw. vererbt wird. In allen anderen Fällen gibt es keinen gesetzlichen Anspruch auf Nachabfindung.

Bei der Übergabe auslaufender Betriebe ist die Nachabfindung jedoch eine gute Möglichkeit, den weichenden Erben entgegenzukommen. Deshalb bietet es sich an, Nachabfindungsansprüche vertraglich zu begründen bzw. die gesetzlichen Ansprüche so auszuweiten, dass die weichenden Erben angemessen an eventuellen späteren Land- und Baulandverkäufen oder an landwirtschaftsfremden Nutzungen beteiligt werden. So kann

- für die weichenden Erben eine über den gesetzlichen Quoten liegende Beteiligungsquote festgelegt werden,
- die gesetzlich vorgesehene Degressionsvorschrift ausgesetzt oder verändert werden,
- die Nachabfindungsfrist von 20 Jahren bei der Höfeordnung und 15 Jahren beim Grundstückverkehrsgesetz auf z.B. 25 Jahre oder auch 30 Jahre verlängert werden.

Für den Verkauf bestimmter Grundstücke, wie z.B. Baulandflächen oder Bauerwartungsland, könnte die Nachabfindungsfrist durchaus auch komplett ausgesetzt werden. Dann werden die Geschwister des Hofübernehmers, egal wann die Flächen in der Zukunft verkauft werden, an den Verkaufserlösen beteiligt. Nach Ansicht vieler Experten werden dadurch allerdings zu lange andauernde Abhängigkeiten zwischen den Geschwistern geschaffen.

FLÄCHENVERKAUF TABU?

Ein Flächenverkauf, um alle Kinder gleichwertig abzufinden, oder gar eine Aufteilung des Betriebes ist für die meisten Landwirte tabu – auch wenn sie wissen, dass der landwirtschaftliche Betrieb nie wieder bewirtschaftet wird.

Was aber, wenn nur so die weichenden Erben einigermaßen gerecht abgefunden werden können, weil sonst keine anderen Vermögenswerte zur Aufteilung vorhanden sind? Ist die Rettung des Familienfriedens es dann nicht vielleicht doch wert, dafür eventuell einige Hektar Land zu verkaufen und dann den Verkaufserlös aufzuteilen?

Eine noch weitergehende Lösung wäre, dass der Übernehmer die Hofstelle mit einigen Hektar Fläche bekommt und der Rest der Flächen verkauft bzw. unter den Geschwistern aufgeteilt wird. Ganz klar: Der Betrieb ist dann zerschlagen und steuerlich ist das eine komplizierte Lösung, da es gilt, die Aufdeckung stiller Reserven zu verhindern. Aber Fälle, in die Familien mit solchen Lösungen sehr zufrieden sind, gibt es in der Praxis durchaus. Denn der Gesetzgeber hat seit dem 29. Dezember 2020 durch eine Änderung von § 14 EStG die Buchwertfortführung deutlich erleichtert.

VERSCHIEDENE INTERESSEN

Maßgeschneiderte Lösungen finden

Die Übergabe auslaufender Betriebe sollte nicht nach „Schema F" erfolgen. Gefragt sind Lösungen, die die individuelle Situation der Familienmitglieder berücksichtigen. Einige Beispiele:

- Eltern und Kinder wünschen die wertgleiche Aufteilung des Hofes unter den Kindern: Die älteste Tochter bekommt die Hofstelle mit einigen Hektar Land. Die zwei Schwestern, jeweils mit einem Landwirt verheiratet, bekommen wertgleiche luf-Flächen.
- Der Betrieb liegt in der Nähe eines Ballungsgebietes, die Wertentwicklung der Flächen ist unklar. Eine gleichmäßige Aufteilung der Flächen auf die zwei Kinder könnte sich zukünftig als ungerecht erweisen. Der Betrieb wird auf eine GbR übertragen, an der die Kinder beteiligt sind. So können spätere Verkaufserlöse gerecht geteilt werden.
- Die beiden Kinder des Landwirts wohnen weit entfernt vom Heimatort. Den Eltern wird das Leben auf dem Hof immer mehr zur Last. Sie kaufen ein Haus im nahe gelegenen Ort und verkaufen den Betrieb samt Hofstelle. Das Vermögen wird später aufgeteilt.
- Welche Lösung passt, hängt von Art, Größe und Lage des Betriebes und der Lebenssituation der Familie ab.

Für aktiv bewirtschaftete Betriebe gibt es im Rahmen des sog. Kostenprivilegs eine günstigere Gebührenrechnung vom Notar

Foto: Heil

Was kostet die Hofübergabe

Jede Hofübergabe kostet Geld – beim Notar, Grundbuchamt und eventuell beim Landwirtschaftsgericht. Wir zeigen, wie teuer das werden kann.

UNSER AUTOR
Gerald Lückemeier

Um Notar und Gericht kommt bei der Hofübergabe keiner herum: Nur wenn ein Notar den Vertrag beurkundet, wird er rechtlich wirksam. Nach der Beurkundung muss der Übergabevertrag noch genehmigt werden.

Bei Höfen im Sinne der nordwestdeutschen Höfeordnung (HöfeO) ist das jeweilige Landwirtschaftsgericht zuständig; bei landwirtschaftlichen Betrieben, die nach dem Bürgerlichen Gesetzbuch übertragen werden, ist die Genehmigung gemäß Grundstückverkehrsgesetz (GrdstVG) durch die jeweils zuständige Behörde erforderlich. Erst danach kann die Umschreibung im Grundbuch erfolgen.

KOSTENPRIVILEG FÜR LANDWIRTE

Die Kosten für Notar bzw. Gericht werden aus dem Gerichts- und Notarkostengesetz (GNotKG) abgeleitet. Grundlage für die Kostenermittlung ist der sogenannte Geschäftswert, also der Wert der zu übergebenden Sache. In der Regel ist es so, dass der Verkehrswert als Geschäftswert gilt.

Für Landwirte gilt bei Hofübergaben im ganzen Bundesgebiet aber eine Sonderregelung, das „landwirtschaftliche Kostenprivileg" nach §48 GNotKG.

WELCHE BETRIEBE PRIVILEGIERT?

Es besagt: Im Zusammenhang mit der Übergabe oder Zuwendung eines land- und forstwirtschaftlichen Betriebes mit Hofstelle beträgt der Wert des Vermögens höchstens das Vierfache des letzten Einheitswertes. Das entspricht grob 10 % bis 30 % des Verkehrswertes. Die Gebühren sind folglich also deutlich niedriger als bei Berechnung nach Verkehrswert. Weitere Abzugsposten wie z. B. Verbindlichkeiten oder sonstige dingliche Belastungen kennt das Kostenrecht hier aber nicht.

Wichtig: Voraussichtlich wird der Einheitswert als Grundlage für die Kostenberechnung künftig vom neuen Grundsteuerwert ersetzt. Bei Redaktionsschluss stand die abschließende Gesetzgebung jedoch noch aus (Seite 61).

Privilegiert ist nur der tatsächlich „schützenswerte" land- oder forstwirtschaftliche Betrieb. Vorausgesetzt ist, dass der Übernehmer den Betrieb nach

SCHNELL GELESEN

Die Notarkosten bei der Hofübergabe richten sich nach dem sogenannten Geschäftswert.

Für Landwirte gilt in der Regel ein Kostenprivileg, wonach sich der Geschäftswert vom Einheitswert ableitet.

Ab wann sich der Geschäftswert für landwirtschaftliche Betriebe vom Grundsteuer- statt vom Einheitswert ableiten wird, war bei Redaktionsschluss offen.

Bei Hofübergaben nach den Regeln des Höferechts fallen zusätzlich noch Gerichtskosten an.

ÜBERSICHT 1: ERMITTLUNG DER GEGENLEISTUNG

Gegenleistung des Hofnachfolgers[1]	Berechnung nach GNotKG	Geschäftswert
Übernahme von 100.000 € Schulden		100.000 €
Wohnungsrecht der Eltern inkl. Nebenkosten monatlich 450 € (fiktive Nettokaltmiete)[2]	450 € x 12 x 10 = 54.000 €	54.000 €
Versorgung der Eltern bei Krankheit bzw. Gebrechlichkeit, ersatzweise 235 € pro Monat[1]	235 € x 12 x 10 = 28.200 €	28.200 €
Baraltenteil 1.000 €/Monat für die Eltern[2]	1.000 € x 12 x 10 = 120.000 €	120.000 €
Begräbniskosten und Grabpflege		5.000 €
Abfindung an die Schwester durch zwei Baugrundstücke		150.000 €
Pflichtteilsverzicht Jens		100.000 €
Ergebnis Gegenleistung		**557.200 €**

1) Der Einheitswert des Betriebes beträgt 60.000 €. 2) Kapitalisierung der monatl. Zahlungen, Faktor abhängig vom Alter des Übergebers, bei 50 bis 70 Jahren gilt der 10-fache Jahreswert. *top agrar*

△ Die Gegenleistung des Übernehmers beträgt 557.200 € und ist höher als der vierfache Einheitswert von 240.000 € (4 x 60.000 €). Deshalb gilt die Gegenleistung als Geschäftswert.

der Übergabe auch tatsächlich unmittelbar fortführt und dieser für ihn künftig ein nicht unwesentlicher Teil seiner Existenzgrundlage ist. Wird ein reiner Pachtbetrieb übertragen und die Verpachtung auch nach Übergabe fortgesetzt, gilt das Kostenprivileg nicht. Anderes gilt dem BGH folgend, wenn das Pachtverhältnis mit einem nahen Familienangehörigen (etwa dem Ehegatten) begründet wird und der Erwerber den Betrieb mit dem Pächter in Arbeitsteilung gemeinschaftlich bewirtschaftet (Az.: V ZB 65/22).

Auch Nebenerwerbsbetriebe können schützenswert sein. Die Grenzen sind hier aber fließend und in Rechtsprechung und Literatur werden verschiedene Anknüpfungspunkte genannt (Mindestgröße 8 ha oder Mindesteinkünfte in Höhe von 5.000 € jährlich).

In den Genuss der Privilegierung kommen ferner nur die „landwirtschaftlichen Bestandteile“ des Hofes. Der Hofladen und die Ferienwohnung sowie insbesondere Anlagen zur Stromerzeugung (PV-Anlagen, Windmühlen etc.) müssen im Fall der Fälle zusätzlich bewertet werden, und zwar mit dem Verkehrswert. Dieser Wert muss dann hinzugerechnet werden. Das gilt auch und insbesondere für die immer öfter im Rahmen von Hofübertragungen zu berücksichtigenden Gesellschaften.

Zudem ist der aufgrund der Privilegierung anzusetzende Wert immer dann nicht maßgeblich, wenn etwaige Gegenleistungen (z. B. im Zusammenhang mit zu übernehmenden Verbindlichkeiten, Altenteilsrechten oder Abfindungen) einen höheren Wert haben. Dann ist der höhere Wert Grundlage für die Berechnung der Gebühren.

WELCHER GEBÜHRENSATZ?

Ist der Geschäftswert ermittelt, stellt sich die Frage, wie der Gebührensatz bestimmt wird. Dieser ergibt sich aus der Anlage 1 zum GNotKG (Kostenverzeichnis). Das Kostenverzeichnis zum GNotKG kennt zwei Tabellen, Tabelle A und Tabelle B. Notarkosten sowie Grundbuchkosten richten sich nach Tabelle B.

Die Genehmigungskosten durch das Landwirtschaftsgericht bei Höfesachen richten sich nach der Tabelle A. Anhand des Geschäftswertes und des jeweiligen Gebührensatzes können dann in der jeweiligen Gebührentabelle (Anlage 2 zum GNotKG) nun die konkreten Gebühren abgelesen werden.

WIE GERECHNET WIRD

Ein Beispiel zeigt, wie bei der Übergabe eines aktiv bewirtschafteten Betriebes gerechnet wird: Landwirt Georg Gruber übergibt seinen Betrieb (50 ha Eigenland, Schweinehaltung) an den Sohn Jens. Der Senior überlässt ihm das gesamte lebende und tote Inventar sowie die Hofstelle und sämtliche von dort bewirtschafteten Eigentumsflächen.

Der Einheitswert beträgt 60.000 €, der Verkehrswert 1,8 Mio. €. Jens übernimmt 100.000 € Schulden vom Vater und verzichtet im Gegenzug zur Hofübernahme auf seinen Pflichtteil (1/8) am hoffreien Vermögen von 800.000 €, also auf 100.000 €. Seine Schwester erhält als Abfindung zwei Bauplätze im Wert von 150.000 €. Die Familie beauftragt den Notar, einen Übergabevertrag anzufertigen und die erforderliche Genehmigung nach Grundstückverkehrsgesetz bei der Grundstückverkehrsbehörde einzuholen. Die Zustimmung der Bank zur Übernahme der Verbindlichkeiten übernimmt Jens.

Ermittlung des Geschäftswertes: Aufgrund des Kostenprivilegs beträgt der Geschäftswert das Vierfache des Einheitswertes, also 240.000 €. Beim Vergleich mit den Gegenleistungen der Hofübergabe ergibt sich jedoch, dass diese mit 557.200 € höher sind als der vierfache Einheitswert von 240.000 €. Der höhere Wert, hier 557.200 €, gilt als Geschäftswert (Übersicht 1).

Ermittlung der Gebühren: Bei einem Geschäftswert von 557.200 € ergibt sich nun z. B. für die Beurkundung aus der gesetzlichen Gebührentabelle B des

ÜBERSICHT 2: NOTARKOSTEN BEI DER ÜBERGABE

Notarkosten	Geschäftswert	Kostenverzeichnis	Gebührensatz	Betrag
Beurkundungsgebühr[1]	557.200 €	21.100 KV	2,0	2.190,00 €
Vollzugsgebühr für Einholung Genehmigung/Schuldübernahme[2]	557.200 €	22.110 KV	0,5	547,50 €
Vollstreckungsfähiges Schuldanerkenntnis für die Bank[3]	100.000 €	21.200 KV	1,0	273,00 €
Summe, netto				**3.010,50 €**

1) Enthält Kosten für Beratung, Vertragsentwurf; GNotKG-Tabelle B; 2) Einholung Genehmigung nach Gründstückverkehrsgesetz und Zustimmung der Bank zur Schuldenübernahme; 3) wird nicht immer, aber oft verlangt. *top agrar*

△ Die konkreten Gebühren für die Notarsleistungen bei der Hofübergabe ergeben sich aus einer gesetzlichen Tabelle.

ÜBERSICHT 3: KOSTEN UND GEBÜHREN BEIM ÜBERGABEVERTRAG

Geschäftswert	Notar[1]	Grundbuchamt[2]	Gericht[3]
110.000 €	546 € + 136,50 €	273 €	513 €
200.000 €	870 € + 217,50 €	435 €	873 €
320.000 €	1.270 € + 317,50 €	635 €	1.231 €
410.000 €	1.570 € + 392,50 €	785 €	1.499,50 €
500.000 €	1.870 € + 467,50 €	935 €	1.768 €
700.000 €	2.510 € + 627,50 €	1.255 €	2.128,50 €

1) Beurkundungsgebührensatz (2,0) + Vollzugsgebührensatz (0,5); 2) GNotKG Gebührentabelle B; Gebührensatz 1,0; 3) nur bei Höferecht; GNotKG Gebührentabelle A; Gebührensatz 0,5. *top agrar*

◁ Mit dem Geschäftswert steigt die Rechnung.

GNotKG und dem Gebührensatz von 2,0 eine Gebühr von 2.190 € netto. Dazu kommen Vollzugsgebühren. Dies zeigt die Übersicht 2. Insgesamt bekommt der Notar für die Übergabe 3.010,50 €, dazu kommen 19 % MwSt. und der Ersatz evtl. Auslagen.

Zudem fallen Grundbuchgebühren an und falls für den Betrieb die Höfeordnung gilt, die Genehmigungsgebühr des Landwirtschaftsgerichtes. Mehr dazu zeigt die Übersicht 3.

Zum Vergleich: Anders sähe das Ergebnis aus, wenn der Hof der Grubers zum Beispiel schon länger fremdverpachtet und deshalb nicht privilegiert wäre. Dann geht man vom Verkehrswert von 1,8 Mio. € als Geschäftswert aus. In diesem Fall steigt allein die Beurkundungsgebühr von 2.190 € auf 6.030 €, dazu kommen Vollzugsgebühren etc. Fazit: Das landwirtschaftliche Kostenprivileg bringt also schon in der Hauptgebühr einen Kostenvorteil von netto 3.840 €.

Foto: Heil

△ Bei Übergaben nach Höferecht fallen Mehrkosten an.

GESCHÄFTSWERT

Bald Grundsteuerwert?

Mit der Grundsteuerreform wurde der Einheitswert durch den Grundsteuerwert ersetzt. Damit ging auch eine neue Regelung zur Abfindung in der HöfeO einher. Grundlage für die Berechnung des Hofeswertes ist seit 2025 der neue Grundsteuerwert. Die entsprechende Anpassung des für die Hofübergabe maßgeblichen Kostenrechts hatte der Gesetzgeber ebenfalls geplant: Das Kostenprivileg sollte erhalten bleiben und der neue Grundsteuerwert sollte Grundlage für die Kostenberechnung bei Übergabe eines land- oder forstwirtschaftlichen Betriebes mit Hofstelle und dazugehörigem Wohnteil sein. Konkret sollte der Geschäftswert des Betriebs als Grundlage der Kostenberechnung höchstens 50 % des Grundsteuerwerts betragen. Wegen des vorzeitigen Endes der Legislaturperiode im Jahr 2024 ist es unter der Ampel-Koalition jedoch nicht mehr zur vorgesehenen Anpassung gekommen. Die bisherige alte Regelung wird zunächst weiter zur Anwendung kommen (müssen).

LANDWIRTSCHAFTSGERICHT

Kosten bei Höferecht

Unterliegt Ihr Betrieb der Höfeordnung, müssen Sie sich den Hofübergabevertrag vom Landwirtschaftsgericht (Amtsgericht) genehmigen lassen. Seit Inkrafttreten des GNotKG im Jahr 2013 forderten die Gerichte in der Vergangenheit wegen unklarer Formulierungen im Gesetz teilweise eine 2,0-Gebühr. So ergingen Rechnungen in Höhe von mehreren Tausend Euro an die Landwirte. Mittlerweile urteilten mehrere Oberlandesgerichte, dass die Genehmigung des Landwirtschaftsgerichts statt der 2,0- nur die 0,5-Gebühr kosten darf: OLG Celle, Az.: 7 W 15/15, OLG Hamm, Az.: 15 W 13/15.

RAUS AUS DER HÖFEORDNUNG?

Aber auch bei Anwendung einer 0,5-Gebühr sind die Kosten für die Genehmigung des Hofübergabevertrages vergleichsweise hoch. Um die Kosten zu umgehen, überlegen manche, vor der Hofübergabe aus der Höfeordnung auszusteigen. Dazu einige Hinweise:

- Sie sparen die Genehmigungskosten bei Gericht. Die Genehmigung des Vertrages übernimmt bei Höfen ohne Hofvermerk die nach Grundstückverkehrsgesetz zuständige Behörde zu moderaten Kosten oder kostenfrei.
- Notarkosten lassen sich sparen, wenn Sie die Löschung des Hofvermerkes beim Landgericht selbst beantragen. Bevor Sie dies tun, muss aber der Notar Ihre Unterschrift unter der Hofaufgabeerklärung beglaubigen. Es fällt eine Beglaubigungsgebühr an.

Vor der „Flucht“ aus der Höfeordnung ist aber wichtig zu wissen:

Ist der Hofvermerk gelöscht, gilt für den Übernehmer nicht mehr die günstige Höfeordnung, sondern es wird nach Bürgerlichem Gesetzbuch (BGB) vererbt. Insbesondere wenn der Übergeber innerhalb von zehn Jahren nach der Hofübergabe stirbt, stehen den weichenden Erben höhere Abfindungen und möglicherweise erhebliche Pflichtteils- und Pflichtteilsergänzungsansprüche zu. Da muss sich die Familie schon „ganz schön einig sein“, wenn der Hofnachfolger den Austritt aus der Höfeordnung nicht bereuen soll. Andererseits: Den Geschwistern entgehen die Abfindungs- und Nachabfindungsansprüche aus der Höfeordnung, etwa wenn der Nachfolger kurz nach Übernahme Land verkauft oder landwirtschaftsfremde Nutzungen eintreten. Natürlich kann man im Vorfeld Verträge abschließen, die ein Ergebnis ähnlich dem der Höfeordnung erzielen, aber auch sie lösen Notar- und meist auch Rechtsanwaltskosten aus. Steuerlich hat die Ein- und Austragung des Hofvermerks im Grundbuch keine Auswirkungen.

△ Die Hofübergabe ist kompliziert. Sie sollten deshalb auf jeden Fall Ihren Steuerberater den Hofübergabevertrag prüfen lassen.

Hofübergabe: So hat das Finanzamt keine Chance

Die Hofübergabe kann zur Steuerfalle werden. Mit diesen Tipps zeigen Sie dem Fiskus die Rote Karte.

UNSER AUTOR
Arno Ruffer

Die Hofübergabe ist für die meisten Landwirte ein wichtiger Moment in ihrem Leben – sowohl für den Hofübergeber als auch für den Nachfolger. Entsprechend sorgfältig planen die meisten diesen Schritt.

Die wenigsten denken dabei aber an das Finanzamt. Denn wenn Sie den Hof auf den Nachfolger übergeben, besteht immer die Gefahr, dass Sie steuerpflichtig stille Reserven aufdecken, oder dass die Abfindung für die weichenden Erben zur Steuerfalle wird. Es gibt aber eine Reihe von Möglichkeiten, wie Sie diese Steuerfallen geschickt umschiffen – dann profitieren Hofübergeber, Hofübernehmer und die weichenden Erben.

Im ersten Teil geht es darum, wie Sie Ihren Hof geschickt übergeben und dabei keine stillen Reserven aufdecken.

Im zweiten Teil ab der Seite 65 erklären wir Ihnen, wie Sie die Abfindung der weichenden Erben steuerneutral managen können.

Im dritten Teil auf den Seiten 68/69 zeigen wir anhand von Beispielen aus der Praxis, wie die Hofübergabe gelingen kann.

SCHNELL GELESEN

Die meisten Betriebe haben stille Reserven in ihren Bilanzen.

Steuerneutral sind stille Reserven erst, wenn Sie alle Betriebsgrundlagen auf Ihren Nachfolger übertragen.

Die Gegenleistung, die Ihr Hofnachfolger Ihnen zukommen lässt, darf nicht höher ausfallen als das Eigenkapital des Betriebes.

Zu den Betriebsgrundlagen gehören neben den Flächen in jedem Fall auch die Wirtschaftsgebäude.

Die stillen Reserven nicht antasten

Eine Hofübergabe ist in der Regel steuerneutral, aber nur, wenn Sie keine stillen Reserven aufdecken.

In den Bilanzen der meisten Betriebe schlummern enorme Reserven: Denn Ihr Hof hat in der Regel einen höheren Verkehrs- als Buchwert. Die Differenz zwischen diesen beiden Werten nennen Experten stille Reserven. Wer seinen Hof an die Nachfolgegeneration übergibt, muss daher aufpassen, dass sein Nachfolger den Hof zu Buchwerten übernehmen kann. Andernfalls müssen Sie die stillen Reserven als Einkommen versteuern. Sie decken die stillen Reserven hingegen nicht auf, wenn Sie:

- alle „wesentlichen" Betriebsgrundlagen im Rahmen einer geschlossenen Hofübergabe auf Ihren Nachfolger übergeben und
- die Gegenleistung, die Ihr Hofnachfolger Ihnen zukommen lässt, nicht höher ausfällt als das Eigenkapital des Betriebes.

▶ 1. DEN GANZEN HOF ÜBERGEBEN

Um einen Hof im Ganzen zu übertragen, müssen Sie alle wesentlichen Betriebsgrundlagen in einem Zug an den Hofnachfolger abgeben. Dazu gehören in jedem Fall die landwirtschaftlichen Nutzflächen. Nicht selten behalten Hofübergeber auch für sich selbst ein paar Flächen zurück, die sie weiter landwirtschaftlich nutzen. In einem solchen Fall beachten Sie Folgendes:

Behalten Sie mehr als 10 % der landwirtschaftlichen Flächen für sich, geht der Fiskus davon aus, dass Sie nur einen Teil der Flächen aus dem Betrieb steuerpflichtig entnommen haben. Den eigentlichen, dann verkleinerten Betrieb führen Sie hingegen weiter – auch wenn dieser durch die Flächenabgabe deutlich kleiner ist. Folge: Sie müssen die stillen Reserven der Flächen, die Sie an Ihren Nachfolger abgeben, versteuern.

Wenn Sie hingegen weniger als 10 % der Flächen für sich behalten, haben Sie aus Sicht des Finanzamtes den gesamten Betrieb abgegeben. Sie decken keine stillen Reserven auf.

Aber Achtung: Die Grundstücke, die in Ihrem Eigentum bleiben, sollten zusammen eine Mindestgröße von 3.000 m² nicht unterschreiten. Nur dann gelten Ihre Flächen auch als landwirtschaftlicher Betrieb. Andernfalls geht der Fiskus von einer Betriebszerschlagung aus. Bei Sonderkulturbetrieben, Winzern oder Gartenbaubetrieben könnte möglicherweise auch eine geringere Mindestfläche als ein eigenständiger Betrieb gelten.

Im Übrigen: Wenn Sie Ihren verkleinerten Betrieb später unentgeltlich, zum Beispiel an die Schwester des Hofübernehmers übertragen, ist das ohne steuerliche Probleme möglich.

Zu den wesentlichen Betriebsgrundlagen gehören neben den Flächen in jedem Fall auch die Wirtschaftsgebäude, wie Ställe, Scheunen und Remise. Diese müssen Sie auf jeden Fall an Ihren Nachfolger abgeben.

WAS GEHÖRT DAZU, WAS NICHT?

Ein Gebäude ist nur dann keine wesentliche Betriebsgrundlage mehr, wenn es zum Übergabezeitpunkt für den Betrieb ohne Bedeutung ist. Das ist zum Beispiel der Fall, wenn Sie die Tierhaltung einstellen und die Gebäude nicht mehr für landwirtschaftliche Zwecke nutzen.

Tiere, Stalleinrichtungen, Landmaschinen usw. gehören ebenfalls in der Regel nicht zu den wesentlichen Betriebsgrundlagen. Diese auch als lebendes und totes Inventar bezeichneten Güter können Sie schließlich jederzeit ohne größeren Aufwand wiederbeschaffen.

Das gilt allerdings nicht für den Fall, wenn Sie einen Betrieb gepachtet haben und Ihnen das lebende und tote Inventar gehört. Wenn Sie diesen Betrieb dann an Ihren Nachfolger weitergeben, gehört das Inventar zu den wesentlichen Betriebsgrundlagen.

In der Praxis ist auch die Unterscheidung zwischen Hofesvermögen im Sinne der Höfeordnung und steuerlichem Betriebsvermögen entscheidend. Ein Hof im Sinne der Höfeordnung umfasst nicht unbedingt den gesamten land- und forstwirtschaftlichen Betrieb wie bei der Einkommensteuer.

Wurde zum Beispiel auf einer ehemaligen landwirtschaftlich genutzten Parzelle ein Mehrfamilienhaus errichtet und vermietet, befindet sich das Haus im steuerlichen Betriebsvermögen. Wird es im Zuge der Hofübergabe nicht mit übertragen, käme es zu einer kostspieligen steuerlichen Entnahme des Hauses. Anders wäre das bei der Höfeordnung. Hier zählt ein Mehrfamilienhaus nicht zum Betriebsvermögen. Es muss somit nicht zwangsläufig mit übertragen werden.

Soll bei einer vorweggenommenen Erbfolge das Haus nicht auf den Hofübernehmer übertragen werden, gibt es verschiedene Gestaltungsmöglichkeiten. Sie können das Mehrfamilienhaus z.B. vor der Hofübergabe in eine GmbH & Co. KG überführen.

Die Anteile an einer solchen Gesellschaft können als Abfindung für weichende Erben dienen – und zwar ohne dass Sie die stillen Reserven aufdecken. Lesen Sie dazu unser Beispiel auf den Seiten 68/69.

Besteht Ihr Betrieb sowohl aus landwirtschaftlichen als auch aus forstwirtschaftlichen Flächen, so muss das Finanzamt jeweils für den landwirtschaftlichen und für den forstwirtschaftlichen Bereich prüfen, ob die einzelnen Flächen wesentliche Betriebsgrundlagen sind oder nicht.

In solchen Fällen liegen in der Regel zwei Teilbetriebe vor. Das bedeutet, dass Sie zum Beispiel Ihren landwirtschaftlichen Teilbetrieb im Wege der vorweggenommenen Erbfolge übertragen können und die Forstwirtschaft zurückbehalten und erst zu einem späteren Zeitpunkt an die weichenden Erben überschreiben.

Was jedoch als forstwirtschaftlicher Teilbetrieb gilt, ist regional unterschiedlich. Ab einer Forstfläche von 2 ha (in Bayern) bzw. 1 ha (Nordrhein-Westfalen) nimmt die Finanzverwaltung einen Teilbetrieb an. Häufig genügt schon die räumlich zusammenhängende Lage der Forstfläche, um bei Erreichen der Mindestgröße einen Teilbetrieb anzunehmen. Lesen Sie dazu auch unser Beispiel 2 auf Seite 68.

KEINE BETRIEBSAUSGABEN

Im Übrigen sind die mit der Übergabe zusammenhängenden Ausgaben, wie z.B. Notarkosten oder Gerichtsgebühren nach Ansicht der Finanzverwaltung weder sofort abzugsfähige Betriebsaus-

Foto: Heil

◁ Bis zum Handschlag, der die Hofübergabe besiegelt, ist es oft ein langer Weg.

gaben, noch dürfen Sie diese steuerlich über Jahre hinweg abschreiben.

▶ 2. AUF GEGENLEISTUNG ACHTEN

Es gilt das Prinzip: Die Gegenleistungen, die Sie von Ihrem Nachfolger erhalten, dürfen nicht höher ausfallen als der Betrieb an Eigenkapital verfügt. Die Höhe des Eigenkapitals entnehmen Sie dem Kapitalkonto.

Dessen Wert ergibt sich aus Ihrer Bilanzsumme abzüglich Ihren Schulden. Da die meisten Betriebe allein schon durch ihre Flächen eine hohe Bilanzsumme haben, kommt es selten vor, dass die Gegenleistung das Eigenkapital übersteigt.

Zudem geht das Finanzamt davon aus, dass, wenn Eltern den Hof auf ihre Kinder übertragen, eine unentgeltliche Hofübergabe vorliegt. Das ist auch dann der Fall, wenn Ihr Hofnachfolger Ihnen als Gegenleistung

- ein Wohnrecht einräumt,
- sich zu einem Baraltenteil und einer Altenteilsleistung wie „freie Kost" verpflichtet,
- nach Ihrem Tod die Bestattungs- und/oder Grabpflegekosten übernimmt oder
- sich zum Beispiel dazu verpflichtet, die Betriebsschulden zu tilgen.

Nach der Höfeordnung, die nicht in jedem Bundesland gilt, sind Hofnachfolger ggf. auch verpflichtet, die weichenden Erben mit „Sachwerten" abzufinden, z. B. mit einzelnen Bauparzellen.

Die weichenden Erben brauchen die Abfindungszahlungen ihrerseits nicht zu versteuern. Das gilt auch für spätere Nachabfindungszahlungen, wie sie z. B. die Höfeordnung vorsieht.

Als Entgelt wertet das Finanzamt hingegen die Übernahme privater Verbindlichkeiten des Hofübergebers und die Zahlung von Gutsabstandsgeldern. Außerhalb des Geltungsbereichs der Höfeordnung sind Abfindungen an weichende Erben stets Entgelte.

Werden diese Abfindungen durch Darlehen finanziert, sind die Zinsen dafür Betriebsausgaben des Hofübernehmers. In der Regel wird sowohl im Geltungsbereich des Höferechts und auch in den übrigen Fällen wegen der Versorgungsleistungen und der Abfindungen, die sich am Ertragswert des Betriebes orientieren, insgesamt eine unentgeltliche Hofübergabe vorliegen.

WIRTSCHAFTSJAHRE SPLITTEN

Im Übergabevertrag müssen die beiden Parteien, also Hofübergeber und -übernehmer, die gegenseitigen Rechte und Pflichten klar und eindeutig vereinbaren, ernsthaft wollen und später auch in der Praxis tatsächlich durchführen.

Erfolgt die Hofübergabe innerhalb eines Wirtschaftsjahres, also nicht zum 1. Juli, müssen Sie zwei sogenannte Rumpfwirtschaftsjahre bilden.

Das erste davon läuft vom Beginn des Wirtschaftsjahres bis zum Übergabezeitpunkt des landwirtschaftlichen Betriebes. Den Gewinn, den Sie in diesem Zeitraum erwirtschaften, rechnen Sie dem Hofübergeber zu.

Das zweite Rumpfwirtschaftsjahr beginnt mit dem Übergabezeitpunkt und endet beim Normalwirtschaftsjahr am 30. Juni. Dieser Gewinn wird dem Hofübernehmer zugerechnet. Entscheidend ist dabei der Zeitpunkt, zu dem der Besitz beziehungsweise die Nutzen oder Lasten den Eigentümer wechseln.

Bedenken Sie: Für Hofübergaben gilt ein Rückwirkungsverbot. Sie können diese nicht zurückdatieren – es sei denn, es handelt sich um einen kurzen Zeitraum von nicht mehr als zehn Tagen.

6B-RÜCKLAGE

Aufpassen bei Reinvestitionen

Bei einer Hofübergabe werden alle Bilanzansätze – sowohl Aktiva als auch Passiva – vom Hofübergeber auf den Übernehmer übertragen. Das gilt auch für eine 6b-Rücklage, die der Hofübergeber zum Beispiel für einen Baulandverkauf gebildet hat, um die sofortige Versteuerung der durch den Baulandverkauf aufgedeckten stillen Reserven zu vermeiden. Die 6b-Rücklage geht automatisch auf den Hofübernehmer über. Will der Hofübernehmer spätestens vier Jahre nach Bildung der 6b-Rücklage die steuerpflichtige Auflösung vermeiden, muss er reinvestieren.

Unter Umständen ist es sinnvoll, wenn der Übernehmer auf die Rücklagenbildung verzichtet oder selbst reinvestiert. Steuerschädlich wäre es, wenn der Hofübergeber das Geld aus dem Baulandverkauf dem Hofübernehmer geben würde, damit Letzterer reinvestiert. Die Finanzverwaltung nennt so etwas „mittelbare Grundstücksschenkung".

ABSCHREIBUNG

Investitionsabzugsbetrag richtig nutzen

Das Steuerrecht lässt schon vor der eigentlichen Investition eine steuerliche Abschreibung durch die Bildung eines Investitionsabzugsbetrages zu. Landwirte können ohne weitere Angaben für Investitionen im beweglichen Anlagevermögen, die sie in den nächsten drei Jahren tätigen, schon in der heutigen Steuererklärung 50 % des Investitionsvolumens steuermindernd geltend machen bzw. maximal 200.000 € gewinnmindernd abziehen. Dabei darf der Gewinn des Betriebes 200.000 € im Wirtschaftsjahr der Bildung der Rücklage nicht überschreiten.

Bildet der Hofübergeber einen solchen Investitionsabzugsbetrag, so geht dieser auf den Hofübernehmer über. Er ist dann verpflichtet, innerhalb des dreijährigen Investitionszeitraums zu investieren. Ein Abzugsbetrag von 200.000 € entspricht einem Investitionsvolumen von 400.000 €. Das muss vor der Hofübergabe allen Beteiligten klar sein. Bei Nichtinvestition des Hofübernehmers muss der Übergeber spätestens drei Jahre nach Hofübergabe die Auflösung des Investitionsabzugsbetrages mit einem Zinszuschlag von 6 % versteuern.

Wird das maximale Volumen des Investitionsabzugsbetrages von 200.000 € erreicht, dann verlangt das Finanzamt rund 100.000 € Steuern (Einkommensteuer, Soli und Kirchensteuer) plus Zinsen vom Hofübergeber.

Hofübergabe: Denken Sie an die Schenkungsteuer!

Wer einen Hof übergeben bekommt, muss diesen mindestens fünf Jahre lang weiter bewirtschaften, sonst schlägt der Fiskus zu.

▷ Wer vom Hofübergeber nur einzelne Flächen erhält, muss damit rechnen, dass der Fiskus dafür Schenkungsteuer verlangt.

Foto: Tastowe

Hoferben können aufatmen: Der Staat verlangt zwar Erbschafts- bzw. Schenkungsteuern. Für land- und forstwirtschaftliches Vermögen gibt es aber Steuerbefreiungen. Experten sprechen auch von den sog. Verschonungen. Die Steuerbefreiung gilt dann, wenn Sie

- einen ganzen Betrieb (Landwirtschaft, Forsten und Sondernutzungen) erhalten. Eine Mindestgröße des Betriebes für die Verschonung gibt es nicht,
- selbst bewirtschaftetes Bauland und Bauerwartungsland bekommen,
- Beteiligungen an einer land- und forstwirtschaftlich tätigen Personengesellschaft (GbR, KG) oder an einer Biogasanlage, an einem Wind- bzw. Solarpark vom Hofübergeber übernehmen.

Mit einer Steuernachforderung müssen Sie hingegen rechnen, wenn Sie Folgendes erhalten:

- Betriebsteile oder einzelne Bauparzellen,
- Landarbeiterwohnungen und den Wohnteil des Betriebs- bzw. Altenteilerhauses,
- Flächen und Betriebe, deren Pachtvertrag zum Übergabezeitpunkt noch mindestens 15 Jahre läuft,
- Flächen bei Hofübergabe, die für außerlandwirtschaftliche Zwecke, z.B. an einen Solarpark verpachtet sind oder für die Erbbaurechte bestellt wurden,
- vermietete Wohnungen und Mehrfamilienhäuser, selbst wenn sie sich im Betriebsvermögen befinden und
- Bankguthaben, Wertpapiere, Geldforderungen, Geschäftsguthaben und Aktien, auch bei betrieblichen Konten.

Ob Sie einen aktiv bewirtschafteten oder einen ruhenden Betrieb erhalten, spielt keine Rolle. Der Gesetzgeber plant hier eine gesetzliche Klarstellung. Ob sich der Betrieb im steuerlichen Betriebs- oder im Privatvermögen befindet ist ebenfalls nicht entscheidend.

Sie haben zwei Möglichkeiten, um sich von der Steuer zu befreien – unabhängig von Ihrer Steuerklasse: eine Regelverschonung und das Optionsmodell (siehe Seite 66).

- Die Regelverschonung sieht eine Steuerfreistellung des Vermögens zu 85 % und eine Steuerpflicht für 15 % vor. Für den steuerpflichtigen Anteil von 15 % kann zudem ein Abzugsbetrag von bis zu 150.000 € in Anspruch genommen werden. Wählen Sie die Regelverschonung, müssen Sie den Hof bzw. das Vermögen mindestens fünf Jahre lang behalten bzw. nicht landwirtschaftsfremden Zwecken zuführen. Experten sprechen auch von der sogenannten Behaltefrist.
- Nach dem Optionsmodell können Sie 100 % des Vermögens freistellen. In diesem Fall gibt es natürlich keinen Abzugsbetrag. Hier beträgt die Behaltefrist sieben Jahre. ▶

Foto: Berning

◁ Wer Bauland erhält, das der Hofübergeber zuvor selbst bewirtschaftet hat, zahlt dafür normalerweise keine Schenkungsteuer.

Veräußern Sie innerhalb der Fristen von fünf bzw. sieben Jahren Flächen oder ändern die Nutzung zu außerlandwirtschaftlichen Zwecken, so wird nicht die komplette Steuer fällig. Stattdessen schreibt Ihnen das Finanzamt für jedes Jahr, in dem Sie Ihren Betrieb fortgeführt haben, Ihre Steuerzahllast um 1/5 bzw. 1/7 gut.

MEIST REGELVERSCHONUNG

Grundsätzlich geht der Fiskus davon aus, dass Sie die Regelverschonung möchten. Sofern Sie das Optionsmodell wünschen, müssen Sie dies – am Besten im Rahmen der Steuererklärung – beantragen. Übergeben Sie während der Behaltefrist Ihren Hof gegen Versorgungsleistungen an den Hofnachfolger, liegt zivilrechtlich eine sog. gemischte Schenkung vor, für die ebenfalls Steuern anfallen. Allerdings müssen Sie in diesem Fall nicht die komplette Hofübergabe versteuern, sondern nur anteilig, soweit Versorgungsleistungen erbracht werden. Eine Verpachtung innerhalb der Behaltefrist von fünf bzw. sieben Jahren ist unschädlich.

Anders sieht es aus, wenn Sie den Hof mit einer festen Laufzeit von mindestens 15 Jahren einem Berufskollegen überlassen oder Bauland bzw. Bauerwartungsland verpachten.

Geben Sie Ihren Betrieb hingegen aus einkommensteuerlicher Sicht gegenüber dem Finanzamt auf, ist das kein Verstoß gegen die Behaltefrist. Denn auch ein aufgegebener Betrieb bleibt land- und forstwirtschaftliches Vermögen.

Das Ausscheiden wesentlicher Betriebsgrundlagen eines landwirtschaftlichen Betriebes durch Entnahme oder Verkauf führt zu einem Verstoß gegen die Behalteregel. Wesentliche Betriebsgrundlagen im Sinne dieser Regelung sind Grund und Boden, Wirtschaftsgebäude und stehende Betriebsmittel. Als wesentliche Betriebsgrundlage gelten Tierbestände (Milchkühe plus Zuchtvieh), Inventar, Maschinen, Werkzeug und Büroausstattung erst ab einem Wert von jeweils mindestens 50.000 €.

Als Hofnachfolger sollten Sie aus steuerlichen Gründen darauf achten, dass Sie innerhalb der Behaltefrist nicht in die Gewerblichkeit abrutschen. Vermeiden Sie auch die Überführung wesentlicher Betriebsgrundlagen in einen bereits existierenden Gewerbebetrieb oder in eine GmbH & Co KG, z.B. einem Windpark.

REINVESTIEREN ERLAUBT

Beim Verstoß gegen die Behaltefrist von fünf bzw. sieben Jahren bleiben Sie von einer Nachversteuerung nur dann verschont, wenn Sie den Veräußerungserlös innerhalb von sechs Monaten wieder innerhalb der Vermögensart „Land- und Forstwirtschaft" reinvestieren. Hiervon ist auszugehen, wenn z.B. beim Landverkauf der Veräußerungserlös innerhalb von sechs Monaten zur Schuldentilgung verwendet oder in betriebliche Investitionen, z.B. landwirtschaftliche Maschinen, reinvestiert wird.

Die Investition muss nicht unbedingt im selben land- und forstwirtschaftlichen Betrieb erfolgen. Das Gesetz lässt eine Reinvestition in andere luf-Betriebe zu. Soweit der Veräußerungserlös entnommen wird, bleibt die Veräußerung jedenfalls schädlich.

Eine Reinvestition im gewerblichen Bereich soll hingegen nach Ansicht der Finanzverwaltung nicht möglich sein, wodurch auch z.B. eine Reinvestition in einen gewerblichen Betriebszweig (Hofcafé, gewerbliche Tierhaltung und Biogasanlage) schädlich sind. Ebenfalls schädlich wäre eine Reinvestition, z.B. im Rahmen einer vermögensverwaltenden GmbH & Co. KG.

Wenn Sie innerhalb der Behaltefrist Bargeld oder Vermögen von den Konten entnehmen, dessen Summe Ihre Einlagen und Ihren Gewinn seit dem Erwerb um mehr als 150.000 € übersteigen, stellt dies ebenfalls einen Verstoß dar. Das gilt genauso, wenn Sie das

DIESE MODELLE STEHEN ZUR AUSWAHL

	Regelverschonung	Optionsmodell
Befreiung	85 %	100 %
Abzugsbetrag	max. 150.000 €	–
Behaltefrist	5 Jahre	7 Jahre
Arbeitsplatzgarantie	bis 5 Arbeitnehmer keine	bis 5 Arbeitnehmer keine

top agrar; Quelle: Ruffer

◁ Die meisten Landwirte wählen die Regelverschonung.

Geld für die Abfindung weichender Erben oder zur Bezahlung der Erbschaftsteuer benötigen.

Die Grenzen für die Entnahme beziehen sich aber nur auf das land- und forstwirtschaftliche bzw. Betriebsvermögen, das bei der Hofübergabe begünstigt ist. So ist die Entnahme einer Landarbeiterwohnung, von vermieteten Wohnungen oder von erbbaurechtsbelasteten Flächen unschädlich. Ebenso bleiben Geldentnahmen außer Acht.

Grundsätzlich gilt: Abfindungszahlungen an weichende Erben stellen schenkungsteuerlich eine Gegenleistung des Hofübernehmers dar. Sie sind aber steuerlich nur begrenzt zu berücksichtigen, weil der Wirtschaftsteil des Betriebes der Verschonung unterliegt.

Die Vereinbarung von Versorgungsleistungen (Baraltenteil, Sachbezüge usw.) für den Hofübergeber stellt bei der Schenkungsteuer eine Auflage dar, die Sie von der Steuer absetzen können. Soweit aber bei der Übergabe des Wirtschaftsteils des Betriebes keine Schenkungsteuer anfällt, bleibt der Abzug von Versorgungsleistungen, die auf den Wirtschaftsteil entfallen, außen vor. Abziehbar sind nur diejenigen Versorgungsleistungen (z. B. Wohnrechte), die auf nicht begünstigte Vermögensgegenstände wie den Wohnteil entfallen.

Foto: Höner

△ Flächen, die zum landwirtschaftlichen Betrieb gehören, sind steuerfrei. Davon ausgenommen sind Flächen, die für mindestens 15 Jahre verpachtet wurden.

Pflegeleistungen stellen schenkungsteuerrechtlich eine Gegenleistung für die Hofübergabe dar. Da der Übernehmer aber erst im Pflegefall verpflichtet ist, die Leistungen zu erbringen, liegt dann eine aufschiebend bedingte Last vor, die vor Eintritt des Pflegefalls nicht steuerlich berücksichtigt werden kann.

Bei Eintritt der Pflegebedürftigkeit wird dann rückwirkend der ermittelte Kapitalwert der Pflegeleistung bei der Steuer berücksichtigt. Auch hier gilt, dass der kapitalisierte Wert der Pflegeleistung nur die Besteuerung des Wohnteils des Hofübergebers mindert.

Erwerbsnebenkosten wie Notar- und Grundbuchkosten sowie Steuerberatungskosten für die Steuererklärung sind unbeschränkt abzugsfähig. Steuerberatungs- und Rechtsberatungskosten im Vorfeld einer Schenkung sind keine abzugsfähigen Erwerbsnebenkosten.

Nicht zu den abzugsfähigen Kosten gehört auch die Grunderwerbsteuer, die anfällt, wenn der Hof in der Seitenlinie, z. B. an einen Neffen oder eine Nichte gegen Versorgungsleistungen übertragen wird. ▶

Hofübergabe: Praxistipps

An vier Beispielen zeigen wir Ihnen, wie eine Hofübergabe in der Praxis reibungslos gelingen kann.

▷ Oft erhalten die Hofübergeber nicht nur Altenteilsleistungen, sondern behalten auch Teile des Hofes zurück.

Foto: Höner

Welche Steuerfallen bei einer Hofübergabe lauern und wie Hofübergeber und Hofübernehmer diese am besten umschiffen können, zeigt sich deutlich in der Praxis. Dazu einige Beispiele:

▶ 1. SOHN UND TOCHTER ERBEN

Franz Meier bewirtschaftet seinen landwirtschaftlichen Betrieb mit 25 ha nicht mehr (ruhender Betrieb). Die landwirtschaftlichen Flächen sind verpachtet, der Betrieb befindet sich aber noch in seinem Betriebsvermögen. Keines der beiden Kinder wohnt auf der Hofstelle. Meier will seinem Sohn die Hofstelle und 10 ha Fläche zukommen lassen, seine Tochter soll 15 ha bekommen.

Die Landwirtschaftliche Buchstelle rät Meier dringend von diesem Modell ab, da es zu einer Betriebszerschlagung kommen würde. Denn aus einkommensteuerlicher Sicht würde Meier bei diesem Modell den Betrieb mit seinem Verkehrswert vom Betriebsvermögen in sein Privatvermögen überführen. Folge: Er deckt stille Reserven auf und sein Sohn und seine Tochter müssten Schenkungsteuer zahlen. Davon blieben diese nämlich nur verschont, wenn der Hof als Ganzes oder Teilbetriebe den Eigentümer wechseln. Allerdings: Der Tochter und dem Sohn stehen ein Freibetrag von jeweils 400.000 € bei der Steuer zu. Erst wenn diese Grenze überschritten wird, müssten sie tatsächlich zahlen.

Lösung: Meier könnte in einem ersten Schritt zusammen mit seinen Kindern eine Gesellschaft des bürgerlichen Rechts (GbR) gründen, seinen Betrieb in die Gesellschaft einbringen und damit seine Kinder mit in den Betrieb aufnehmen. In einem zweiten Schritt steigt der Vater aus der Gesellschaft aus und die Kinder können sich auseinandersetzen. Meiers Sohn erhält die Hofstelle mit 10 ha und führt den Betrieb fort. Die Tochter bekommt dann die restlichen 15 ha. Wichtig: Vor der Einbringung muss die GbR gegründet sein!

Durch diese Schritte werden keine stillen Reserven aufgedeckt, auch dann nicht, wenn die Kinder ihre Flächen weiter verpachten.

Wie sieht es bei der Schenkungsteuer aus? Die Aufnahme eines Kindes in einen bestehenden Betrieb ist schenkungsteuerlich begünstigt. Bei der anschließenden „Übergabe" gewährt der Fiskus die schenkungsteuerliche Verschonung. In aller Regel dürfte keine Schenkungsteuer anfallen.

▶ 2. WALD BLEIBT BEIM VATER

Frank Zech bewirtschaftet einen landwirtschaftlichen Betrieb mit einer Nutzfläche von 20 ha und 10 ha Wald. Er überträgt die landwirtschaftlichen Nutzflächen mit der Hofstelle und dem Inventar auf seine Tochter Isabell. Nur die Waldflächen behält er zurück, um sich mit dem Holzeinschlag und -verkauf ein wenig nebenbei zu verdienen.

Durch die Hofübertragung entsteht kein steuerpflichtiger Gewinn, da der landwirtschaftliche Betrieb ein eigenständiger Teilbetrieb ist. Frank Zech kann diesen steuerneutral übertragen. Das Zurückbehalten des Waldes ist unproblematisch, weil es sich ebenfalls um einen Teilbetrieb handelt.

Auch aus schenkungsteuerlicher Sicht gibt es keine Probleme. Die Übertragung des landwirtschaftlichen Betriebsteils an die Tochter ist begünstigt. Schenkungsteuer entsteht bei Beachtung der Behaltefrist nicht. Überträgt Zech den Wald zum späteren Zeitpunkt ebenfalls auf die Tocher ist auch das begünstigtes Vermögen.

▶ 3. ZWEI BETRIEBE ZEITVERSETZT

Landwirt Heinrich Walter hat vom Vater einen 15 ha großen Betrieb geerbt. Jahre später bekam er den benachbarten Hof seines Onkels dazu (10,5 ha). Die Flächen beider Betriebe bewirtschaftete er gemeinsam. Die ehemalige Hofstelle des Onkels wurde privatisiert. Es bestehen für beide Betriebe eigene Grundbuchblätter und eigene Grundsteuerwertfeststellungen. Walter überträgt nun den ehemaligen Hof seines Vaters (15 ha) auf seinen Sohn Stefan. Die restlichen 10,5 ha, die er vom Onkel geerbt hatte, will der Senior später seinem Sohn Andreas überschreiben.

Für das Finanzamt handelt es sich steuerlich gesehen jedoch um einen Betrieb. Und die Übertragung des 15 ha großen Hofes betrachtet das Finanzamt als eine steuerpflichtige Entnahme, weil Heinrich Walter nicht alle wesentlichen Betriebsgrundlagen einheitlich übertragen hat. Walter hat nämlich nicht unerhebliche wesentliche Betriebsbestandteile von mehr als 10 % der Gesamtfläche zurückbehalten. Eine Übertragung im Wege der vorweggenommenen Erbfolge wäre damit missglückt.

Hätte Heinrich vor der Übertragung mit Andreas eine Gesellschaft des bürgerlichen Rechts (GbR) gegründet und die 10,5 ha vom Onkel in die GbR „eingebracht“, so hätte der Hof des Onkels Sonderbetriebsvermögen der GbR werden können. In einem zweiten Schritt würde er das Sonderbetriebsvermögen an Andreas übertragen und anschließend im dritten Schritt aus der GbR ausscheiden. Sein Anteil an der GbR würde Andreas steuerneutral „zuwachsen“. Zu einem späteren Zeitpunkt könnte Heinrich den auf 15 ha verkleinerten Betrieb ohne Steuerbelastung an Stefan übertragen.

Schenkungsteuerlich ist die Übertragung eines Mitunternehmeranteils an Andreas steuerbegünstigt, wenn sowohl das Sonderbetriebsvermögen als auch das Gesellschaftsvermögen (Gesamthandvermögen) übertragen werden.

▶ 4. HAUS AN WEICHENDE ERBEN

Hermann Sanders will seinen landwirtschaftlichen Betrieb mit 40 ha Fläche an seinen ältesten Sohn übertragen. Im Betriebsvermögen befindet sich auch ein Mehrfamilienhaus, auf das eine 6b-Rücklage übertragen wurde und dessen Verkehrswert bei rund 800.000 € liegt. Das Mehrfamilienhaus will Sanders seiner Tochter geben.

Um keine Steuern zahlen zu müssen, könnte Sanders im ersten Schritt eine vermögensverwaltende GmbH & Co. KG gründen und darauf das Haus steuerneutral übertragen. Denkbar ist auch, dass er der GmbH & Co. KG das Mehrfamilienhaus nur zur Nutzung überlässt und die GmbH & Co. KG dann die einzelnen Wohnungen an die Mieter vermietet.

Der Vater wäre dann der alleinige Inhaber der GmbH und ist zu 100 % als Kommanditist beteiligt („Ein-Mann-GmbH & Co. KG). Er kann die Gesellschaft später weiter an die Tochter übertragen – ohne dass er stille Reserven aufdeckt.

Die Tochter übernimmt die Buchwerte des Vaters. Schenkungsteuerlich erfolgt bei der Bewertung des vermieteten Hauses nur ein Abschlag von 10 %. Wegen des persönlichen Freibetrages der Tochter von 400.000 € wären rund 320.000 € (720.000 € minus 400.000 €) schenkungsteuerpflichtig. Hermann könnte die Steuer aber ganz vermeiden, wenn er zunächst die „Hälfte“ der GmbH & Co KG an seine Ehefrau überträgt, denn die Ehefrau hat einen Freibetrag von 500.000 €.

Am Ende des Tages übertragen beide Elternteile die GmbH & Co KG auf die Tochter, der dann zweimal 400.000 € an Freibeträgen zustehen und damit unterm Strich keine Schenkungsteuer entsteht, Steuerexperten sprechen von einer Kettenschenkung.

Im zweiten Schritt überträgt der Vater den landwirtschaftlichen Betrieb im Rahmen der geschlossenen Hofübergabe gegen das übliche Altenteil an seinen Sohn. Da der Vater seinem Sohn alle wesentlichen Betriebsgrundlagen übergibt, fällt keine Steuer an. Der Rückbehalt des Mietwohngrundstücks ist steuerlich unbedeutend, weil es nicht zu den wesentlichen Betriebsgrundlagen gehört.

Außerfamiliäre Übergabe – eine Chance für den Hof?

Die außerfamiliäre Hofübergabe gilt als kompliziert. Dennoch kann ein solches Vorhaben gelingen. Ein echter Vorteil: Hofübergeber und Hofübernehmer können sich gegenseitig aussuchen.

UNSERE AUTORIN
Anne Schulze Vohren

Auch wenn kein eigenes Kind den Hof übernimmt: Den Betrieb für die Zukunft zu erhalten – das liegt vielen Landwirten am Herzen.

Was liegt da näher als die zahlreichen Betriebsleiter ohne Hofnachfolge und die vielen gut ausgebildeten Landwirtinnen bzw. Landwirte ohne elterlichen Betrieb zusammenzubringen? In der Praxis ist es nicht ganz so leicht, wie es sich anhört. Denn die außerfamiliäre Übergabe ist eine große Chance, aber zugleich eine enorme Herausforderung.

GROSSE HERAUSFORDERUNG

Jeder Landwirt weiß: In der Landwirtschaft ist der Betrieb nicht nur Arbeitsplatz oder Vermögensgegenstand, sondern auch Zuhause, Familie und Heimat. „Dies in fremde Hände zu legen, ist ein enormer Schritt und immer noch Neuland. Traditionell wird ein bäuerlicher Betrieb in der Familie weitergegeben. Sind Kinder da, geht es zudem ums Erbe und um Gerechtigkeit", so Birgit Motteler vom Beratungsdienst Familie & Betrieb im badischen St. Ulrich.

Auch den „richtigen" Übernehmer zu finden, ist nicht leicht. „Die potenziellen Hofnachfolger sind zwar oft gut ausgebildet, haben oft aber ganz andere Vorstellungen in Sachen Betriebsführung und Zusammenleben als die abgebende Generation", so Christian Vieth, Initiator der bundesweiten Hofbörse hofsuchtbauer.de

NEFFEN, NICHTEN, MITARBEITER

Wer überlegt, seinen Betrieb außerfamiliär zu übergeben, muss sich zunächst vor allem mit den eigenen Positionen auseinandersetzen. Fragen Sie sich: Was will ich wirklich? Und kann ich das, was ich will? Es geht dabei um viele große und kleine Fragen. Die Übersicht 1 zeigt eine Auswahl.

Bis diese Fragen geklärt sind, dauert es oft Jahre. Experten raten, sich etwa ab dem 50. Lebensjahr mit dem Thema auseinanderzusetzen, Beratung in Anspruch zu nehmen und Seminare zu besuchen. Isidor Schelle, Rechtsexperte und Berater beim Bayerischen Bauernverband, empfiehlt z.B. die Seminare für ungeklärte Nachfolgesituationen von SVLFG und Verbänden, weil hier auch die persönliche Seite der Hofübergabe eine große Rolle spielt.

Die passende Nachfolge ergibt sich bestenfalls frühzeitig z.B. dadurch, dass ein Neffe oder eine Nichte schon als Kind auf dem Hof hilft oder ein Mitarbeiter in die Rolle des Nachfolgers hineinwächst. Vorteil: Beide Parteien sind schon lange miteinander vertraut.

Die meisten Suchenden schalten jedoch eine Anzeige, sei es in der landwirtschaftlichen Fachpresse oder bei speziellen Hofbörsen, z.B. bei hofsuchtbauer.de, hof-gesucht-gefunden.de oder bei den Börsen der Landgesellschaften.

VERTRAUENSSTELLEN

In NRW und Südbaden gibt es seit einigen Jahren zudem eine sogenannte Vertrauensstelle für außerfamiliäre Hofübergaben: In NRW bei der Landwirtschaftskammer, in Südbaden beim Badischen Landwirtschaftlichen Hauptverband. Die Vertrauensstelle fungiert als Anlaufstelle für Nachfolge- und Hofsuchende und schlägt vor, wer mit wem in Kontakt treten kann. Beide Sei-

Diese Fragen sollten Sie sich stellen

BETRIEBSLEITER, DER ÜBERGEBEN WILL

- Wie ist der Betrieb aufgestellt, ist er existenzfähig?
- Soll Vermögen bzw. Eigentum in der Familie bleiben?
- Was möchten Ehepartner und Kinder?
- Bin ich finanziell abgesichert, auch für Alter und Pflege?
- Welche Übergabemodelle kann ich mir vorstellen?
- Kann ich den Betrieb wirklich loslassen?
- Was erwarte ich vom Übernehmer?
- Kann ich mich auf junge Leute und neue Ideen einlassen?
- Wollen wir auf dem Hof wohnen? Oder vielleicht im Dorf?
- Bin ich kompromiss- und konfliktfähig?

LANDWIRT, DER EINEN HOF SUCHT

- Habe ich das Know-how und Unternehmerqualitäten sowie persönliche Ressourcen wie Resilienz & Durchhaltevermögen?
- Was möchten gegebenenfalls Ehepartner und Kinder?
- Wie bin ich finanziell aufgestellt? Ist Kapital da?
- Bin ich mobil? Wie weit? Meine Familie auch?
- Welche Gegend und Lage des Betriebes sagt mir zu?
- Was erwarte ich vom Übergeber und dessen Familie?
- Wie will ich (mit Familie) wohnen? Hof? Dorf? Altenteiler?
- Kann ich mich auf Übergeber, Familie und Betrieb einlassen?
- Bin ich kompromiss- und konfliktfähig?

△ Eine außerfamiliäre Hofübergabe kann gelingen, wenn Übergeber und Übernehmer sich wohlwollend aufeinander einlassen können.

ten können sich darauf verlassen, dass ihre Suche diskret behandelt wird. Die Vertrauensstellen bieten zudem Prozessbegleitung und Mediation an.

Jan Tappert, einer der Initiatoren der NRW-Initiative, berichtet von einem regen Interesse. „Allerdings zeigt sich die Vermittlung als komplexer und langwieriger Prozess", resümiert er.

KONTAKTE KNÜPFEN

Viele gute Kontakte entstehen auch auf Seminaren, wenn Hofinhaber und Hofsuchende persönlich aufeinander treffen. „Der größte Pluspunkt ist der Austausch mit Gleichgesinnten und das intensive Kennenlernen der ‚anderen Seite'", so Birgit Motteler. Anbieter von Seminarreihen und Stammtischen sind z.B. die Landvolkhochschule Kloster St. Ulrich, das Evangelische Bauernwerk Hohebuch in Baden-Württemberg und das Ökojunglandwirte-Netzwerk.

Ob Seminar oder Höfbörse: Bei gegenseitigem Interesse geht es darum, sich näher kennenzulernen. Dabei findet das erste Gespräch meist direkt auf dem Hof statt. Für Isidor Schelle ist das aber nicht empfehlenswert. Denn beim ersten Kennenlernen sollten die Menschen im Vordergrund stehen.

Im weiteren Verlauf arbeitet der potenzielle Nachfolger häufig einige Wochen oder Wochenenden im Betrieb mit. „Wichtig ist, sich ehrlich über die eigenen Vorstellungen, Erwartungen und Ängste auszutauschen – und sich Zeit zu lassen", betont Birgit Motteler.

Wirklich sicher sind sich die Parteien in der Regel erst nach einer Übergangszeit von zum Beispiel einem Jahr. Oft stellt der Betriebsleiter den möglichen Nachfolger dafür als Mitarbeiter ein, verpachtet den Betrieb oder gründet eine GbR. Auch die Mitarbeit auf Minijobbasis ist denkbar.

„In dieser Phase ist Beratung oft sehr wichtig. Das Vorhaben kann dennoch scheitern. Letztlich müssen sich Nachfolge- und Hofsuchende auf mehrere Anläufe einstellen", betont Vieth.

MEIST „KLASSISCHE" ÜBERGABE

Die Formen der Übergabe sind vielfältig. Viele Übergeber würden den Betrieb gerne verpachten. „Das empfehlen wir jedoch nicht. Für die Nachfolger ist das zu unsicher, die Abhängigkeit vom Pächter zu hoch", so Jan Tappert. „Wir hatten schon den Fall, dass die Kinder des Übergebers den Betrieb auf einmal doch übernehmen wollten. Der außerfamiliäre Hofnachfolger stand am Ende mit leeren Händen und Schulden da."

„Am häufigsten ist die klassische Hofübergabe, also die Schenkung bzw. teilweise Schenkung gegen Altenteilsleistungen", so Christian Vieth. „Dabei

SCHNELL GELESEN

Wer außerfamiliär übergeben bzw. übernehmen will, muss sich zu allererst mit sich selbst, den eigenen Wünschen, Bedürfnissen und Ressourcen beschäftigen.

Hofbörsen, Kontaktstellen und Seminare helfen, sich zu informieren und Übergeber bzw. Übernehmer kennenzulernen.

Es dauert oft viele Jahre von der ersten Überlegung bis zu einer Hofübergabe.

Mehrere Anläufe, um einen passenden Hofnachfolger bzw. einen passenden Betrieb zu finden, sind völlig normal.

Die zahlreichen Übergabemodelle haben jeweils ganz unterschiedliche Chancen und Risiken.

Die Frage, wer wo wohnt, ist von hoher Bedeutung für beide Parteien.

kann es sinnvoll sein", so die Erfahrung von Isidor Schelle, „dass der Übergeber das Wohnhaus an den Übernehmer verkauft. Für den Übergeber bleibt der Erlös steuerfrei. Voraussetzung ist: Das Haus muss mehr als zehn Jahre alt sein und das Geld muss tatsächlich fließen."

Erfolgsfaktoren für die Übergabe

- Früh genug anfangen, sich mit dem Thema zu beschäftigen
- Achtsamkeit sich selbst und den anderen gegenüber
- Toleranz gegenüber anderen Werten, Denk- und Lebensweisen
- Respekt und Wertschätzung im Umgang miteinander
- Offenheit für Veränderungen und für neue Betriebs- und Familienmodelle
- Die Haltung, dass jeder seine eigenen Erfahrungen machen muss
- Gesprächsbereitschaft und der gute Wille, den anderen verstehen zu wollen
- Lobkultur, denn „nichts gesagt" ist eben noch nicht genug gelobt
- Durchhaltevermögen, Gelassenheit und Selbstvertrauen

Quelle: In Anlehnung an Birgit Motteler

ABFINDUNG UND STEUERN

Gilt die Höfeordnung, greifen für die leiblichen Kinder des Übergebers die entsprechenden Abfindungsregelungen. Wem jedoch der Familienfrieden wichtig ist, sollte möglichst eine Lösung im Konsens finden. Für eine Übergabe nach dem BGB-Erbrecht gilt das auch aus einem anderen Grund. „Der den Kindern im Erbfall zustehende Pflichtteil bemisst sich nach einer außerfamiliären Übergabe nicht nach dem Ertragswert, sondern nach dem meist höheren Verkehrswert. Das kann kaum ein Hofnachfolger stemmen", so Schelle.

In steuerlicher Hinsicht gelten für die außerfamiliäre Übergabe teilweise andere Regeln als bei der innerfamiliären Übergabe. So kann zwar auch ein außerfamiliärer Übernehmer eines landwirtschaftlichen Betriebes z.B. von der Verschonungsregel bei der Erbschafts- bzw. Schenkungssteuer profitieren. Voraussetzung ist, dass er das Vermögen mindestens fünf oder sieben Jahre in seinem Besitz hält und landwirtschaftlich nutzt. Bei der Grunderwerbssteuer, die sich z.B. an den monatlichen Altenteilsleistungen wie Wohnrecht und Barrente bemisst, gilt die Befreiung allerdings ausschließlich für Kinder und Enkelkinder, nicht für den außerfamiliären Nachfolger. Nur bei einer komplett unentgeltlichen Übertragung greift die Grunderwerbssteuer nicht. Ob das machbar ist und welche alternativen Gegenleistungen dann möglich sind, ist eine Frage des Einzelfalls.

ADOPTION, VERKAUF, STIFTUNG

Adoptiert der Hofübergeber den außerfamiliären Hofnachfolger im Rahmen einer Erwachsenenadoption und überträgt den Betrieb dann „innerfamiliär", hat das steuerliche Vorteile für den Übernehmer.

Bedenken sollten Sie dabei aber Folgendes: Eine Erwachsenenadoption hat immer auch emotionale Wirkungen – auf beide Familien. Ein weiterer Haken: Scheitert die Übergabe, bleibt die erbrechtliche Position des Adoptierten mit zum Beispiel seinen Pflichtteilsansprüchen bestehen.

Eine weitere Möglichkeit, den Hof zu übergeben bzw. zu übernehmen, ist der (Ver-)Kauf gegen Ratenzahlung oder Barrente. Das können sich allerdings die wenigsten Nachfolger leisten. Hinzu kommt die hohe Einkommensteuerlast für den Verkäufer.

Denkbar ist auch, den Betrieb an einen gemeinnützigen Träger zu übertragen oder in eine Stiftung einzubringen. Anschließend pachtet der Übernehmer den Betrieb. Vorteil sind die klaren, in den Statuten festgelegten Regeln.

Eine weitere Alternative ist die Einbringung des Betriebes in eine Gesellschaft mit Übergeber und außerlandwirtschaftlichem Übernehmer, z.B. in eine GbR, KG oder GmbH & Co. KG. Auch dies kann funktionieren. Entscheidend ist, dass Übergeber und Übernehmer ein Modell finden, das für beteiligte Menschen und Betrieb passt.

DIE WOHNFRAGE

Beim Wohnen geht es darum, dass beide Parteien/Familien genügend Privatsphäre haben und sich auch räumlich gut abgrenzen können. „Wenn beide Parteien auf dem Betrieb wohnen, empfehle ich immer ein Wohnen unter ´zwei Dächern`" so Isidor Schelle. „Außerdem sollte im Hofübergabevertrag vereinbart sein, dass die Altenteiler bei einem möglichen Wegzug vom Hof einen Geldersatz für Mietwert und Nebenkostenpauschale bekommen", so Berater Isidor Schelle.

Denn kurz- oder auch langfristig setze oft eine gewisse Entfremdung zwischen Übergebern und Übernehmern ein. „Denkbar ist auch, dass die Altenteiler von vorneherein ins Dorf ziehen", ergänzt Jan Tappert.

ÜBERGABEMODELLE: WELCHE VOR- UND NACHTEILE GIBT ES?

	Abwägungsgedanken		
	Übernehmer	Konsequenzen für beide Parteien	Übergeber
Verkauf	Finanzieller Kraftakt	Klarer Schnitt	ggf. steuerl. Belastung
Verpachtung	Pacht leistbar? Vermögensaufbau möglich?	Große gegenseitige Abhängigkeit	Reicht die Pacht zum Tilgen und Leben?
Schenkung gegen Altenteilsleistungen	Wer wohnt wo? Finanziell leistbar bei z.B. Schuldenübernahme und ggf. Schenkungssteuer?	Klarheit durch grundbuchlichen Übergang gegen Altenteilsleistungen	Und unsere Kinder? Weiteres Vermögen für eigene Kinder? Abfindung?
Adoption mit „innerfamiliärer" Übergabe	4 statt 2 Eltern, finanziell machbar (Schenkungs- und Grunderwerbssteuer)	Emotionaler Schritt	Was sagen unsere Kinder dazu? Abfindung? Erbgerechtigkeit?
Stiftung/ gemeinnütziger Träger	Stiftung bzw. Träger ist ein verlässlicher Verpächter	Klärung der Angelegenheit für Generationen	Die Kinder könnten z.B. im Vorstand den Betrieb weiter begleiten.

top agrar; Quelle: In Anlehnung an Christian Vieth

△ Es gibt nicht „die Lösung" für eine außerfamiliäre Hofübergabe. Deshalb sollten sich interessierte Betriebsinhaber und Hofsuchende intensiv mit den einzelnen Modellen beschäftigen.

REPORTAGE

„Wir wollten den Betrieb erhalten“

Auf dem Hof von Manfred Nafziger in der Pfalz wirtschaftet seit fast zehn Jahren ein junges Unternehmerpaar. Das funktioniert – auch, weil beide Parteien immer offen miteinander umgehen.

Mit etwa Mitte 50 war mir klar, dass keines unserer Kinder den Hof übernehmen will. Gleichzeitig wollten meine Frau und ich Klarheit, wie es mit unserem Hof weitergeht“, berichtet Manfred Nafziger aus dem pfälzischen Contwig.

Der Landwirt, der gleichzeitig freier Mitarbeiter und Vorsitzender des Bioland Landesverbandes Rheinland-Pfalz/Saarland war, hatte den 60 ha großen Bio-Betrieb, den Wahlbacher Hof, 1990 vom Vater übernommen. Er betrieb Ackerbau, baute Gemüse sowie Streuobstkulturen an, zudem hielt er Mutterkühe, Schweine und Hühner. Die Produkte vermarktete er über Naturkostläden, Bäckereien und den Hofladen.

Foto: Schulze Vohren

◁ Landwirt Manfred Nafziger hat alle Entscheidungen zusammen mit seiner Frau und den drei erwachsenen Kindern getroffen.

ENTSCHEIDUNG BRAUCHTE ZEIT

Für die Zukunft des Hofes war dem Ehepaar Nafziger am wichtigsten, dass die ganze Familie damit zufrieden ist. „Auch ein Verkauf wäre in Ordnung gewesen“, so Nafziger. Nach ersten Gesprächen war aber schnell klar, dass die Kinder den Hof weder verkaufen noch das Land verpachten wollten, es sollte ein lebendiger Bauernhof bleiben.

Zwei Jahre danach und viele Gespräche weiter stand fest, der Betrieb soll außerfamiliär übergeben werden. Das Ziel der Familie: Den Hof als Biobetrieb mit regionaler Vermarktung zu erhalten. „Daran haben wir dann all unsere weiteren Überlegungen und unser Vorgehen ausgerichtet“, erläutert Nafziger.

BETRIEB ANALYSIERT

Als Nächstes analysierten Nafzigers, welche Perspektiven der Betrieb einem Nachfolger bietet, was sie von diesem erwarten und welche Wünsche sie für sich selbst haben. So wollte das Ehepaar Nafziger auf dem Hof wohnen bleiben, benötigte aber wegen der ausreichenden Vorsorge kein Geld vom Betrieb. Zudem wollte Marianne Nafziger den Hofladen noch zehn Jahre weiterführen und auch der Mitarbeiter sollte die Jahre bis zur Rente bleiben können.

„Die jungen Menschen brauchen Klarheit, was der Betrieb bietet und die abgebende Familie erwartet. Sie wollen Antworten auf ihre Fragen, zum Beispiel, ob man als Abgeber weiter auf dem Betrieb wohnt“, erklärt Nafziger.

ANONYME SUCHANZEIGE

Für die Suche eines Nachfolgers schaltete Manfred Nafziger eine anonyme Suchanzeige bei HofsuchtBauer. „Wir konnten dann aus den E-Mails in Ruhe die passenden Personen raussuchen und den anderen freundlich absagen.“

Mit der Zeit haben Nafzigers mehrere Bewerber bzw. Bewerberpaare über ein Wochenende zum Kennenlernen auf den Hof eingeladen und je 14 Tage später ein weiteres Gespräch angesetzt.

„So hatte jede Partei Zeit, die Eindrücke sacken zu lassen und sich klar zu werden, ob die Sache einen Versuch wert ist“, berichtet Nafziger. „Neben dem Betrieb geht es ja auch um das Umfeld, die Lage und die regionale Mentalität.“

EIN PROBEJAHR

Für die späteren Nachfolger, Marlene Herzog und Marc Grawitschky, passte es: Sie suchten einen Hof in der Gegend. Bis dahin hatten sie sich schon mehrere Höfe angeschaut, auf einem sogar ein Jahr gewohnt und mitgearbeitet. „Nie stimmte es so richtig. Wir hatten uns aber darauf eingestellt, länger zu suchen. Letztlich hat uns jeder Hof mehr zu dem geführt, was wir wirklich wollten“, berichtet Marlene Herzog.

Nach den ersten Gesprächen hat das Paar ein Jahr sporadisch in den Betrieb Nafziger reingeschnuppert. 2014 zogen die beiden mit ihren drei Kindern auf den Hof. Nafziger stellte sie für ein Jahr als Mitarbeiter ein. „So konnten wir uns gut mit Übergebern und Betrieb auseinandersetzen“, berichtet Herzog.

HOF IN KG ÜBERFÜHRT

2015 haben Grawitschky und Herzog den landwirtschaftlichen Betrieb von Manfred Nafziger übernommen. Dafür hat Manfred Nafziger den Betrieb in eine Kommanditgesellschaft (KG) mit

Marc Grawitschky eingebracht. Nafziger hält 89 % der Anteile und ist Kommanditist. Grawitschky ist mit 11 % beteiligt und ist Komplementär sowie Geschäftsführer des Wahlbacher Hofes. Marlene Herzog ist im Betrieb angestellt, übernimmt aber die gleichen Aufgaben wie ihr Mann. Nafziger hat im betrieblichen Alltag kein Mitspracherecht. Wohl aber ist im Vertrag geregelt, dass Landverkäufe oder große Kredite nur mit einstimmigem Gesellschafterbeschluss getätigt werden dürfen.

„Formal hat die KG schon Nachteile für uns, zum Beispiel was die hohen Anteile und das Mitspracherecht der Familie Nafziger betrifft. Das ist und bleibt eine Unsicherheit. In der Praxis klappt es allerdings super. Und gerade zu Beginn hatte die KG den Vorteil, dass wir ohne viel Erspartes einsteigen konnten", erläutert Marlene Herzog. Dass der Hof niemals unser Eigentum sein wird, war uns von vornherein klar. Das war auch nie unser Ziel."

Foto: Privat

◁ Marlene Herzog und Marc Grawitschky hatten schon mehrere Anläufe hinter sich, bevor sie bei Manfred Nafziger den richtigen Betrieb für sich und ihre Familie fanden.

LÄUFT GUT

Mittlerweile liegt die Übergabe fast zehn Jahre zurück. Das Übernehmerpaar ist in die Solidarische Landwirtschaft eingestiegen, mit mittlerweile 300 bis 400 Mitmachern. Auch wenn Nafzigers zunächst skeptisch waren, haben sie sich nicht eingemischt und sind mittlerweile voll überzeugt.

Vor einigen Jahren hat Manfred Nafziger seine Anteile an der KG an seinen Sohn und eine der Töchter übergeben, diese sind jetzt die Mitgesellschafter von Marc Grawitschky. Die älteste Tochter wurde abgefunden.

Alles in allem, das sagen beide Parteien, läuft es gut – auch das private Miteinander auf dem Hof. Ernsthafte Konflikte habe es noch nicht gegeben.

KOMMUNIKATION IST A&O

Aus Sicht von Nafziger war entscheidend, dass er früh genug angefangen hat, eine ehrliche Bestandsaufnahme gemacht hat und einen Schritt nach dem anderem gegangen ist. „Und man muss loslassen können", weiß er. „Zudem habe ich mich beraten lassen. Insgesamt habe ich ca. 15.000 € dafür ausgegeben, das war es wert."

Herzog betont: „Wichtig war, uns über die eigenen Bedürfnisse und Erwartungen klar zu werden und das auch gut zu kommunizieren. Kommunikation ist das A & O. Und wir brauchten Kompromissfähigkeit. Wir wollten z. B. zunächst mit unseren drei Kindern allein auf dem Hof leben, Nafzigers wollten aber auf dem Betrieb bleiben. Da mussten wir unsere Vorstellungen neu austarieren."

Anne Schulze Vohren

REPORTAGE

Erst Praktikant, dann den Hof übernommen

Landwirt Ingo Hiller hat ca. zehn Jahre nach seinem Praktikum den Praktikumsbetrieb übernommen. Zuvor hatte er den Betrieb einige Jahre zusammen mit dem Übergeber bewirtschaftet.

Dass er mal als außerlandwirtschaftlicher Hofnachfolger seinen Praktikumsbetrieb übernimmt, damit hätte Landwirt Ingo Hiller von der Schwäbisch-Alb (Baden-Württemberg) zu Beginn seines Studiums nicht gerechnet. Heute ist er alleiniger Inhaber des nun über 200 ha großen Ackerbau- und Grünlandbetriebs mit Färsenmast und einer 400 kW-Biogasanlage.

ZUNÄCHST BEIM MASCHINENRING

Hiller hatte sich schon als Kind und Jugendlicher für Landwirtschaft begeistert. „Mir war aber schnell klar, dass ich ohne Hof in der Familie kaum eine Chance habe, einen eigenen landwirtschaftlichen Betrieb zu bewirtschaften." Er entschloss sich, in Nürtingen Agrarwissenschaften zu studieren und strebte eine Verwaltertätigkeit an.

Schon das Vorpraktikum im Jahr 1999 absolvierte er auf seinem jetzigen Betrieb, in Nähe seiner Heimat. „Der Betriebsleiter und ich waren direkt begeistert von der Zusammenarbeit, sodass ich auch während des Studiums immer wieder aushalf", berichtet Hiller.

Da die Kinder des Betriebsleiterehepaares den Hof nicht übernehmen wollten, stellte sich irgendwann die Frage, ob Hiller den Betrieb übernehmen könnte. Nach Abschluss seines Studiums im Jahr 2003 übernahm der junge Landwirt dennoch zunächst eine Stelle als Assistent des Geschäftsführers beim Maschinenring.

MIT GBR DURCHGESTARTET

Im Jahr 2005 gründetet Ingo Hiller mit dem damaligen Inhaber eine GbR. Der Betrieb umfasste 150 ha, 50 Milchkühe und 100 Mastschweine. Nach jahrelangem Investitionsstau bauten die beiden in den nächsten Jahren eine neue Maschinenhalle, Fahrsilos und eine Biogasanlage mit zunächst 250 kW. Außerdem erneuerten sie den Stall, stockten die Kühe (Fleckvieh) auf und steigerten die Milchleistung um 2.000 kg auf 8.000 kg/Jahr. Hillers damalige, inzwischen geschiedene Ehefrau war als mitarbeitenden Familienarbeitskraft im Betrieb tätig. „Zu der Zeit lief alles rund. Der Hof blühte richtig auf. Wir übernahmen abwechselnd den Wochenenddienst und vertraten uns im Urlaub", erzählt Ingo Hiller.

Foto: Privat

◁ Ingo Hiller übernahm seinen Betrieb im Rahmen einer „klassischen" Hofübergabe. Er zahlt den jetzt im Dorf lebenden Übergebern einen Baraltenteil.

ALLE IN EINEM HAUS

Hiller lebte mit seiner früheren Ehefrau und zwei kleinen Kindern zusammen mit den Übergebern und den damaligen Altenteilern im Betriebsleiterhaus. „Zunächst wohnten wir als Familie in zwei Zimmern, die Küche haben wir alle gemeinsam genutzt. Nach dem Tod der Altenteiler hatten wir das Obergeschoss zur Verfügung, gegessen haben wir in der Regel immer noch gemeinsam mit dem Übergeberehepaar", erinnert sich Ingo Hiller.

„Zwischendurch hatten wir die Koffer schon gepackt."

Ein eigenes Haus auf dem Hof zu bauen, kam für ihn nicht infrage, weil er wusste, dass die Übergeber nach der Übergabe in ihr eigenes Haus im Dorf ziehen werden.

„Aus heutiger Sicht vielleicht ein Fehler", resümiert Hiller. Denn möglicherweise habe die beengte Wohnsituation spätere Konflikte in der Familie und mit dem Übergeber verschärft.

SCHULDEN UND BARRENTE

„Immer wieder fühlte ich mich wie ein Schuljunge behandelt. Zwischendurch hatte ich mir schon Stellenanzeigen rausgesucht, wir hatten Koffer gepackt", so Hiller. Letztendlich haben sich beide Parteien aber immer wieder zusammengerauft und zum 30. Juni 2014 konnte Hiller seinen ehemaligen Praktikumsbetrieb übernehmen.

Den Betrieb einschließlich Schulden hat Hiller im Rahmen einer klassischen Hofübergabe, einer teilweisen Schenkung übernommen. Dafür zahlt er dem Übergeberehepaar ein einträgliches, im Grundbuch abgesichertes Altenteil. Außerdem vereinbarten beide Parteien eine gestaffelte Spekulationsfrist für den Fall, dass Hiller den landwirtschaftlichen Betrieb verkaufen sollte.

Das Betriebsleiterwohnhaus auf dem Hof hat Hiller gekauft und dafür einen ganz normalen Kredit aufgenommen. Die Übergeber wohnen in einem eigenen Haus im Dorf. Ein Wohnrecht auf dem Betrieb musste Hiller deshalb nicht gewähren. Auch Abfindungen an Kinder des Übergebers musste Hiller nicht zahlen, darum hat sich das Übergeberpaar selbst gekümmert.

DANKBAR FÜR DIE CHANCE

Bis Ingo Hiller den Betrieb selbst übergibt, hat er noch Zeit. Momentan bewirtschaftet er den Betrieb hauptsächlich alleine mit tatkräftiger Unterstützung seiner neuen Partnerin, die außerlandwirtschaftlich tätig ist, und deren drei Kindern. „Ich brauche nicht bis 65 Jahre hier der Chef sein."

Deshalb baut er sich jetzt schon ein zweites Standbein als Gutachter und Berater auf und kann sich gut vorstellen, dass seine Stiefkinder den Hof übernehmen. *Anne Schulze Vohren*

„Im Studium hat mich das Selbstverständnis meiner Freunde überzeugt, auch Betriebsleiterin zu werden."

Gesa Langenberg

Bislang kommen Betriebsleiterinnen meistens aus reinen Töchterfamilien.

Foto: Schildmann

Betriebsleiterin – ist doch selbstverständlich, oder?

Langsam werden es mehr Frauen, die einen landwirtschaftlichen Betrieb leiten. Dabei gehen sie oft ganz eigene, kreative Wege, um zu ihrem Ziel zu kommen.

UNSERE AUTORIN
Anne Schulze Vohren

Ein Frau in der Betriebsleitung: Für die einen völlig normal, kein Thema wert. Bei anderen stoßen Betriebsleiterinnen immer noch auf Skepsis. Fragen wie: „Hast Du keinen Bruder?", „Und wenn Kinder kommen?" kennen viele betroffene Frauen.

Also doch nicht selbstverständlich? top agrar hat nachgefragt – bei Betriebsleiterinnen und in der Beratung. Gute Einblicke gibt auch die Studie „Frauen.Leben.Landwirtschaft." vom Thünen-Institut und der Universität Göttingen.

EUROPÄISCHES SCHLUSSLICHT

Frauen in der Landwirtschaft sind sichtbarer geworden. Influencerinnen berichten in sozialen Medien, es gibt mehr Frauen in den Verbänden und der Deutsche Bauernverband hat inzwischen eine Vizepräsidentin. Auch in der Praxis gibt es einen klaren Aufwärtstrend: 20 % der landwirtschaftlichen Azubis sind weiblich. Bei den Arbeitskräften in der Landwirtschaft beträgt der Frauenanteil 36 %, bei den Agrar-Studierenden mittlerweile fast 50 %.

In der Betriebsleitung gibt es aber nur knapp 11 % Frauen, in den vergangenen 20 Jahren ist der Anteil auch nur um 2 % gestiegen. Zukünftig könnten es mehr werden. So bekunden 18 % der Einzelunternehmer über 55 Jahren, dass eine Frau nachfolgen wird. Innerhalb von Europa liegt Deutschland dennoch am unteren Ende der Skala. Im europäischen Schnitt werden knapp 30 % der Betriebe von Frauen geführt.

UNSICHTBARE HÜRDEN

„Betriebsleiterinnen haben sich meist ganz bewusst für ihren Weg entschieden und bringen oft ganz neue Ideen mit", meint Anne Dirksen, Fachfrau bei der Landwirtschaftskammer Niedersachsen. Allerdings bräuchten sie auf ihrem Weg deutlich mehr Mut als gleichaltrige Männer. Grund dafür, da sind sich Experten einig, sind die klassischen Rollenzuschreibungen: Die Männer erledigen die Arbeit auf dem Hof, die Frauen kümmern sich um Kinder und Haushalt. Diese Haltung ist auf den Höfen oft besonders ausgeprägt, so die Frauenstudie. Viele Familien seien gar überzeugt, dass der Hof schon rein rechtlich an einen männlichen Nachfolger gehen müsse. Meist hätten Frauen nur dann eine Chance, wenn sie keine (interessierten) Brüder haben. Auch bei außerfamiliären Hofübergaben würden Frauen nur schwer zum Zuge kommen.

> **„Andere Frauen als Vorbilder helfen, sich die Hofübernahme zuzutrauen."**
>
> Veronika Grossenbacher

Dennoch kommt Bewegung in das Thema. Gerade junge Betriebsleiterinnen gehen ihren Weg viel selbstbewusster. So berichtet z. B. Veronika Grossenbacher vom Evangelischen Bauernwerk in Baden-Württemberg, dass Betriebsleiterinnen heute leichter in ihre Rolle finden als noch vor 10 oder 20 Jahren.

Spricht man mit Landwirtinnen aus den ostdeutschen Bundesländern, zeigt sich ein etwas anderes Bild. Aufgrund anderer Rollenbilder zu DDR-Zeiten und den weniger familienorientierten Betriebsstrukturen haben Frauen es auch in der Landwirtschaft leichter, die Betriebsleitung zu übernehmen.

WO SIND DIE VORBILDER?

Was jungen Frauen hilft, ist eine offene, fördernde Haltung der Eltern und des Umfeldes. Wichtig, so Studie und Beratung, sind auch Vorbilder, z. B. Betriebsleiterinnen aus dem eigenen Umfeld oder solche, die auf Social Media präsent sind. Sie ermutigen junge Frauen, selbstbewusst eigene Wege zu gehen.

Eine ganz zentrale Strategie sei auch, über ein Agrarstudium in die Betriebsleiterinnenposition hineinzuwachsen, so Janna Luisa Pieper von der Uni Göttingen, die als leitende wissenschaftliche Mitarbeiterin im Rahmen der Frauenstudie rund 200 Frauen in ganz Deutschland persönlich befragte. „So

SCHNELL GELESEN

Betriebsleiterinnen sind in den letzten Jahren, z. B. in Verbänden und Medien, präsenter geworden.

Der Frauenanteil in der Betriebsleitung ist mit rund 11 % immer noch niedrig, auch im europäischen Vergleich.

Traditionelle Rollenbilder in der Landwirtschaft erschweren Frauen den Weg in die Unternehmensführung.

Vorbilder und Austausch mit Gleichgesinnten helfen Frauen, einen für sie passenden Weg zu finden.

Die Vereinbarung von Betrieb und Familie ist eine der größten Herausforderungen für junge Betriebsleiterinnen.

Eine positive Haltung von Eltern, (Ehe-)Partnern und sonstigem Umfeld ist ein wichtiger Erfolgsfaktor.

SPANNENDE STUDIE

Frauen.Leben. Landwirtschaft.

Das Thünen-Institut und die Universität Göttingen haben das Leben von Frauen in der Landwirtschaft beleuchtet. Es geht z. B. um die Arbeitssituation, Unternehmer- und Mitunternehmerschaft, die Absicherung, familiäre Aufgaben und Gesundheitsfragen. Mehr unter: www.studie-frauen-landwirtschaft.de

eignen die Frauen sich im Studium fehlende landwirtschaftliche Kompetenzen an, lernen andere Rollenvorbilder kennen und knüpfen neue Netzwerke. ►

Weitere Erkenntnis: Der Austausch mit Gleichgesinnten ist wichtig. „Oft fehlt aber ein passendes Netzwerk", berichtet Pieper aus den Studienergebnissen. „Die Interviews mit Betriebsleiterinnen ergaben, dass sich am ehesten im Biobereich Frauen-Netzwerke finden. Für alle anderen, auch potenzielle Betriebsleiterinnen, fehlt oft eine solche Vernetzungsmöglichkeit."

Aber auch hier bewegt sich was. So gibt es beim Deutschen Bauernverband mittlerweile einen Fachausschuss für Unternehmerinnen, der u.a. die Sichtweise der Betriebsleiterinnen in die Verbandsarbeit bringen und beim Netzwerken unterstützen soll. Auch auf Landesebene haben sich derweil Fachausschüsse gebildet. Ob alle Landesverbände nachziehen, ist unklar. Thüringen z. B. hat einen Sonderweg gewählt. „Wir bleiben bei unserem schon seit Jahren gut funktionierenden „Netzwerk Unternehmerinnen", berichtet Nicole Lombardi, Betriebsleiterin aus der Nähe von Eisenach.

KIND ODER KUH?

„Heutzutage sollte beides möglich sein – Betriebsleitung und eigene Familie", ist Anne Dirksen überzeugt. Zur Wahrheit gehört aber auch: Die Familiengründung ist mit die größte Herausforderung für eine Betriebsleiterin. Schon in der Schwangerschaft sind manche Arbeiten kaum mehr möglich. Das Anrecht auf eine Betriebs- oder Haushaltshilfe im Mutterschutz reicht oft kaum aus. Für die Zeiten vor und nach dem Mutterschutz können Landwirtinnen diese Hilfen nur im Falle einer Krankschreibung beanspruchen.

Auch darüber hinaus bringt die zusätzliche Rolle als Mutter einen völlig neuen Alltag mit sich. Die Betriebsleiterinnen finden sich teils ganz unerwartet in der Mutter- und Hausfrauenrolle wieder. „Die Verantwortung auf dem Hof übernehmen dann oft der (Ehe-) Partner und/oder der Vater", berichtet Veronika Grossenbacher aus ihrer Arbeit mit Betriebsleiterinnen. Das kann für alle Beteiligten auch genau richtig sein. „Oft ist es aber nur der Weg des geringsten Widerstandes, das, was jede(r) kennt", weiß Anne Dirksen.

EGAL, WAS DIE NACHBARN SAGEN

Manch eine Betriebsleiterin geht ihren Weg deshalb anders an. Wichtig dabei, sich frühzeitig und umfassend mit dem Thema Vereinbarkeit zu beschäftigen. Dirksen rät jungen Frauen, tradierte Rollenerwartungen zu hinterfragen und sich die eigenen Bedürfnisse klar zu machen. Dann gehe es darum, sich zu informieren und zu planen, um Betrieb und Familie in Einklang zu bringen.

Überlegen Sie z. B.: Wer kann welche Aufgaben in Betrieb und Familie übernehmen? Kann sich auch der Ehepartner um Haus und Kinder kümmern? Was bieten Elterngeld und -zeit? Wie lassen sich Betriebs- und Haushaltshilfe einsetzen? Was ist mit einer Fremdarbeitskraft für Hof oder Haus? Vielleicht auch eine Tagesmutter oder ein Aupair? Kann der Lohnunternehmer die Ackerarbeiten übernehmen? Oder ist es gegebenenfalls sinnvoll, den Betrieb umzustrukturieren und so an die Familiensituation anzupassen – statt umgekehrt?

„Wichtig an dieser Stelle ist", so Dirksen, „dass die Partner sich einig sind und ihre Entscheidungen gemeinsam vertreten. Dann dürfen die Nachbarn sich ruhig wundern, wenn wieder mal ein Lieferservice das Essen bringt."

Betriebsleiterinnen sollten sich ruhig auch beraten lassen. Zwar ist die bestehende Beratung selten maßgeschneidert für die Frauen mit ihren speziellen Belangen – nachzufragen lohnt sich aber immer, z. B. bei Verbänden, Landwirtschaftskammern, SVLFG oder ländlichen Bildungsträgern. Fachwissen gibt es hier viel, mit ein bisschen Glück finden sich auch Menschen, die sensibel sind für die Interessen der Frauen.

„Vereinbarkeit von Betrieb und Familie, das sollte auch ein verpflichtender Bestandteil in landwirtschaftlicher Ausbildung und Agrarstudium werden", schlägt z. B. Janna Luisa Pieper vor, „als wichtiges Lebensthema für junge Frauen und Männer."

IM OSTEN DEUTSCHLANDS MEHR BETRIEBSLEITERINNEN

top agrar

Anteil Betriebsleiterinnen
- über 15 %
- 11 bis 15 %
- unter 11 %
- keine Daten

Quelle: Studie „Frauen.Leben.Landwirtschaft." aus Daten von Destatis

◁ In vier ostdeutschen Bundesländern liegt der Anteil an Betriebsleiterinnen bei über 15 %.

REPORTAGE

Mehr Mut, weniger Perfektionismus

Gesa Langenberg führt einen Betrieb mit 3.800 Mastschweinen in Niedersachsen. Als Mutter von mehreren Kindern vertraut sie auf die Hilfe ihrer Familie, ihrer Mitarbeiter und einer Hauswirtschafterin.

Foto: Schildmann

△ Die 400 Mastplätze der Haltungsstufe 4 sind Gesa Langenbergs ganzer Stolz.

Bei Vorträgen und anderen Terminen bin ich oft eine der wenigen Frauen, die mit einem Baby auf dem Arm aufkreuzen", sagt Gesa Langenberg. Die Landwirtin leitet seit 2017 einen Schweinemastbetrieb im niedersächsischen Drentwede bei Vechta. Die Entscheidung, den Hof zu übernehmen, traf sie im Agrarstudium in Göttingen. „Eigentlich wollte ich später in die Verbandspolitik", erzählt sie.

Doch die neuen Freunde, die voller Selbstverständnis und Passion von ihren Übernahmen erzählten, brachten Gesa Langenberg ins Grübeln. „Irgendwann hat mir das die Überzeugung gegeben, selbst zu übernehmen", sagt sie heute.

Betriebsleiterin wurde sie drei Jahre nach dieser Entscheidung. „Mein Vater war da schon 72 Jahre alt, das hat mir natürlich in die Karten gespielt", sagt sie. Dennoch würde sie jeder Hofnachfolgerin empfehlen, möglichst früh festzulegen, zu welchem Datum sie übernehmen möchte. „Dann weiß auch der Notar, bis wann die Verträge stehen müssen", sagt sie.

RÜCKENDECKUNG VOM VATER

Worauf sie sich in dieser rasanten Zeit immer verlassen konnte, war die Unterstützung ihres Vaters. „Wenn man das erste Mal selbst Verhandlungen führt, ist man natürlich unsicher. Ich konnte mich aber immer mit meinem Vater austauschen. Meine Entscheidungen hat er z. B. auch gegenüber Futterhändlern und Beratern mitgetragen. Das hat mir viel Selbstbewusstsein gegeben", sagt sie. Dass ihr Ehemann Josef, der selbst ein Unternehmen in Nordrhein-Westfalen führt, mit am Betrieb beteiligt wird, war für sie von Anfang an klar. „Er bringt seine Zeit und seine Ideen ein, das wertschätze ich", sagt sie.

Mit der Geburt ihrer Kinder musste sie ihre als Betriebsleiterin gewonnene Routine noch einmal anpassen. „Mit Anton alleine konnten wir das dank meiner Eltern gut schaffen, aber Max kam mitten in der Kartoffelernte. Da brauchte ich mehr Unterstützung", sagt sie. Hilfe fand Gesa Langenberg nach längerer Suche bei einer Dorfhelferin, die sechs Wochen vor und drei Monate nach der Geburt je acht Stunden am Tag auf dem Hof war. „Das hat mich unglaublich entlastet. Mein Mann und ich besprechen viel beim Essen. Wenn der Mittagstisch schon gedeckt ist und ich mich nicht um halb zwölf zum Kochen von der Arbeit losreißen muss, hilft das dem Gemüt und macht gute Stimmung", sagt sie.

Diese Hilfe lernte sie so sehr zu schätzen, dass sie mittlerweile für 27 Stunden pro Woche eine Hauswirtschafterin eingestellt hat. „Der Mental Load ist auch so schon groß genug. Natürlich denke ich auf der einen Seite, dass das Luxus ist. Auf der anderen Seite motiviert es mich aber auch. Denn wenn Doris hier ist, dann muss ich auch meinen Teil machen und meiner Arbeit nachgehen", sagt sie.

Sich für den Hof entschieden zu haben, bereut Gesa Langenberg nicht. „Für mich ist das ein Geschenk", sagt sie. Dennoch wundert sie sich, dass es in Deutschland nach wie vor so wenig Betriebsleiterinnen gibt.

Sie plädiert dafür, etwas weiblichen Perfektionismus abzulegen. „Wir nehmen uns noch viel zu stark zurück, während einige Männer die Sachen forscher angehen", sagt sie. ▶

Katharina Meusener

Foto: Privat

◁ Mastschweine, PV-Anlagen, Agro-Forst: Gesa Langenberg hat ihren Betrieb gut aufgestellt. Ihre Arbeit will sie auch Verbrauchern näher bringen.

REPORTAGE

„Die Skepsis hat mich beflügelt“

Andrea Seitz-Schick leitet seit über 15 Jahren einen Milchviehbetrieb. Seit einigen Jahren managt sie zusammen mit ihrem Ehemann Hof und Familie.

▷ Andrea Seitz-Schick bewirtschaftet einen 100 ha großen Biobetrieb mit Milchviehhaltung. Sie begeistert sich u. a. für Kühe und Schlepperfahren.

Fotos: Schulze Vohren

Wie es sich anfühlt, als Frau einen landwirtschaftlichen Betrieb zu leiten? Da muss Andrea Seitz-Schick nicht lange nachdenken: „Auch wenn für meine Eltern klar war, dass ich den Hof übernehmen kann, musste ich mich immer wieder beweisen: Erst als Chefin auf dem Hof und jetzt als Betriebsleiterin, die gleichzeitig Mutter ist“, berichtet die Landwirtin aus Pleidelsheim bei Stuttgart.

„IST DER CHEF AUCH DA?“

„Meinem Interesse an Landwirtschaft und Hof standen meine Eltern immer offen gegenüber“, so die Landwirtin. Gleichzeitig waren Mädchen in der Landwirtschaft zu der Zeit noch nicht selbstverständlich. „Ich war richtig froh, wenn das Wochenblatt mal über weibliche Azubis berichtete“, erinnert sich Andrea Seitz-Schick.

Als sie 15 Jahre alt war, starb ihr Vater. Schnell war klar, dass zunächst ihre Mutter und später sie selbst den Betrieb weiterführen sollte. Die Schwester hatte nur wenig Interesse an der praktischen Landwirtschaft. „Das waren schwierige Jahre“, so Seitz-Schick. Geholfen haben Verwandte, Nachbarn und die Betriebshelferin. Diese erwies sich als Glücksfall. „Als Meisterin der Landwirtschaft war sie Vorbild für meinen Weg in Landwirtschaft und Betriebsleitung.“

Nach landwirtschaftlicher Lehre und Meisterausbildung übernahm Andrea Seitz-Schick im Jahr 2007 den Betrieb mit 45 Milchkühen und 65 ha Fläche.

„Nach außen hin musste ich mir dann erst einmal Respekt verschaffen: Tierärzte, Berater usw. fragten automatisch, ob auch der Chef da ist, Vertreter wollten nur verkaufen, ohne mir überhaupt ein Angebot zu machen. Und wenn ich z.B. an einem Messestand eine Frage stellte, bekam mein männlicher Begleiter die Antwort“, empört die Landwirtin sich heute noch.

„Diese Skepsis hat mich aber auch beflügelt. Mir hat es immer Spaß gemacht, zu zeigen, dass man auch als Frau eine gute Landwirtin und Betriebsleiterin sein kann.“

EHEMANN IN ELTERNZEIT

Im Jahr 2015 entschied sich Andrea Seitz-Schick zusammen mit ihrem jetzigen Ehemann, den Betrieb auf Bio umzustellen. Sie bauten einen neuen Jungviehstall, stockten den Betrieb auf 65 Milchkühe auf und lieferten 2018 die erste Biomilch. „Eine gemeinsame Sache neu aufzubauen, das hat uns gut getan“, weiß Andrea Seitz-Schick heute.

Mit dem ersten Kind im Jahr 2017 nahm ihr Ehemann Martin Schick, ein angestellter Landmaschinenmechaniker, dann Elternzeit, um in der Familie und im Betrieb zu unterstützen. Heute hat das Ehepaar drei Kinder. Martin Schick, mittlerweile auch ausgebildeter Landwirt, war lange in Elternzeit.

„Wir bewirtschaften den Hof jetzt vom Prinzip her gemeinschaftlich. Dass ich die Chefin bin, spielt im Alltag keine Rolle und stört meinen Mann auch nicht“, freut sich Andrea Seitz-Schick.

„Dennoch kümmere vor allem ich mich um Kinder und Haushalt. Im Betrieb übernehme ich die Kühe und das Büro. Auf den Acker komme ich kaum noch. Statt zu silieren, übernehme ich nun die Verpflegung. Das ist effektiv, macht aber schon mal schlechte Laune.“

Anne Schulze Vohren

INTERVIEW

Hofübergabe – was gilt für GbR, GmbH, KG & Co.?

Vater-Kind-GbRs, Viehhaltungskooperationen oder Erneuerbare Energien-Beteiligungen sind Alltag auf den Höfen. Aber aufgepasst: Bei der Hofübergabe gilt es, einige Fallen zu umschiffen.

Viele Landwirte sind an Wind- oder Solarparks beteiligt, oft auch an Biogasanlagen. Welche Besonderheiten gelten dafür bei der Hofübergabe?
Heins: In der Regel wollen die Betriebsleiter die Beteiligung – bestehend aus Gesellschaftsanteil und der zur Nutzung eingebrachten Fläche – geschlossen an den Übernehmer übertragen. Eine solche Übergabe der gewerblichen Aktivität ist möglich und grundsätzlich genauso verschonungsfähig in Sachen Erbschaftssteuer wie die unentgeltliche Übertragung eines landwirtschaftlichen Betriebes. Aber aufgepasst: Damit die Übertragung wirklich verschont bleibt, müssen Gesellschaftsanteil und eingebrachte Fläche zeitgleich übertragen werden, also am gleichen Tag. Ansonsten ist eine Steuerverschonung nicht (mehr) möglich.

Und was ist das Problem in der Praxis?
Heins: Bisher läuft es oft so: Der landwirtschaftliche Betrieb und der Gesellschaftsanteil der gewerblichen Aktivität werden an einem Übergabestichtag,

„Gesellschaftsanteil und Sonderbetriebsvermögen sollten zeitgleich übertragen werden."

z. B. am 30 Juni, zeitgleich übergeben. Das passt. Das Problem ist, dass die Übertragung des zum Gesellschaftsanteil „zugehörigen" Grundstücks, des sog. Sonderbetriebsvermögens, in der Regel schon früher erfolgt. Denn die Übertragung dieses gewerblich genutzten Grundstücks erfolgt meist mit der Übertragung aller anderen Hofgrundstücke im Vorfeld des Übergabestichtages. Grund dafür ist, dass der notarielle Hofübergabevertrag vor der eigentlichen Hofübergabe, z. B. im Mai, geschlossen wird und der Notar dann direkt die Auflassung aller im Grundbuch stehenden Grundstücke veranlasst, einschließlich des gewerblich genutzten Grundstücks.

Foto: Petersen

△ Stefan Heins

Im Ergebnis werden damit der Gesellschaftsanteil und das Sonderbetriebsvermögen der gewerblichen Nutzung auseinandergerissen mit der Folge, dass das Grundstück in Sachen Erbschaftssteuer womöglich nicht mehr verschonungsfähig ist. Da es sich meist um sehr werthaltige Grundstücke handelt, ist das problematisch. Innerhalb von Deutschland wird diese Thematik von den Finanzämtern jedoch unterschiedlich bewertet.

Wie können Landwirte sich absichern?
Heins: Der notarielle Hofübergabevertrag wird vor dem eigentlichen Übergabestichtag geschlossen – das ist und bleibt so. Deshalb braucht der Vertrag eine Formulierung, die dem Notar zur Auflage macht, den wirtschaftlichen Übergang des gewerblich genutzten Grundstücks, des Sonderbetriebsvermögens, erst zum Übergabestichtag für den Hof zu vollziehen. Wichtig ist, dass Landwirte und deren Steuerberater die Notare darauf ansprechen. Übrigens: Wenn ein Gesellschaftsanteil ohne Sonderbetriebsvermögen übertragen werden soll, gibt es kein Problem.

Bei Wind-, Solarparks usw. möchten Landwirte die Gesellschaftsanteile oft behalten bzw. an die weichenden Erben übergeben – das Grundstück soll aber beim Hofnachfolger bleiben.
Heins: Das würde ich auf keinen Fall empfehlen. Denn wenn der Landwirt das Grundstück, das er an die Gesellschaft verpachtet hat, im Rahmen der Hofübergabe auf den Hofnachfolger überträgt, aber den Gesellschaftsanteil zurückbehält, wird womöglich der aus Grundstück (Sonderbetriebsvermögen) und Gesellschaftsanteil bestehende Mitunternehmeranteil auseinandergerissen. Dann gilt die Grundstücksübertragung als Entnahme und es kommt zur Aufdeckung stiller Reserven mit entsprechender Einkommensteuerpflicht für den Übernehmer. Der Mitunternehmeranteil, also Sonderbetriebsvermögen und Gesellschaftsanteil, sollte deshalb als Einheit an den Hofübernehmer übertragen werden, das geht auch aus dem BMF-Schreiben vom 20.11.2019 hervor.

Vererbt ein Landwirt den Hof im Anschluss an eine Vater-Kind-GbR an das Kind, möchte er manchmal eine kleine werthaltige Fläche, von z. B. 3 oder 5 ha zurückbehalten. Worauf gilt es bei solch einem Rückbehalt zu achten?
Heins: Übergibt ein Landwirt im Anschluss an die Vater-Kind-GbR den Hof an den Hofnachfolger, überträgt er seinen Gesellschaftsanteil und die zur Nutzung eingebrachte Fläche, das Sonderbetriebsvermögen. Dabei ist ein

Foto: Neumann

△ Bei der Übergabe von Beteiligungen (z. B. an Solarparks) ist entscheidend, dass der Mitunternehmeranteil nicht auseinandergerissen wird.

Rückbehalt von (noch) landwirtschaftlicher Fläche grundsätzlich möglich, ohne dass es zur Aufdeckung stiller Reserven kommt.

Trotzdem ist Vorsicht geboten: Denn wenn ein Landwirt seinen kompletten Gesellschaftsanteil, aber nicht das komplette Sonderbetriebsvermögens auf den Nachfolger überträgt, handelt es sich um eine sog. unterquotale Übertragung, bei der der Übernehmer eine fünfjährige Haltefrist für den Gesellschaftsanteil einhalten muss. In dieser Zeit darf er den übernommenen Mitunternehmeranteil nicht weiterveräußern. Tut er dies doch, kommt es rückwirkend zur Aufdeckung der stillen Reserven für die gesamte Übertragung.

SCHNELL GELESEN

Eine Beteiligung sollten Sie geschlossen und zeitgleich übertragen, sonst droht die Steuerverschonung zu platzen.

Bei Rückbehalten von luf-Fläche kommt es auf die richtige Gestaltung an.

Viehhaltungskooperationen werden mit Stall und Gesellschaftsanteil übertragen.

Welche Fallen lauern bei der Hofübergabe, wenn Vieheinheitengesellschaften im Spiel sind?

Heins: Die Übergabe der Viehhaltungskooperation, auch als 13 b- oder früher 51a-Gesellschaft bekannt, an den Hofnachfolger ist grundsätzlich möglich, hat aber seine Tücken. Ist der übergebende Landwirt Hauptgesellschafter, sind die Ställe Sonderbetriebsvermögen der Gesellschaft. Das Grundstück, auf dem der Stall steht, ist aber i. d. R. ein Hofgrundstück, gehört also zum Hof. Bei der Hofübergabe passiert es dann oft, dass das entsprechende Hofgrundstück und damit der Stall als Sonderbetriebsvermögen der 13 b-Gesellschaft mitübertragen wird, nicht aber der Gesellschaftsanteil der Viehhaltungskooperation – z. B. weil der Landwirt vergessen hat, den Notar über die Kooperation zu informieren. Geht aber nur das Sonderbetriebsvermögen an den Hofnachfolger und bleibt der Gesellschaftsanteil beim Übergeber, gilt der Mitunternehmeranteil als auseinandergerissen. Damit ist die Kooperation am Ende und die Viehhaltung rutscht ins Gewerbe.

Landwirte sollten deshalb darauf achten, dass bei der Hofübergabe nicht nur der Stall als Sonderbetriebsvermögen übertragen wird, sondern auch der entsprechende Gesellschaftsanteil. Wichtig ist auch die Ummeldung im Handelsregister.

Ein weiterer Tipp: Übergibt der Landwirt, der die Vieheinheiten in die Gesellschaft einbringt (Kommanditist), muss er die Übergabe von Hof und Gesellschaftsanteil seinem Gesellschaftspartner mitteilen, damit nun der Hofnachfolger als Gesellschafter geführt wird. Ansonsten fallen die Voraussetzungen für die Gesellschaft weg, weil der Übergeber Gesellschafter bleibt, aber kein Landwirt mehr ist.

Eine Vater-Kind-GbR ist eine häufige Vorstufe zur Hofübergabe. Worauf kommt es dabei an?

Heins: In der Vergangenheit gab es nach zwei Urteilen des Bundesfinanzhofes vom 17.5.2018 eine geraume Zeit lang Probleme, wenn der Senior den Betrieb nach der GbR-Zeit nicht direkt übergeben hat, sondern diesen zunächst noch an den Junior verpachtet hat. Mit der Neuformulierung des § 14 im Einkommensteuergesetz ist eine solche zwischenzeitliche Verpachtung wieder möglich. Ob das unternehmerisch sinnvoll ist, ist wiederum eine andere Frage. *Anne Schulze Vohren*

Ein Betrieb – mehrere Übernehmer

Ein Sohn oder eine Tochter übernimmt den Betrieb – das ist der Standardfall. Übernehmen zwei oder mehr Kinder, wird es kompliziert. Aber das Puzzle lässt sich lösen.

UNSERE AUTORIN
Anne Schulze Vohren

Ob es eine gute Idee ist, wenn zwei oder mehr Kinder aktiv in den elterlichen Betrieb einsteigen und diesen dann gemeinsam übernehmen? Dazu gibt es kontroverse Meinungen. Die einen sagen: Ein zu hohes Risiko für Betrieb und Familie, wenn es dann doch nicht klappt. Die anderen meinen: Eine richtig gute Chance, um einen dynamisch wachsenden Betrieb in die Zukunft zu führen.

Hört man sich in der Praxis um, wird klar: Dass zwei oder mehr Kinder einen Betrieb aktiv übernehmen, ist selten – kommt aber immer öfter vor und kann funktionieren. Eine solche Übergabe erfordert jedoch Mut, ein gutes familiäres Zusammenspiel und ist nie eine 08/15-Hofübergabe.

Die Übernahme ist meist das Ergebnis einer langjährigen Entwicklung, die die Eltern nicht von vornherein auf dem Plan hatten. „Oft handelt es sich

Foto: Tastowe

um Betriebe, die die Eltern in Zusammenarbeit mit den Kindern schon dynamisch entwickelt und diversifiziert haben", berichtet Albrecht Macke vom BB Göttingen. Die Einheit müsse groß genug sein, damit die Übernehmer eigene Aufgabenbereiche haben und das Einkommen entsprechend hoch ist. Läuft es gut, profitieren die einzelnen Betriebszweige von den Synergieeffekten, z. B. wenn ein Bruder die Sauenhaltung, der andere die Mastschweine übernimmt. Ein weiterer Vorteil: Für die Geschwister ist es meist selbstverständlich, sich z. B. im Krankheits- oder Urlaubsfall bei der Arbeit zu vertreten.

KOMPLEXES VORHABEN

Die konkrete Übernahme ist immer ein Balanceakt. Es gilt die Existenz des Betriebes und die der Übernehmer mit ihren Familien abzusichern. Und es geht um Erbgerechtigkeit. Im Kern dreht es sich oft darum, ob und wie das Betriebsvermögen unter den Geschwistern aufgeteilt und wie die Unternehmensbeteiligungen geregelt werden. Das ist mitunter höchst kompliziert.

Um ein passendes Modell zu finden, sind viele Gespräche und ein kluges Abwägen notwendig. Wichtig ist, dass die Familie irgendwann weiß, was sie will. Bei der Umsetzung helfen dann Betriebs-, Rechts- und Steuerberater, um so die zahlreichen rechtlichen und steuerlichen Fallstricke zu umschiffen.

Am häufigsten ist der Einstieg der Kinder in eine GbR mit den Eltern. Dabei bringen die Eltern das Betriebsvermögen als Sonderbetriebsvermögen in die Gesellschaft ein. Später ist eine Aufteilung des Betriebsvermögens zwischen den Geschwistern möglich, aus steuerlichen Gründen aber frühestens nach zwei Jahren. Im Einzelfall, je nach Vermögensaufteilung, Beteiligungen und Haftungsfragen kann aber auch eine andere Rechtsform die passende sein, wie z. B. eine GmbH & Co. KG.

GETRENNT WOHNEN

Ein weiterer wichtiger Punkt: Die Geschwister samt ihren Familien sollten jeweils ein eigenes Dach über dem Kopf haben, um ein voneinander unabhängiges Privatleben führen zu können.

Insbesondere in Außenbereichslagen kann das ein Problem sein, da die Behörden im Regelfall kein zweites Betriebsleiterhaus genehmigen. Eine Ausnahme gilt in Bayern, wo nach einer „Gemeinsamen Bekanntmachung der Bayerischen Bau- und Landwirtschaftsministerien" in bestimmten Fällen und unter Berücksichtigung des Arbeitskräftebedarfes ein zweites Betriebsleiterhaus genehmigungsfähig ist. Ansonsten läuft es oft so, dass ein Übernehmer auf dem Hof bleibt, der andere in ein nahe gelegenes Wohnhaus, z. B. im nächsten Dorf, zieht. Manchmal gibt es auch schon ein weiteres Wohnhaus, u. U. auf einer zweiten Hofstelle.

Foto: Meckel

◁ Anne Schulze Vohren, Redakteurin top agrar

KOMMENTAR

Kann gut passen

Eine(r) bekommt den Hof: Das ist gängige Praxis und ein Erfolgsmodell. Dass die Übernahme eines aktiven Betriebes durch mehrere Geschwister ebenso erfolgreich sein kann, das zeigt die Praxis. Klar ist aber auch: Wenn es Streit gibt oder der Übergang in die nächste Generation ansteht, wird es richtig kompliziert. Damit muss sich die Familie intensiv auseinandersetzen – und auch aushalten, nicht alles vorausplanen zu können. Ohne eine offene Grundhaltung geht es hier nicht. Geschwister, die sich dafür entscheiden, haben aber meist eine hohe Motivation, wählen ihren Weg ganz bewusst und finden Lösungen. Das sind die besten Voraussetzungen für eine erfolgreiche Hofübernahme.

SCHNELL GELESEN

Aktiv bewirtschaftete Höfe übergeben Landwirte bisher nur selten an mehrere Kinder, aber die Tendenz ist steigend.

Die gemeinsame Übernahme durch Geschwister kann gerade für sich dynamisch entwickelnde und diversifizierte Betriebe eine Chance sein.

Für die Absicherung von Betrieb und Familien sind kluge Regelungen notwendig – auch für ein mögliches Scheitern.

Geregelt werden muss zudem das Altenteil der Eltern und die Abfindung der Geschwister. Gut ist, wenn die Eltern schon frühzeitig vorgesorgt haben und z. B. Immobilien für die weichenden Erben erworben haben.

Übrigens: Falls Eltern einen Hof im Sinne der Höfeordnung an mehrere Kinder übergeben wollen, müssen sie den Hofvermerk löschen lassen und für die Zeit bis zur Hofübergabe passende erbrechtliche Regelungen treffen.

EXITSTRATEGIE

Auch wenn alles noch so gut geregelt ist – falls eines der Geschwisterkinder ausfällt oder die Zusammenarbeit kündigt, stehen schnell der Betrieb und die Existenzen der Übernehmer auf dem Spiel. Für diesen Fall sollten die Beteiligten deshalb von Anfang an praktikable Ausstiegsoptionen vereinbaren.

Ziel muss sein, dem „Aussteiger" einen fairen Ausstieg und dem anderen Gesellschafter eine Weiterbewirtschaftung des Betriebes zu ermöglichen. Dabei geht es dann z. B. um Nutzungsrechte, Andienungspflichten oder Vorkaufsrechte zugunsten desjenigen, der den Betrieb weiterführt. Auszahlungen an den aussteigenden Gesellschafter können ggf. zu reduzierten Unternehmens- bzw. Verkehrswerten erfolgen.

Für den Todesfall sollten die Geschwister erbrechtliche Regelungen treffen, die die Interessen von Familie und Betrieb berücksichtigen. ▶

REPORTAGE

„Übernehmen ja – und zwar zu dritt“

Gemeinsam den elterlichen Milchviehbetrieb und Hofladen übernehmen: Das ist für Katharina Echtler, Merlinde und Irmgard Schleich im oberbayerischen Hohenpeißenberg eine ausgemachte Sache.

Foto: Schulze Vohren

△ Ein gutes Team: Die Schwestern Katharina Echtler, Merlinde und Irmgard Schleich (v.l.n.r.)

Zu dritt den Hof übernehmen? Wer von unserem Plan hörte, schüttelte oft erstmal den Kopf“, erzählt Irmgard Schleich, eine von drei Schwestern, die Ende des Jahres den südlich von München gelegenen Hof übernimmt. Aber die drei Frauen sind bei dem Plan geblieben. Das Modell lautet 2 plus 1:

Irmgard und Merlinde übernehmen den 51 ha großen Biolandbetrieb (Hopser Hof) mit 37 Kühen plus Nachzucht, 160 Legehennen und Direktvermarktung. Katharina hat schon 2021 die nahe gelegene zweite Hof-stelle übernommen. Dort soll auch der bisher auf dem Stammhof angesiedelte Hofladen einziehen.

Dabei gingen die drei Schwestern beruflich zunächst ihre eigenen Wege. Als es dann aber um die Hofübergabe ging, war bald klar: Jede Tochter will übernehmen, aber nicht alleine, am besten zu dritt. „Wir arbeiten alle gerne auf dem Betrieb und auch gut zusammen“, schildert Merlinde den Zusammenhalt.

GLEICHWERTIG AUFTEILEN

Irmgard und Merlinde, die beide ein landwirtschaftliches Studium absolviert haben und aktuell in Teilzeit außerbetrieblich berufstätig sind, bewirtschaften den Hof seit Mai 2020 zusammen mit den Eltern. Scheiden die Eltern später aus der GbR aus, wollen die Schwestern das Betriebsvermögen gleichwertig unter sich aufteilen. „Das ist auch gemäß Grundstücksverkehrsgesetz gut machbar, da jeweils eine sog. geschlossene Übertragung vorliegt“, so Rechtsexperte und Berater Isidor Schelle vom Bayerischen Bauernverband.

Im Betrieb übernimmt Irmgard schwerpunktmäßig die Fütterung, die Außenwirtschaft und die Finanzen, Merlinde das Herdenmanagement und das Tierwohl. „Jede soll ihren Aufgabenbereich haben und auch Entscheidungsfreiheit“, so Merlinde. „Wir wollen uns aber auch vertreten können“, betont Irmgard. Zukünftig wollen die sie auf ca. 50 Kühe aufstocken, einen neuen Milchviehstall bauen und verstärkt in die Fleischvermarktung einsteigen. Wohnen wollen Irmgard und Merlinde auf der Hofstelle im Außenbereich. Dafür möchten sie gerne ein zweites Betriebsleiterhaus bauen. „Dies kann nach Maßgabe der Bayerischen Bau- und Landwirtschaftsministerien auch genehmigungsfähig sein“, so Isidor Schelle.

Die bisher auf dem Stammhof wohnenden Eltern werden dann auf die zweite Hofstelle zur Tochter Katharina ziehen und dort ihr Altenteil errichten. Die zweite Hofstelle hatten die Eltern schon vor einigen Jahren gekauft.

Dort wollen die drei Schwestern den neuen Hofladen eröffnen, um den sich dann v.a. Katharina kümmert. Rechtlich läuft der Laden seit Oktober 2021 als Hopserhof-GbR, mit allen drei Schwestern und derzeit noch beiden Eltern als Gesellschafter. „Der neue Standort mit mehr Verkaufsfläche und besserer Lage gibt uns zukünftig ganz neue Möglichkeiten,“ so Katharina.

Aber was wird mit dem Betrieb, wenn eine der Schwestern ausfällt oder aussteigen möchte? Geplant sind z.B. für die landwirtschaftlichen Flächen eine befristete Pflicht zur Nutzungsüberlassung zugunsten des anderen Gesellschafters, zudem geht es noch um Vorkaufsrechte oder Andienungspflichten.

GEGENSEITIGER RESPEKT

„Dass Betrieb und Familie so gut aufgestellt sind, ist das Ergebnis eines langjährigen Prozesses“, so Experte Schelle. Geholfen haben Beratung, Seminare und viele Gespräche in der Familie, berichten die Schwestern. „Wichtig ist, als Erwachsene miteinander zu reden und sich Zeit zu geben“, so Merlinde.

Sogar die skeptische Frage: ‚Was wird denn in 30 Jahren aus dem Hof‘, habe letztlich geholfen. „Das wissen wir tatsächlich auch nicht. Jetzt gerade geht es um uns drei und wie wir unser Leben mit und auf dem Hof gestalten. Um alles Weitere kümmern wir uns, wenn es soweit ist“, erklärt Irmgard die gefestigte Haltung der Familie dazu.

Anne Schulze Vohren

REPORTAGE

Mehr Sicherheit zu zweit

Andreas und Matthias Haberer aus Südwürttemberg wollen den elterlichen Hof mit Biogasproduktion und Wärmenetz miteinander übernehmen. Die Brüder verstehen und ergänzen sich gut.

Dass Andreas Haberer den elterlichen Betrieb übernehmen wird, steht schon lange fest. Seit seiner landwirtschaflichen Lehre auf einem Biogasbetrieb hat er auf dem Hof seiner Eltern Richard und Doris mitgearbeitet. Zunächst nebenher, weil er einige Jahre zuerst vollzeit, dann teilzeit auf einem Forstbetrieb als Fahrer tätig war. Seit 2007 ist Andreas Angestellter, seit 2022 Teilhaber der Biogas-GbR.

Mit den Eltern hat er den Umbau des Milchviehbetriebes in Wittershausen, Landkreis Rottweil, zu einem Biogasbetrieb mit Wärmenetz vorangetrieben. Heute gehören zum Hof zwei Betriebe, die jeweils als GbR geführt werden:

- die Landwirtschaft mit 130 ha Acker- und Grünland und Lohnarbeiten;
- die ausgesiedelte Biogasanlage mit 490 kW plus 475 kW für die Flexibilisierung mit automatisierten Fahrplanbetrieb sowie ein Satelliten-BHKW mit 250 kW auf der alten Hofstelle in Ortslage. Beide Kraftwerke versorgen 160 Gebäude im Ort mit Wärme.

Die Arbeiten auf dem Hof wurden so umfangreich, dass auch die drei Brüder von Andreas neben ihren Hauptberufen auf Minijob-Basis im Biogasbetrieb angestellt sind. So auch Matthias, der eine Lehre als Landmaschinenmechaniker absolviert hat und in einer Landmaschinenwerkstatt als Servicetechniker beschäftigt ist. Er hat vor einigen Jahren den Wunsch geäußert, mit in den Betrieb einzusteigen.

ANGESTELLT ODER MITINHABER?

„Wir haben natürlich überlegt, ob es nicht besser wäre, Matthias im Betrieb anzustellen", erläutert Richard Haberer. Aber die Familie kam zum Schluss, dass die Variante Mitinhaber deutlich mehr Vorteile brächte. „Als Mitinhaber ist die Motivation wesentlich höher", ist Andreas Haberer überzeugt.

Zudem bringe ein Führungsduo mehr Sicherheit, weil man sich gegenseitig vertreten könne. Und der Betrieb könne auch dann noch weiter bestehen, wenn einer komplett ausfallen würde."

„Als Mitinhaber ist die Motivation wesentlich höher."

Andreas Haberer

Damit der Einstieg nicht zu abrupt verläuft, ist Matthias seit letztem Jahr an der Biogas-GbR beteiligt. Die Hofübernahme der beiden Brüder soll in absehbarer Zeit folgen.

Geplant ist, dass Andreas und Matthias Miteigentümer am Betriebsvermögen werden. Aktuell sind beide bereits an den Landwirtschafts- und Biogas-GbRs als Gesellschafter aktiv beteiligt. Weil Andreas schon deutlich länger im Betrieb gearbeitet und ihn maßgeblich mit aufgebaut hat, soll sein Anteil am Eigentum und an der Gewinnverteilung etwas größer sein als der von Matthias.

Andreas und Matthias haben sich die Zuständigkeiten aufgeteilt. Matthias ist für die technischen Abläufe der Biogasanlage, den Fuhrpark und die Eigenkonstruktionen an den Maschinen und Geräten verantwortlich. Andreas managt das Unternehmen. Er übernimmt die Dokumentation und ist Ansprechpartner für den Netzbetreiber, die Wärmekunden, Substratlieferanten und Behörden. Richard ist bisher für den Ackerbau verantwortlich, Doris für die Buchführung.

Vertraglich regeln wollen die Brüder die Zuständigkeiten aber nicht, damit beide ihre Ideen für den gesamten Betrieb einbringen können. Wenn einer der beiden Übernehmer seinen Anteil abgeben müsste, hätte der andere ein Vorkaufsrecht.

GESCHWISTER SIND ABGEFUNDEN

Die Schwester und die zwei Brüder der Hofübernehmer wurden bereits mit Wohnungen abgefunden. „Die Zukunftsfähigkeit des Betriebes ist uns ganz wichtig. Deshalb sollen Andreas und Matthias keine weiteren Belastungen haben, wenn sie den Hof übernehmen", erklären Richard und Doris Haberer.

Klaus Dorsch ▶

Foto: Dorsch

△ Andreas (rechts) und Matthias Haberer übernehmen die Landwirtschaft und den Biogasbetrieb von ihren Eltern Doris und Richard.

REPORTAGE

Zwei Geschwister – drei Betriebe

Im Thüringer Norden haben Theresa und Tobias Esser im Jahr 2018 den dynamisch gewachsenen 1.200 ha großen Pachtbetrieb des Vaters übernommen.

Drei Betriebe und klar verteilte Aufgaben: „Dennoch betreiben wir alle Betriebe zusammen und profitieren gemeinsam", beschreibt Tobias Esser das Modell, mit dem er und seine Schwester Theresa den Ackerbaubetrieb mit Puten- und Schweinemast sowie einer Biogasanlage in Roßleben-Wiehe übernommen haben.

Tobias war als staatlich geprüfter Landwirt schon seit 2009 im Rahmen einer GbR am Betrieb beteiligt. Als Theresa nach landwirtschaftlichem Studium und außerbetrieblicher Berufstätigkeit dazustieß, vollzog die Familie die Übergabe.

KONFLIKTE VERMEIDEN

Beide Geschwister betreiben gemeinsam nun drei Betriebe:

1. Den Stammbetrieb mit 800 ha Ackerland, 1.600 Schweinemastplätzen und 22.000 Puten; diesen Betrieb hatte der Vater 1993 als Pachtbetrieb einer Stiftung mit 350 ha Ackerland plus Hofstelle übernommen und durch Zupacht und -kauf sowie durch den Einstieg in die Tierhaltung weiterentwickelt.

2. Den in 2018 zugekauften 400 ha großen Ackerbaubetrieb mit Hofstelle (ausschließlich Wirtschaftsgebäuden),

3. Die in 2010 erbaute Biogasanlage.

Das Betriebseigentum haben Theresa und Tobias anteilig mit in ihr jeweiliges Betriebseigentum übernommen – 40 % für Theresa und 60 % für Tobias, weil dieser deutlich früher in den Betrieb eingestiegen ist.

Die Arbeit erledigen Theresa und Tobias zusammen mit fünf Mitarbeitern. Die derzeitige Aufgabenteilung: Tobias ist verantwortlich für den Ackerbau, die Puten und die Biogasanlage, Theresa für die Schweine und die Büroarbeiten. „Das ermöglicht uns einerseits eine Spezialisierung auf bestimmte Bereiche, andererseits können wir uns bei Bedarf gegenseitig entlasten und vertreten", erklärt Theresa die Vorteile. Für Entscheidungen ist vertraglich geregelt, dass es für Investitionen oberhalb eines bestimmten Betrages einer gemeinsamen Abstimmung bedarf. „Im Alltag entscheidet aber jeder weitgehend selbst für seinen Bereich und unterstellt auch dem anderen, dass dieser nach bestem Wissen und Gewissen handelt", beschreibt Tobias die gute Zusammenarbeit.

Foto: Schulze Vohren

◁ Theresa und Tobias Esser übernehmen unterschiedliche Aufgaben, können sich aber vertreten.

Die Gesellschaften führen Tobias und Theresa jeweils als GmbH & Co. KG. Vorteil gegenüber einer GbR ist in ihrem Fall unter anderen eine bessere Haftungsbeschränkung für die Biogasanlage, und dass die Gesellschaft bei einem möglichen Ausstieg eines Gesellschafters bestehen bleiben kann.

Die Gewinnverteilung unter den Geschwistern ist bei allen drei Betrieben gleich – wieder 40 % für Theresa und 60 % für Tobias. „Vorteil ist, dass so beide Geschwister im Sinne aller Betriebe arbeiten und Interessenkonflikte zwischen den Betrieben von vornherein vermieden werden", erklärt Steuerberater Dr. Richard Moser aus Göttingen.

AUSSTIEG MÖGLICH

Für den Fall, dass die Zusammenarbeit mal nicht mehr funktioniert, sehen die Gesellschaftsverträge ab dem Jahr 2033 eine Ausstiegsoption vor. Dabei muss der „Aussteiger" sich aus allen drei Gesellschaften gleichzeitig verabschieden und hat gegenüber dem verbleibenden Gesellschafter eine Anbietungspflicht für seine Gesellschaftsanteile, und das

> **„Im Alltag entscheidet jeder für seinen Arbeitsbereich."**
>
> Tobias Esser

zu vergünstigten Konditionen. Bis 2033 gibt es ein Sonderkündigungsrecht, wobei die Gesellschaftsanteile dann an den Vater zurückfallen würden.

Wie es mit dem Betrieb in der nächsten Generation weiter geht, dafür haben die Geschwister noch keine Pläne. „Unsere Kinder sind noch klein, wer weiß, was die später machen wollen", beschreibt Theresa die offene Haltung der Familien zu dieser Frage. Im Übrigen war es auch für Theresa und Tobias nicht von immer klar, dass sie den Betrieb übernehmen. Sie haben noch zwei Schwestern, die auch Landwirtschaft gelernt haben, aber mittlerweile ihren Lebensmittelpunkt woanders haben.

Die Wohnungsfrage ist für Theresa und Tobias kein Problem. Sie wohnen mit ihren eigenen Familien jeweils in einem schon bestehenden Wohnhaus auf der Hofanlage, die Eltern in einem neu gebauten Altenteilerhaus. Das Altenteil für die Eltern übernehmen Tobias und Theresa zu je gleichen Teilen.

Anne Schulze Vohren

So ist die gesetzliche Abfindung geregelt

Auch wer die Abfindung vertraglich gestalten möchte, sollte sich zunächst mit den gesetzlichen Regelungen der Höfeordnung zur Abfindung beschäftigen.

UNSERE AUTOREN
Hubertus Schmitte, Gerald Lückmeier

Wie viel den weichenden Erben an Abfindung zusteht, richtet sich unter anderen nach deren Erbquoten.

Foto: Heil

Im Erbfall oder bei der Hofübergabe haben die weichenden Erben einen Anspruch auf eine Abfindung in Geld gegenüber dem Hofübernehmer. Basis für die Zahlungen ist der sogenannte Hofeswert (das 0,6-Fache des Grundsteuerwertes). Diese Regelung ist grundsätzlich sinnvoll. Passt sie nicht zur eigenen Situation, ist sie zumindest eine geeignete Grundlage für die individuelle Gestaltung der Abfindung.

WER ERBBERECHTIGT IST

Zu den weichenden Erben gehören alle, die nach dem allgemeinen Erbrecht erbberechtigt sind. Das sind vor allem die Kinder des Hofübergebers, wobei außereheliche Kinder den ehelichen Kindern gleichgestellt sind. Neben den Kindern ist auch der Ehepartner des Übergebers abfindungsberechtigt.

Für den Fall, dass keine Kinder vorhanden sind, sind neben dem Ehepartner auch die Eltern des Hofübernehmers erbberechtigt. Nicht abfindungsberechtigt sind nachrangige Erben, wenn „Vorrangige“ noch leben. Das trifft zum Beispiel für die Geschwister des Hofübergebers zu, wenn ein Elternteil noch lebt. Ebenfalls keinen Anspruch haben Vorerben und Personen, die einen Erbverzicht erklärt haben.

Wie viel die weichenden Erben von dem zur Verfügung stehenden Abfindungsbetrag bekommen, richtet sich ebenfalls nach dem Bürgerlichen Gesetzbuch. Je nach Güterstand zwischen dem Erblasser und seinem Ehepartner gelten folgende Erbquoten.

GESETZLICHE ERBQUOTEN

Im gesetzlichen Güterstand der Zugewinngemeinschaft steht dem Ehepartner eine Erbquote von 25 % zuzüglich eines pauschalen Zugewinnausgleichs von 25 % zu, insgesamt also 50 % des Abfindungsbetrages. Die restlichen 50 % verteilen sich auf die Kinder, einschließlich des Hoferben. Bei zum Beispiel drei Kindern (Hofnachfolger und zwei weichende Erben) steht dem Ehepartner 1/2 und den weichenden Erben jeweils 1/6 des Abfindungsbetrages zu. Sind keine Kinder vorhanden, ist der Ehepartner zu 75 % (Erbquote von 50 % plus 25 % Zugewinnausgleich) und sind die Eltern des Hofübergebers zusammen zu 25 % berechtigt.

Bei Gütertrennung und einem Kind stehen dem Ehepartner und dem Kind jeweils 50 % zu. Sind zwei Kinder vorhanden, sind der Ehepartner und die

SCHNELL GELESEN

Abfindungsberechtigt sind die weichenden Kinder und der Ehepartner des Übergebers.

Die Beteiligungsquoten hängen ab von der Zahl der Miterben und dem Güterstand des Übergebers.

Der Abfindungsanspruch der Kinder entsteht im Todesfall oder bei Übergabe.

Der Ehepartner nimmt meist ein Altenteil statt Abfindung.

Der Übernehmer kann die Abfindungszahlung stunden lassen.

Die Verjährungsfrist beträgt drei Jahre.

beiden Kinder jeweils zu 1/3 zu berücksichtigen. Bei drei oder mehr Kindern steht dem Ehepartner 1/4 des Abfindungsbetrages zu, der Rest wird gleichmäßig auf die Kinder verteilt. Sind keine Kinder da, erhält der Ehepartner 50 % und die Eltern des Hofübergebers bekommen zusammen ebenfalls 50 %.

Bei Gütergemeinschaft steht dem Ehepartner, wenn kein Ehegattenhof vorliegt, nach allgemeinem Recht 1/4 des Abfindungsbetrages als Erbquote zu. Der Rest geht zu gleichen Teilen an alle Kinder. Ohne Kinder beträgt der Erbteil des Ehepartners 1/2, der Rest geht an die Eltern des Hofübergebers.

Bei der Ermittlung der gesetzlichen Erbquoten werden also auch der Ehepartner des Hofübergebers und der Hofnachfolger selbst berücksichtigt. In der Praxis fließt in diesen Fällen jedoch kein Geld. Denn der Hofnachfolger zahlt sich den Betrag natürlich nicht selbst aus und Vater oder Mutter verzichten in der Regel auf ihre Abfindung, um nach § 14 (2) der Höfeordnung den Altenteil verlangen zu können. Bei der Abfindungsberechnung für die weichenden Erben werden die Quoten vom Hofnachfolger und des weichenden Elternteils dennoch berücksichtigt.

Foto: Höner

△ Stirbt der Vater oder übergibt er seinen Betrieb an den Nachfolger, haben die Nachkommen einen Anspruch auf Abfindung.

WANN DIE ABFINDUNG ANFÄLLT

Der Abfindungsanspruch nach § 12 der Höfeordnung entsteht mit dem Erbfall, also mit dem Tod des Hofübergebers. Wird der Hof schon zu Lebzeiten einem Abkömmling übertragen, können die Kinder des Hofübergebers bereits zu diesem Zeitpunkt ihre Abfindung beanspruchen. Dieser vorgezogene Abfindungsanspruch der Kinder ist eine spezielle Regelung des Höferechtes, die das Sonderopfer, das den Kindern als weichenden Erben zugemutet wird, abmildern soll. Die Kinder sollen nicht noch bis zum Erbfall auf die sowieso schon geringe gesetzliche Abfindung warten.

Diese Regelung gilt nicht für den Ehepartner des Hofübergebers. Dieser kann seinen Abfindungsanspruch immer erst im Erbfall, also nach dem Tod des Übergebers geltend machen, wobei der Ehepartner oft sowieso zugunsten eines lebenslangen Altenteils auf seine Abfindungsansprüche verzichtet. Beides nebeneinander kann er nicht verlangen.

Eine weitere Sonderregelung gibt es für minderjährige Erben, die noch nicht 18 Jahre alt sind. Deren Abfindung gilt im Bereich der Höfeordnung bis zum Eintritt der Volljährigkeit als gestundet. Dafür muss der Hofübernehmer jedoch die Kosten für einen angemessenen Lebensbedarf und eine entsprechend angemessene Berufsausbildung tragen. Diese Sonderregelung ist zwingend und kann nicht durch eine Verfügung von Todes wegen abgeändert werden.

VORERBSCHAFT ALS LÖSUNG?

Immer wieder kommt es vor, dass der Übergeber den Hof nicht direkt an den Hofnachfolger der nächsten Generation abgibt, sondern seinen überlebenden Ehepartner als Vorerben einsetzt. Der eigentliche Hofnachfolger übernimmt den Hof dann erst nach dem Tod des Vorerben (sogenannter Nacherbfall). In diesem Fall entsteht der Abfindungsanspruch der weichenden Erben schon mit dem Vorerbfall, also mit dem Tod des Hofübergebers und der Übernahme des Hofes durch den Vorerben. Dieser ist auch Schuldner der Abfindung.

Dabei hat grundsätzlich auch der Hofnachfolger und Nacherbe einen Abfindungsanspruch. Er kann jedoch keine Auszahlung, sondern lediglich die Absicherung des Betrages, z.B. durch eine Hypothek, verlangen. Schließlich ist bei Eintritt des Erbfalls nicht gewiss, ob der vorgesehene Hofnachfolger bei Eintritt des Nacherbfalles das Erbe auch tatsächlich antreten kann oder ob er z.B. zwischenzeitlich die Wirtschaftsfähigkeit verloren hat.

REGELN BEIM EHEGATTENHOF

Besondere Regeln gelten im Falle eines Ehegattenhofes. Anders als im „Normalfall" steht der Ehegattenhof im gemeinschaftlichen Eigentum der Eheleute. Wenn einer der beiden Ehepartner stirbt, erbt ausschließlich der andere Ehepartner den Anteil des Verstorbenen am Hof – und zwar als Vollerbe und zwingend.

Die Kinder, einschließlich des späteren Hofnachfolgers, sind allesamt weichende Erben. Deren Abfindungsanspruch bezieht sich zunächst nur auf den Anteil des Verstorbenen am Hof. Erst wenn auch der zunächst überlebende Ehepartner verstirbt und der Hof an den Hofnachfolger der nächsten Generation übergeht, können die weichenden Erben ihre Abfindungsansprüche an dem Anteil des jetzt Verstorbenen geltend machen (neuer Erbfall).

Wichtig ist: Anders als bei der Abfindung vom Hof können die Erben ihre Erbansprüche bezüglich des hofesfreien Vermögens immer erst im Erbfall, also beim Tod des Hofübergebers, geltend machen. Somit kann es noch lange Jahre nach einer vorweggenommenen Hofübergabe zu einer erneuten Erbauseinandersetzung der Geschwister über das hofesfreie Vermögen kommen!

ABFINDUNG STUNDEN

Die sofortige Fälligkeit hoher Abfindungszahlungen bei Hofübergabe oder Erbfall kann die ordnungsgemäße Bewirtschaftung des Hofes gefährden. In solchen Fällen kann der Hofnachfolger beim Landwirtschaftsgericht die Stundung der einem Miterben zustehenden Abfindung beantragen – auch dann, wenn der Übergeber die Abfindung testamentarisch oder vertraglich festgesetzt hat. Grundsätzlich kann die Stundung gewährt werden, soweit der Hoferbe bei sofortiger Zahlung den Hof nicht ordnungsgemäß bewirtschaften könnte und wenn dem betroffnen Miterben bei gerechter Abwägung der Lage eine Stundung zugemutet werden kann.

Das Gericht entscheidet nach billigem Ermessen, ob und in welcher Höhe eine gestundete Forderung zu verzinsen ist. Es entscheidet außerdem darüber, in welcher Art und in welchem Umfang dafür Sicherheiten zu leisten sind.

Falls sich die Verhältnisse nach dem Erlass der Entscheidung wesentlich geändert haben, kann das Landwirtschaftsgericht die frühere Entscheidung über die Stundung, Verzinsung und Sicherheitsleistung auf Antrag eines Beteiligten wieder aufheben oder ändern.

Die Landwirtschaftsgerichte haben hier also einen weiten Ermessens- und Entscheidungsspielraum, sodass sie die oftmals im Widerspruch stehenden Interessen des Hoferben und der weichenden Erben sachgerecht abwägen können.

WIE LANGE GEHT VERJÄHRUNG?

Entstandene Abfindungsansprüche können von den Berechtigten abgetreten, verpfändet oder vererbt werden. So ist es z.B. denkbar, dass die nicht beanspruchten Ansprüche der Ehefrau des Hofübergebers bei deren Tod auf die gemeinsamen Kinder oder sogar auf familienfremde Dritte übergehen. Wenn das nicht gewollt ist, empfiehlt es sich, möglichst frühzeitig eine schriftliche Verzichtsregelung zu treffen. Nach dem Erbfall/der Übertragung ist das privatschriftlich möglich, vorher bedarf das der notariellen Beurkundung.

Dagegen kann der Hoferbe die Abfindungspflicht nicht abwälzen. Zahlungsverpflichtet ist allein er. Auch bei Übertragung, Abgabe oder Verkauf des Hofes bleibt die Verpflichtung beim ursprünglichen Hofübernehmer. Denn die Abfindung ist eine persönliche Pflicht.

Die Abfindungsansprüche der weichenden Erben unterliegen der Verjährung. Die Verjährungsfrist beträgt drei Jahre. Die Frist beginnt mit dem Ende des Jahres, in dem der Anspruch entstanden ist und der Berechtigte von den anspruchsbegründenden Umständen und der Person des Schuldners Kenntnis erlangt hat oder ohne grobe Fahrlässigkeit hätte erlangen müssen.

Das bedeutet, dass der Hofübernehmer – falls die weichenden Erben nicht vollständig abgefunden wurden oder sie die Abfindungsansprüche nicht in Anspruch genommen haben – noch erhebliche Zeit nach dem Erbfall bzw. der Hofübergabe mit Forderungen der weichenden Erben rechnen muss.

Um solche Ungewissheit zu vermeiden, sollten bei Hofübergabe möglichst eindeutige und abschließende Abfindungsregelungen vereinbart, zumindest aber die Berechtigten informiert werden.

AUSKUNFTSPFLICHT

Eine Auskunftspflicht über den Umfang und den Wert des Hofes hat der Hofübernehmer insoweit nicht, als sich die Miterben selbst die Auskünfte über Umfang und Wert des Hofes beschaffen können, zum Beispiel beim Grundbuchamt und bei den Banken.

Etwas anderes gilt nach Treu und Glauben für alle für die Abfindungsberechnung relevanten Umstände, die die weichenden Erben nicht kennen und nicht in Erfahrung bringen können, auf deren Kenntnisse sie zur Beurteilung und Bezifferung ihres Anspruchs angewiesen sind und über die der Hofübernehmer bzw. die Hoferben unschwer Auskunft erteilen kann/können.

Das betrifft insbesondere die Umstände, die gemäß § 12 Abs. 2 Nr. 3 der HöfeO zu einer Erhöhung der Abfindung führen können. Jeder Hoferbe ist gut beraten, den Miterben diese Auskünfte nicht zu verweigern. Vielmehr sollte er die Fragen beantworten, wenn er die Fakten kennt und über entsprechende Belege verfügt. Fragen, die er nicht beantworten kann, sollte er unbeantwortet lassen. Alles andere weckt Misstrauen bei den Miterben und zerstört die Basis für vernünftige und einvernehmliche Abfindungsregelungen.

Übrigens: Sind die weichenden Erben vom Erblasser auf den Pflichtteil gesetzt worden, muss der Hoferbe stets umfassend Auskunft erteilen.

Neue Höfeordnung ab 2025

Die nordwestdeutsche Höfeordnung gilt in Schleswig-Holstein, Hamburg, Niedersachsen und Nordrhein-Westfalen. Eine Abfindung nach Höfeordnung kommt aber nur dann infrage, wenn der Hof zum Zeitpunkt des Erbfalls bzw. der Übergabe tatsächlich ein Hof im Sinne der Höfeordnung war.

Voraussetzung für die Hofeigenschaft ist seit 2025, dass der Grundsteuerwert des land- u. forstwirtschaftlichen Betriebes 54.000 € beträgt. Ein Betrieb mit einem Grundsteuerwert von unter 54.000 €, aber über 27.000 €, unterliegt der Höfeordnung, wenn der Hofvermerk im Grundbuch eingetragen ist. Sinkt der Wert unter 27.000 €, geht die Hofeigenschaft verloren, sobald der Hofvermerk im Grundbuch gelöscht wird. Bis zum 31.12.2026 gilt folgende Übergangsregelung:

- Ein Hof, der nach den neuen Bestimmungen kein Hof ist (z.B. weil der Grundsteuerwert unter 27.000 € liegt), aber nach der Altregelung ein Hof war (z.B. weil der Wirtschaftswert über 10.000 € lag) und als Hof eingetragen ist, gilt bis zur Löschung des Hofvermerkes weiterhin als Hof, längstens aber bis zum 31.12.2026.
- Ein Hof, der nach den neuen Regeln ein Hof ist (z.B. weil der Grundsteuerwert über 54.000 € liegt), aber nach der Altregelung kein Hof war (z.B. weil der Wirtschaftswert unter 5.000 € lag), gilt bis zum 31.12.2026 weiterhin nicht als Hof, es sei denn, der Eigentümer erklärt ausdrücklich beim Landwirtschaftsgericht, dass es ein Hof nach Höfeordnung sein soll.

Zudem muss der Hof zum Zeitpunkt des Übergangs eine eigenständige wirtschaftliche Betriebseinheit gewesen sein. Davon kann man in der Regel dann ausgehen, wenn der Hofübergeber den Hof bis zum Erbfall bzw. bis zur Übertragung selbst bewirtschaftet hat oder von einem Pächter geschlossen hat bewirtschaften lassen. War zu diesem Zeitpunkt die Eigenbewirtschaftung eingestellt, kommt es darauf an, ob das auf Dauer sein sollte oder nur für eine vorübergehende Zeitspanne.

Eine dauerhafte Betriebsaufgabe führt zum Verlust der Hofeigenschaft auch ohne Löschung des Hofvermerks. Eine nur vorübergehend ruhende Bewirtschaftung unterfällt weiterhin der HöfeO. Maßgeblich ist der nach außen getretene Wille des Erblassers/Hofübergebers, der aber nicht in Widerspruch zu allen objektiv notwendigen Voraussetzungen für eine Betriebsführung mit positiven Erträgen stehen darf.

Wer die Regeln der HöfeO nicht will, kann beim Landwirtschaftsgericht jederzeit in notariell beglaubigter Form erklären, dass sein landwirtschaftlicher Betrieb kein Hof im Sinne der Höfeordnung mehr sein soll.

Am Anfang steht der Hofeswert

Maßgeblich für die Höhe der gesetzlichen Abfindung ist der Hofeswert – seit 2025 beträgt dieser das 0,6-Fache des Grundsteuerwertes. Im Einzelfall müssen Zu- und Abschläge gemacht werden.

UNSERE AUTOREN
Hubertus Schmitte, Gerald Lückemeier

Im Bereich der Höfeordnung bemisst sich der Abfindungsanspruch der weichenden Erben im Erbfall oder bei lebzeitiger Hofübergabe an dem sogenannten Hofeswert. Der ergab sich bis zum 31.12.2024 aus dem 1,5-Fachen des zuletzt durch das Finanzamt vor dem Erbfall bzw. der Übergabe festgesetzten Einheitswert. Seit dem 1.1.2025 beträgt der Hofeswert das 0,6-Fache

△ Wer einen Hof abgibt, muss die weichenden Erben abfinden. Die Abfindung bemisst sich am sogenannten Hofeswert.

des Grundsteuerwertes des Betriebs der Land- und Forstwirtschaft. Auch dieser Wert wird vom Finanzamt festgestellt.

Der Hofeswert ist erheblich niedriger als der Verkehrswert und macht in der Regel nur einen Bruchteil des wirtschaftlichen Betriebswertes aus. Damit wird der Hofnachfolger privilegiert und den weichenden Erben ein hohes Sonderopfer auferlegt.

WAS ZUM HOFESWERT ZÄHLT

Zum „günstigen" Hofeswert wird nur der Hof selbst vererbt oder übertragen. Das hofesfreie Vermögen geht an den oder die Erben und wird ggf. gemäß der gesetzlichen Erbquoten unter den Erben aufgeteilt. Deshalb ist es für alle Beteiligten wichtig zu wissen, welche Vermögensgegenstände zum Hof gehören und an den Hoferben übergehen.

Grundsätzlich gehören zum Hof zunächst alle Grundstücke, die im Eigentum des Hofübergebers stehen und von der Hofstelle aus bewirtschaftet werden, auch wenn einzelne Grundstücke nicht im Hofesgrundbuch verzeichnet sind. Entscheidend ist das Eigentum des Hofübergebers und die Bewirtschaftung im Rahmen eines einheitlichen Betriebes, wobei die zeitweilige Verpachtung oder sonstige Nutzungsüberlassung an Dritte nicht schadet. Ebenso unschädlich ist Streubesitz, soweit eine technisch und wirtschaftlich sinnvolle Bewirtschaftung möglich ist.

Zum „günstigen" Hofeswert wird nur der Hof selbst vererbt.

Dazu hat aber der Bundesgerichtshof im Jahre 2014 klargestellt, dass nur solche Flächen zum Hofesvermögen zählen und an der Privilegierung durch die Höfeordnung (HöfeO) teilhaben, die auch landwirtschaftlich genutzt werden. Danach können also einzelne Flurstücke, die im Hofesgrundbuch verzeichnet sind, trotzdem zum hoffreien Vermögen zählen, wenn sie auf Dauer der landwirtschaftlichen Nutzung entzogen sind. Darunter können z.B. fremdvermietete Wohnhäuser fallen, aber auch Flächen-PV-Anlagen oder Parzellen, die für sonstige gewerbliche Anlagen, also insbesondere WKAen, genutzt werden. Ob das auch für abgegrenzte Teilflächen von Flurstücken gilt, ist noch nicht entschieden.

Zum Hof gehören weiterhin:

- lebendes und totes Inventar, also der Tier- und Maschinenbesatz;
- bestimmte Mitgliedschaftsrechte, z.B. an der Bezugs- und Absatzgenossenschaft, der Kartoffel- bzw. Zuckerfabrik, der Molkerei, der Winzer- oder Warengenossenschaft sowie sonstige Liefer- bzw. Nutzungsrechte und ähnliche Rechte, die dem Hof dienen; das erfordert, dass sie die Leistungsfähigkeit des Betriebes stärken und nicht nur der Einkommenssituation des Eigentümers nützlich sind, sowie
- zur Bewirtschaftung nötige Finanzmittel, z.B. das Betriebskonto, Außenstände, der Bargeldbestand, aber nur soweit diese für die Betriebsführung bis zur nächsten Ernte erforderlich sind.

Nicht zum Hof gehören dagegen alle Gegenstände und Rechte, die in keinem Zusammenhang mit der Bewirtschaftung des Hofes stehen, z.B. Wertpapiere, Schmuck sowie alle nicht von der Höfeordnung erfassten Vermögenswerte wie z.B. landwirtschaftsfremd genutzte Grundstücke, Miteigentumsanteile, Miet- und Pachtzinsforderungen, Spar- und Bausparguthaben, Entschädigungsforderungen und Kaufpreisforderungen aus dem Verkauf von Hofesgrundstücken.

MIETWOHNUNGEN & CO.

In vielen Fällen ist die Abgrenzung zwischen Hofesvermögen und hofesfreiem Vermögen allerdings nicht von vornherein klar, z.B. bei Geldrücklagen, die für landwirtschaftliche Investitionen verwandt werden sollen. Für solche und ähnliche Fälle gilt Folgendes:

- Altenteiler- bzw. Mietshäuser, die nicht auf der Hofstelle stehen, gehören nicht mehr zum Hofesvermögen, wenn sie dauerhaft fremdvermietet sind. Befinden sie sich auf der Hofstellenparzelle, lösen sie Zuschläge aus.
- Das Gleiche gilt für Windräder, Masten sowie für den Abbau von Sand, Kies und Ton.
- Mietshäuser usw. auf abgetrennten, nicht mehr landwirtschaftlich genutzten Grundstücken gehören immer zum hofesfreien Vermögen.
- Verpachtete Grundstücke gehören zum Hof, sofern die Verpachtung nur vorübergehend ist.
- Ständig verpachtete Grundstücke dagegen fallen aus dem Hofesvermögen raus. Dabei ist maßgeblich, ob der Eigentümer das Pachtland bewusst für immer aus seinem Wirtschaftsverband ausgeschlossen bzw. überhaupt nicht eingegliedert hat, weil eine Eigenbewirtschaftung z.B. wegen der Entfernung nicht realistisch ist.
- Verpachtung wegen Alter, Krankheit und Berufsfremdheit schadet nicht.
- Hinzuerworbene Grundstücke sind, wenn sie regelmäßig von der Hofstelle aus bewirtschaftet werden, hofeszugehörig. Das gilt auch, wenn das Grundstück zurzeit des Erwerbs noch an Dritte verpachtet ist.
- Verkaufte Grundstücke gehören nicht mehr zum Hof.
- Wald ist, auch wenn er weit entfernt liegt, hofeszugehörig.
- Grünland, das weit vom Hof entfernt liegt, zählt dann zum Hof, wenn es zum Beispiel als Fett- bzw. Dauerweide genutzt wird, selbst wenn das Vieh nicht vom Hof aus beaufsichtigt wird.

BAULAND GEHÖRT NICHT ZUM HOF

Baugrundstücke gehören nicht mehr zum Hof, wenn die landwirtschaftliche Nutzung endgültig aufgegeben worden ist und auch in Zukunft nicht mehr in Betracht kommt. Das gilt insbesondere dann, wenn zusätzlich bereits eine förmliche Ausweisung sowie die Vermessung und Parzellierung erfolgt ist.

Grundstücke, die nur als Bauland geeignet sind, in einem Wohnsiedlungsgebiet liegen oder bereits katastermäßig umbezeichnet sind, gehören jedoch noch zum Hof, soweit sie weiterhin landwirtschaftlich genutzt werden.

Erbbaugrundstücke genauso wie die Erbbauzinsen gehören i.d.R. nicht mehr zum Hof, da die Bebauung aufgrund meist 99-jähriger Berechtigung

SCHNELL GELESEN

Der Hofeswert umfasst nur den rein landwirtschaftlichen Betrieb, nicht das hofesfreie Vermögen.

Der Hofeswert macht nur einen Bruchteil des wahren wirtschaftlichen Wertes des Hofes aus.

Ein Zuschlag ist möglich, z.B. für Flächenzukäufe oder fremdvermietete Altenteilerhäuser auf der Hofstelle.

Die Anrechnung von Zu- und Abschlägen erfolgt nur auf Antrag des Hofnachfolgers oder eines weichenden Erben.

keine vorübergehende Maßnahme ist. Anders ist es, wenn die Bebauung weiterhin dem wirtschaftlichen Zweck des Hofes dient, z.B. für die Unterbringung von Altenteilern oder Landarbeitern.

Ein Ausstattungsgrundstück, das zum Beispiel einem weichenden Erben bereits dauerhaft zur selbstständigen Bewirtschaftung überlassen wurde, gehört nicht zum Hof. Das gilt auch dann, wenn die Übertragung als solche noch aussteht.

MASCHINEN, GERÄTE, INVENTAR

- Der zur Bewirtschaftung des Betriebes notwendige Viehbestand gehört zum Hofeszubehör.
- Nicht dazu gehören Handelsvieh, Luxus- und Hobbytiere.
- Maschinen und Geräte einschließlich des betrieblich genutzten Pkw, Bürogeräte und Jagdwaffen bei einem Eigenjagdbezirk sind Hofeszubehör.
- Hausgeräte und die Inneneinrichtung der Wohnung gehören ebenfalls zum Hofeszubehör. Unter die privilegierte Bewertung fällt aber nur die erforderliche Einrichtung und Ausstattung, nicht das, was darüber hinausgeht. Ausgenommen sind Sammler- und Liebhaberobjekte, Luxusgegenstände, z.B. wertvolle Teppiche, Kunstgegenstände, Antiquitäten und Ähnliches.
- Dünger, landwirtschaftliche Erzeugnisse, Saatgut und Futter gehören nur insoweit zum Zubehör, wie sie bis zur nächsten Ernte gebraucht werden.
- Überbestände an Dünger, landwirtschaftlichen Erzeugnissen, Saatgut und Futter gelten in der Regel als hofesfreies Vermögen.
- Die noch nicht abgeerntete Ernte gehört zum Hofesvermögen.
- Betriebsmittel wie Maschinen, Anlagen, Werkzeuge, Energievorräte, Tiermedizin, Baumaterialien und Spritzmittel gehören zum Hofesvermögen.
- Erlöse aus dem Verkauf landwirtschaftlicher Erzeugnisse gehören ebenfalls zum Hof, soweit sie sich im Rahmen der ordnungsgemäßen Bewirtschaftung halten und der laufenden Führung des Betriebes dienen.
- Erlöse aus der Substanzverwertung des Hofes gelten dagegen als hofesfreies Vermögen, auch wenn sie zum künftigen Ausbau oder zur Ausbesserung des Hofes angelegt worden sind.
- Ansprüche z.B. aus einer Brandversicherungssumme sind ebenfalls hofesfreies Vermögen. Es sei denn, die Versicherung wird nur bei Wiederaufbau des Hofes ausgezahlt.

WANN EIN ZUSCHLAG FÄLLIG IST

Der Hofeswert führt nicht immer zu einer gerechten Abfindung. Je nachdem kommen der Hofübernehmer oder die weichenden Erben schlecht weg. Deshalb können beide Seiten in bestimmten Fällen Zuschläge oder Abschläge verlangen.

Das gilt immer dann, wenn besondere Umstände des Einzelfalles, die für den Wert des Hofes von Bedeutung sind, im Hofeswert nicht oder nur unzureichend zum Ausdruck kommen.

Am häufigsten kommt ein Zuschlag dann infrage, wenn der Hofübergeber nach dem letzten Grundsteuerbescheid Zukäufe getätigt hat oder eine landwirtschaftsfremde Nutzung von Teilen des Hofes gegeben ist. Dabei kann es sich um den Zuerwerb von Grundstücken, Maschinen, Einrichtungen, Anlagen oder auch von Vieh handeln. Ebenfalls zuschlagspflichtig sind:

- Altenteilerhäuser oder fremdvermietete Wohnungen auf der Hofstelle,
- zum Hofesgrundbuch gehörendes Bauland, Bodenschätze, Freizeit- und Erholungsanlagen, Nebenbetriebe,
- schon vom Erblasser betriebene landwirtschaftsfremde Nutzungen von unselbstständigen Teilflächen oder Gebäudeteilen, z.B. für Windkraft- oder Biogasanlagen, soweit sie nicht bereits zum hoffreien Vermögen gehören.

Da der Hofübernehmer in diesen Fällen von Anfang an mehr als einen reinen landwirtschaftlichen Betrieb übernimmt, müssen die weichenden Erben durch einen Zuschlag zum Hofeswert an diesem Mehrwert beteiligt werden.

Foto: ©Countrypixel/AdobeStock

△ Der Hofeswert ist die Abfindungsgrundlage, manchmal sind Korrekturen notwendig.

Bei Bodenschätzen, Bauland und ähnlichen Substanzbestandteilen, die bei Hofübergabe bzw. zum Zeitpunkt des Erbfalls noch nicht genutzt werden, bei denen die neue Nutzung jedoch in absehbarer Zeit mit Fug und Recht erwartet werden kann, reicht der „schlummernde Mehrwert", um eine Zuschlagspflicht auszulösen. Das gilt auch dann, wenn der Hofübernehmer die betreffenden Grundstücke weiter landwirtschaftlich nutzen will. Wird der Mehrwert später durch den Hoferben realisiert, haben die weichenden Erben zusätzlich einen Anspruch auf Nachabfindung.

Erzielt bereits der Erblasser Gewinne aus einer landwirtschaftsfremden Nutzung (z.B. Vermietung umgenutzter Gebäude), können die weichenden Erben ebenfalls einen Zuschlag verlangen. Ein solcher Zuschlag ist nicht zu verwechseln mit einer Nachabfindung (§ 13 Höfeordnung.) Diese kommt nur infrage, wenn nicht der Erblasser, sondern der Übernehmer die landwirtschaftsfremde Nutzung neu begonnen hat.

HOF NICHT GEFÄHRDEN

Wie die Höhe des Zuschlags ermittelt wird, ist im Gesetz nicht konkret geregelt. Es heißt nur, dass der Zuschlag angemessen sein und die Fortführung des Betriebes erlauben muss. In der Praxis haben sich folgende Ansätze bewährt:

Bei Bodenschätzen bzw. Bauland ist die Obergrenze für den Zuschlag der Verkehrswert. Falls die Fläche noch nicht verkauft worden ist, kommt der volle Verkehrswert aber in der Regel nicht infrage, weil der Übernehmer die Fläche dann veräußern müsste, um den Zuschlag zu leisten. Zudem hat er vor einem Verkauf keine höheren Erträge aus der landwirtschaftlichen Nutzung des zukünftigen Baulandes erzielt. Deshalb ist hier nur ein Zuschlag angemessen, den der Übernehmer ohne Zwangsverwertung der Fläche leisten kann.

Bei laufenden Erlösen aus einer landwirtschaftsfremden Nutzung liegt die Obergrenze für den Zuschlag beim kapitalisierten Gewinn. Ob dieser Ansatz auch dazu führen darf, dass der Hofübernehmer die Quelle, aus der die landwirtschaftsfremden Erlöse fließen, verkaufen oder so belasten muss, dass sie versiegt, ist umstritten.

Soweit der landwirtschaftliche Betrieb ohne Existenzgefährdung auf diese Zusatzeinkünfte verzichten kann,

Foto: Höner

◁ Alle landwirtschaftlich genutzten Flächen zählen zum Vermögen eines Hofes.

ist ein Verkauf bzw. eine Belastung zur Finanzierung der Abfindung möglicherweise durchaus zumutbar.

Aber Vorsicht: Wenn der Hof nur noch mithilfe der landwirtschaftsfremden Nutzung lebensfähig ist, ist er kaum noch als leistungsfähiger Betrieb anzusehen. Die Folge: Der Hof kann nicht mehr zu den günstigen Bedingungen der Höfeordnung vererbt werden!

Fakt ist, dass zuschlagspflichtige Nutzungen des Hofesvermögens bei der Abfindungsfrage zum Bumerang für den Betrieb werden können.

Um das zu vermeiden, sollte der Hofübergeber in diesen Fällen, die auch im Rahmen des Höferechts bestehenden Möglichkeiten nutzen und für die konkret gegebene Situation maßgeschneiderte testamentarische oder vertragliche Regelungen treffen, z. B. die weichenden Erben auf den Pflichtteil beschränken. Notfalls sollte der Hoferbe selbst im Übergabevertrag auf eine sachgerechte Lösung hinwirken.

WANN EIN ABSCHLAG FÄLLIG IST

Abschläge vom Hofeswert kommen infrage, wenn nach dem letzten Grundsteuerbescheid „Verluste" aufgetreten sind, z. B. durch:

- Brand-, Sturm- und Wasserschäden,
- einen Seuchenbefall,
- einen Inventarabbau,
- eine schuldlos fehlgeschlagene Investition,
- Immissions- oder wasserrechtliche Auflagen,
- ungenutzte Gebäude, die einen erhöhten Erhaltungsaufwand erfordern,
- sonstigen Gebäudeüberbestand,
- unzureichende Wohn- und Wirtschaftsgebäude.

Ein Abschlag fällt auch dann an, wenn der Hoferbe in der vorangegangenen Zeit als Pächter den Viehbestand auf eigene Kosten erhöht hat und deshalb ein Viehzuschlag in dem für die Abfindung maßgeblichen Grundsteuerbescheid vorgenommen worden ist. Denn die Eigenleistungen, die ein Hoferbe vor der Hofübergabe bzw. vor dem Erbfall in den Betrieb eingebracht hat, müssen bei der Berechnung der Abfindung außen vor bleiben.

Deshalb muss der Viehzuschlag in vollem Umfang wieder vom Hofeswert abgezogen werden. Ein Beispiel:

Ein Hoferbe hat den Betrieb seines Vaters im Jahr 2025 übertragen bekommen. In den vorangegangenen zehn Jahren bewirtschaftete er den Betrieb als Pächter. In dieser Zeit hat er den Viehbestand deutlich aufgestockt. Der Grundsteuerwert wurde um einen Viehzuschlag von 75.000 € erhöht und auf aktuell 550.000 € festgesetzt. Für die Berechnung der Abfindungsansprüche der weichenden Erben wird jedoch der Viehzuschlag von 75.000 € wieder abgezogen. Der für die Abfindung maßgebliche Grundsteuerwert beträgt also nur 475.000 €, wodurch der Hofeswert (= 1/6 des Grundsteuerwertes) lediglich 285.000 € statt 330.000 € beträgt.

Sowohl Abschläge als auch Zuschläge dürfen nur aufgrund einzelfallbezogener Umstände angesetzt werden. Allgemeine Umstände, die grundsätzlich jeden Landwirt treffen, wie zum Beispiel Geldentwertung, die Entwicklung landwirtschaftlicher Preise und die Agrarpolitik können kein Grund für derartige Zu- und Abschläge zum bzw. vom Hofeswert sein.

BAGATELLGRENZE

Außerdem werden Zu- und Abschläge nur dann gemacht, wenn die Umstände für den Hof von erheblicher Bedeutung sind. Die Grenze dafür dürfte bei 1/10 des Hofeswertes liegen. Wertbeeinflussungen unter dieser Marke bleiben unberücksichtigt, die darüber hinausgehenden werden aber in vollem Umfang angerechnet.

Die Anrechnung der Zu- und Abschläge erfolgt nicht von Amts wegen, sondern nur auf Verlangen des Hoferben bzw. der Abfindungsberechtigten. Dabei gibt es unterschiedliche Auffassungen darüber, ob ein Zuschlag nur für denjenigen angesetzt wird, der dies beantragt hat, oder für alle Abfindungsberechtigten. Grundsätzlich hat es aber wohl jeder weichende Erbe selbst in der Hand, derartige Zuschläge zu verlangen oder davon auch abzusehen.

Vom Hofeswert zur Abfindung

Bei der Berechnung der gesetzlichen Abfindung können Nachlassverbindlichkeiten und Vorempfänge vom Hofeswert abgezogen werden. Wir zeigen, wie gerechnet wird.

UNSERE AUTOREN
Hubertus Schmitte,
Gerald Lückemeier

Grundlage für die Abfindungen ist der um Zu- und Abschläge korrigierte Hofeswert. Dabei steht den Miterben aber nicht immer der volle Betrag zu. Vielmehr werden Nachlassverbindlichkeiten abgezogen, Vorempfänge der weichenden Erben angerechnet und die Mitarbeit der Geschwister im Betrieb ausgeglichen. Das kann den Hofeswert um bis zu 4/5 bzw. 80 % verringern.

NACHLASSVERBINDLICHKEITEN

Wenn der Hoferbe die Nachlassverbindlichkeiten des Erblassers allein übernehmen muss, können diese – soweit sie den Hof betreffen – vom Hofeswert abgezogen werden. Zu den abzugsfähigen Verbindlichkeiten gehören vor allem jene, die der Übergeber aufgenommen hat – einschließlich der auf dem Hof lastenden Hypotheken und Grund- bzw. Rentenschulden. Ebenfalls abgezogen werden die vom Hoferben übernommenen Nießbrauchs- und Altenteilsleistungen. Dabei darf für die Abfindung Pflichtteilsberechtigter nur das gesetzliche Altenteil in Abzug gebracht werden, also das Altenteil zugunsten des Ehegatten des Übergebers. Nicht abzugsfähig sind z.B. Zugewinnausgleichs- und Pflichtteilsansprüche des überlebenden Ehegatten und der Kinder sowie die Erbschaftssteuer beim Übergang durch Erbfall.

Bezüglich des Abzugs von Nachlassverbindlichkeiten sieht die Höfeordnung eine besondere Regelung vor. Darin heißt es sinngemäß, dass für die „Abgeltung“ der auf dem Hof vorhandenen Hypotheken, Grund- und Rentenschulden vorrangig das hofesfreie Vermögen herangezogen wird, nicht aber für die auf dem Hof vorhandenen sonstigen Lasten, insbesondere die Altenteils- und Nießbrauchsrechte.

Das hofesfreie Vermögen, das eigentlich gleichberechtigt unter den Erben verteilt wird, wird also vorab zugunsten des Hofes für Nachlassverbindlichkeiten, einschließlich Tilgung von Hypotheken und Grundschulden, herangezogen. Dieser Vorteil für den Hoferben, gewinnt mit zunehmendem hofesfreien Vermögen an Bedeutung. Der Hoferbe muss sich aber bei der Verteilung des

SCHNELL GELESEN

In der Praxis wird oft übersehen, dass Nachlassverbindlichkeiten und Vorempfänge die gesetzliche Abfindung mindern.

Nachlassverbindlichkeiten sind z. B. Schulden und Altenteilsleistungen.

Die Vorempfänge der weichenden Erben müssen aus dem Hof stammen.

Der Abfindung muss aber immer mindestens ein Fünftel vom Hofeswert zugrunde gelegt werden.

Im Einzelfall muss die Mitarbeit weichender Erben ausgeglichen werden.

ÜBERSICHT 1: ABZUG VON NACHLASSVERBINDLICHKEITEN

	Beispiel 1 Vater verstorben, Mutter hat Anspruch auf Altenteil	Beispiel 2 Beide Altenteiler verstorben, Mutter hat jedoch zuvor 20 Monate Altenteil beansprucht
Hofeswert	300.000 €	300.000 €
• abzüglich Bank- und Lieferantenkredite	- 180.000 €	- 180.000 €
• abzüglich Altenteil a) voraussichtlicher, kapitalisierter Wert des Altenteilrechtes	- 135.864 €	–
b) tatsächlich erbrachtes Altenteil (20 Monate)	–	- 32.000 €
Es verbleiben	negativer Wert	88.000 €

Ergebnis Beispiel 1: Die Nachlassverbindlichkeiten übersteigen den Hofeswert, es verbleibt ein negativer Restwert. Deshalb wird die Abfindung auf Grundlage des Mindestwertes von 1/5 des Hofeswertes, hier also 60.000 € berechnet.
Ergebnis Beispiel 2: Nach Abzug der Nachlassverbindlichkeiten vom Hofeswert verbleiben 88.000 €. Dieser Betrag liegt über der 1/5-Grenze und ist deshalb Grundlage für die Abfindungsberechnungen.
top agrar; Quelle: Schmitte

◁ Im ersten Beispiel sind die Nachlassverbindlichkeiten höher als der Hofeswert. Grundlage für die Abfindung ist deshalb der Mindestwert von 1/5 des Hofeswertes.

△ Hoferben müssen ihre Geschwister abfinden. Dabei muss mindestens 1/5 des Hofeswertes zugrunde gelegt werden.

verbleibenden hofesfreien Vermögens den Hofeswert auf seinen Anteil am hofesfreien Vermögen anrechnen lassen.

MINDESTENS 1/5-HOFESWERT

Die Nachlassverbindlichkeiten sind mit ihrem vollen Wert abzuziehen. Deshalb kommt es schnell zur Aufzehrung des Hofeswertes beziehungsweise sogar zu einem negativen Ergebnis. Allerdings können die weichenden Erben im Rahmen der Höfeordnung – anders als im BGB-Landguterbrecht – niemals völlig leer ausgehen.

Denn auch bei sehr hohen Verbindlichkeiten muss mindestens ein Fünftel vom Hofeswert für die Abfindung der Miterben zur Verfügung gestellt werden. Diese Untergrenze für den Nachlasswert kann weder einseitig noch im Wege einer Vereinbarung allein zwischen Übergeber und Übernehmer unterschritten werden.

Wichtig ist: Verbindlichkeiten, also Kredite und unbezahlte Rechnungen, sind mit ihrem tatsächlichen Wert zum Zeitpunkt des Erbfalles bzw. der Übergabe anzurechnen. Dagegen werden Altenteils-, Nießbrauchsrechte und Ähnliches mit ihrem kapitalisierten Wert zum Zeitpunkt des Erbfalls bzw. der Übertragung angesetzt. Stirbt der Altenteils- bzw. Nießbrauchsberechtigte vor der endgültigen Festlegung der Abfindung, wird die tatsächliche Höhe der entstandenen Lasten zugrunde gelegt.

Unzulässig ist es, bei noch lebenden Altenteilsberechtigten für die im Zeitpunkt der Berechnung bereits verstrichene Zeit die tatsächliche Leistung zugrunde zu legen und daneben für die weitere Zukunft zusätzlich eine Kapitalisierung vorzunehmen.

SO WIRD GERECHNET

Folgende zwei Beispiele zeigen, wie der Abzug der Nachlassverbindlichkeiten in der Praxis funktioniert (Übersicht 1):

Beispiel 1: Nach dem Tod ihres Vaters am 30.1.2025 erbt Landwirtin Ina M. den elterlichen Betrieb. Der Grundsteuerwert des Hofes beträgt 500.000 €, der Hofeswert 300.000 €. Hofesfreies Vermögen ist nicht vorhanden. Zu den Nachlassverbindlichkeiten des Hofes gehören: 180.000 € Bank- und Händlerkredite, die mit ihrem tatsächlichen Wert und in voller Höhe vom Hofeswert abgezogen werden, und das Altenteilsrecht der 65 Jahre alten Ehefrau des Verstorbenen, das mit seinem kapitalisierten Wert in Abzug gebracht wird. Dabei wird das Wohnrecht mit 300 € pro Monat in realistischer Höhe angesetzt. Die im Notarvertrag oft bewusst niedrig gewählten Wohnwerte sind für die Anrechnung als Nachlassverbindlichkeit nicht maßgeblich. Das Baraltenteil beträgt 400 €/Monat.

Der Hege- und Pflegeanspruch muss nach den konkreten Umständen bewertet werden, wobei insbesondere berücksichtigt werden muss, ob bereits Pflegebedürftigkeit vorliegt oder nicht. In unserem Fall ist die Pflegebedürftigkeit noch nicht aktuell, deshalb wird der Bedarf auf 200 €/Monat geschätzt.

Das monatliche Altenteil liegt also bei insgesamt 900 €. Damit beträgt die jährliche Belastung des Betriebes durch das Altenteil 12 x 900 €, zusammen 10.800 €. Der kapitalisierte Wert liegt – bei Anwendung des Kapitalisierungsfaktors von 12,58 gemäß der jährlichen Veröffentlichung der BM-Finanzen (Bewertungsstichtage ab 1.1.2024) – bei 135.864 € (10.800 € x 12,58).

Zusammen mit den übernommenen Schulden von 180.000 € betragen die Nachlassverbindlichkeiten 315.864 €. Diese übersteigen den Hofeswert von 300.000 €, mit der Folge, dass die Abfindung der weichenden Erben auf Grundlage des Mindestwertes von einem Fünftel des Hofeswertes, hier 60.000 €, berechnet wird (Übersicht 1).

Beispiel 2: Angenommen, die altenteilsberechtigte Ehefrau war zum Zeitpunkt des Erbfalles am 30.1.2025 zwar noch gesund, wurde dann jedoch am 1.4.2025 pflegebedürftig und verstarb am 30.9.2026 – noch bevor die Abfindungsbeträge für die weichenden Erben endgültig festgelegt wurden.

In einem solchen Fall sind bei der Anrechnung des Altenteils die tatsächlich erbrachten Altenteils- und auch Pflegeleistungen maßgeblich. Im vorliegenden Fall wurde das Wohnrecht von 300 €/Monat und das Baraltenteil von monatlich 400 € für die Dauer von insgesamt 20 Monaten geleistet (30.1.2025 bis zum 30.9.2026). 18 Monate davon wurde die Altenteilerin gepflegt, wobei der tatsächliche Pflegeaufwand durch den Übernehmer bei monatlich 1.000 € lag. Die Lasten aus dem Altenteilsrecht betragen also insgesamt 32.000 €. Zusammen mit den Bank- und Lieferantenschulden von 180.000 € beträgt der Gesamtbetrag der Nachlassverbindlichkeiten 212.000 €.

Zieht man diese Summe vom Hofeswert ab, ergibt sich ein Betrag von 88.000 €. Dieser dient als Berechnungsgrundlage für die Abfindungszahlungen (Übersicht 1).

ABZUG VON VOREMPFÄNGEN

Immer wieder kommt es vor, dass der Hofübergeber den weichenden Erben bereits vor dem eigentlichen Erbfall bzw. vor der Hofübergabe finanzielle Zuwendungen als Abfindung aus dem Hof zukommen lässt. Diese sogenannten Vorempfänge müssen sich die begünstigten Miterben auf ihre spätere Abfindung anrechnen lassen.

Dazu werden zunächst alle vom Hofübergeber an die weichenden Erben geleisteten Vorempfänge dem Hofeswert hinzugerechnet. Das Ergebnis ist der fiktive Nachlasswert.

Daraus ergeben sich – je nach Erbquote – die individuellen Abfindungsansprüche der einzelnen Erben.

▷ Vorempfänge müssen vom Hofübergeber selbst geleistet werden, nicht von dessen Ehepartner.

Von diesen sind dann die Beträge, die die weichenden Erben bereits als Vorempfang jeweils erhalten haben, abzuziehen. Wie das genau funktioniert, zeigt das Beispiel auf der Seite 99.

Voraussetzung für die Anrechnung als Vorempfang ist, dass die Zuwendung aus Mitteln des Hofes erbracht wurde. Das trifft z. B. zu für Erlöse aus dem Verkauf von Hofesgrundstücken bzw. von Hofesinventar oder auch für

Vorempfänge müssen aus Mitteln des Hofes stammen.

Verkaufserlöse aus einem Holzeinschlag. Ebenso anerkannt wird die direkte Übertragung von Hofesvermögen an einen Miterben, zum Beispiel in Form eines Landarbeiterhauses oder eines Bauplatzes. Und auch Gelder, die aus Rücklagen für Abfindungen oder für künftige Investitionen in den Hof stammen, gelten als Vorempfang aus dem Hof.

VOREMPFÄNGE NUR AUS DEM HOF

Das bedeutet: Wenn die Übergeber aus ihren Hofeinkünften für die spätere Abfindung der weichenden Erben sparen und aus diesem Sparguthaben dann Zuwendungen an die Kinder machen, können diese Zuwendungen später als Vorempfänge angerechnet werden. Leistungen für eine Ausbildung oder die Aussteuer sind allerdings nur dann als Vorempfang anzurechnen, wenn sie wertmäßig die Kosten einer angemessenen Ausbildung übersteigen oder daneben gewährt worden sind.

Nicht als Vorempfang anerkannt wird, wenn ein Landwirt z. B. Vermögen, welches er selbst von Verwandten geerbt hat, an seine Kinder verschenkt. Das gilt auch für Einkünfte aus dem hofesfreien Vermögen, z. B. aus einem Mietshaus in der Stadt oder aus Kapitalvermögen, das dem Hof nicht mehr dient. Das gilt selbst dann, wenn der Kapitalstock ursprünglich aus landwirtschaftlichen Einkünften stammt. Gleiches gilt für laufende oder angesparte Einkünfte aus landwirtschaftsfremder Nutzung von Teilen des Hofes.

Ein Beispiel: Erzielt ein Landwirt erhebliche Einkünfte aus mehreren Windrädern, stammen diese Einkünfte aus einer landwirtschaftsfremden Nutzung. Kehrt der Landwirt die Gelder laufend an seine Kinder aus, können diese später nicht als Vorempfänge aus dem Hof auf die Abfindungsansprüche der weichenden Erben angerechnet werden. Baut der Landwirt einen Kapitalstock aus diesen Einkünften auf, den er für die Bewirtschaftung des Hofes weder benötigt noch verwenden will, schafft er ein auf Dauer ausgerichtetes, hofesfreies Kapitalvermögen. Auch Zuwendungen daraus werden nicht auf spätere Abfindungsansprüche angerechnet!

Wichtig ist: Vorempfänge werden grundsätzlich nur dann anerkannt, wenn die Zuwendung an die weichenden Erben vom Hofübergeber selbst kommt. Finanzspritzen von dessen Ehepartner werden nicht angerechnet. Das gilt auch dann, wenn dieser die Geldmittel seinerseits vom Übergeber und aus dem Hof erhalten hat.

Nach dem BGB-Erbrecht sind dabei nur solche Vorempfänge anrechnungspflichtig, bei denen der Zuwendende das spätestens zum Zeitpunkt der Zuwendung gegenüber dem Empfänger so

Foto: Heil

bestimmt bzw. ausdrücklich erklärt hat. Der erbberechtigte Empfänger soll in dem Moment nämlich wissen, dass er durch die Annahme der Zuwendung seine späteren erbrechtlichen Ansprüche mindert, um selbst entscheiden zu können, ob er jetzt die Zuwendung oder im Erbfall den ungeschmälerten erbrechtlichen Anspruch haben will.

Bei Vorempfängen im Rahmen der Höfeordnung ist das teilweise anders. Steht dem weichenden Erben seine volle Erbquote zu, bedarf es keiner gesonderten Anrechnungsbestimmung bei der Zuwendung, da sich die Anrechnungspflicht aus der Höfeordnung ergibt. Ist aber der weichende Erbe auf den Pflichtteil gesetzt, muss bei der Zuwendung klar zum Ausdruck gebracht werden, dass deren Wert auch noch auf seinen geminderten erbrechtlichen Anspruch angerechnet werden soll. Da das sehr konfliktträchtig ist, ist es in jedem Fall empfehlenswert, diese Erklärung bei der Zuwendung schriftlich festzuhalten und sich vom Empfänger bestätigen zu lassen, damit nach dem Tode des Übergebers kein Streit zwischen den Kindern entsteht.

In der Praxis gibt es aber immer wieder Auseinandersetzungen darüber, ob eine Zuwendung des Übergebers an einen Miterben als Vorempfang angerechnet werden kann oder nicht. Hier ist es im Zweifelsfall Sache des Hoferben zu beweisen, dass eine Zuwendung die Voraussetzungen eines Vorempfangs erfüllt. Schließlich möchte er die von ihm geschuldete Abfindung mindern.

Wenn ein weichender Erbe längere Zeit auf dem Betrieb des Übergebers mitgearbeitet hat, diesen unter Verzicht auf berufliches Einkommen gepflegt oder beträchtliche Geldmittel in den Betrieb gesteckt hat, kann er dafür einen finanziellen Ausgleich verlangen. Vorausgesetzt, er hat durch seine Tätigkeit erheblich dazu beigetragen, das Vermögen des Hofübergebers zu erhalten oder zu vermehren.

Entscheidend ist dabei nicht die absolute Dauer der Tätigkeit oder die Höhe der finanziellen Hilfe, sondern die Frage, ob ein Miterbe wesentlich länger mitgearbeitet oder mehr Geldmittel eingebracht hat als die anderen. Hat ein Miterbe Anspruch auf Ausgleichung, wird der Ausgleichungsbetrag ermittelt und aufgeschlagen.

Unklar ist allerdings, wie die Ausgleichung im Einzelfall berechnet wird, im Zweifelsfall bleibt als Letztes eine Schätzung des Gerichts.

MITARBEIT AUF DEM HOF

Das Recht auf Ausgleichung erfasst übrigens auch die Fälle, in denen ein Miterbe in Aussicht auf die Hofübernahme überdurchschnittlich viel Arbeit und Geld in den Betrieb steckt, letztlich jedoch den Hof nicht bekommt. Auch der Hoferbe kann grundsätzlich einen Anspruch auf Ausgleichung geltend machen, wenngleich er im Regelfall schon hinreichend dadurch „entlohnt" wird, dass er den Hof erbt. Umgekehrt ist der Hoferbe selbst zur Ausgleichung verpflichtet.

Wichtig: Die Höfeordnung gewährt nur einen Ausgleich für die unterschiedlichen Verdienste der Kinder hinsichtlich der Erhaltung und Mehrung des Nachlasses, aber keinen Ausgleich für nicht gezahltes Arbeitsentgelt.

Und auch dann, wenn ein Miterbe aufgrund eines konkludenten Arbeitsvertrages, eines Auftrages, einer Geschäftsführung ohne Auftrag oder aufgrund ungerechtfertigter Bereicherung Ansprüche hat und diese realisierbar sind, scheidet die erbrechtliche Ausgleichung aus.

ÜBERSICHT 2: ABFINDUNG FÜR DIE SCHWESTERN

So wird gerechnet	Betrag, €
Hofeswert	300.000
+ Vorempfänge gesamt	+ 99.350
= fiktiver Nachlasswert	= 399.350
: 3 (Hofnachfolger + 2 Schwestern)	
= Erbanteil für jede Schwester	= 133.116

top agrar; Quelle: Schmitte

△ Vorempfänge mindern die Abfindung.

SO FUNKTIONIERT ES

Anrechnung von Vorempfängen

Am 1.1.2025 hat Landwirt Jansen den Betrieb des verstorbenen Vaters übernommen. Der Grundsteuerwert beträgt 500.000 €, der Hofeswert 300.000 €. Es gibt keine Schulden. Abfindungsberechtigt sind die Zwillingsschwestern des Nachfolgers. Da die Mutter vorher schon verstorben war und einschließlich des Hoferben drei Kinder des Erblassers da sind, haben die Schwestern eine Beteiligungsquote von je 1/3.

Jeder stünden 100.000 € zu. Sie haben aber bereits zu Lebzeiten des Vaters von den Eltern Finanzspritzen bekommen. Diese Zuwendungen müssen sie sich als Vorempfänge anrechnen lassen. Am 1.1.2005 haben beide Schwestern jeweils 50.000 € von den Eltern bekommen. Diese Zuwendung ist zur Hälfte dem Vater und Hofeigentümer zuzurechnen und deshalb auch nur zur Hälfte als Vorempfang zu berücksichtigen. Der Teilbetrag von 25.000 € wird zum Ausgleich des Geldwertschwundes bis zum Jahr 2025 hochgerechnet. Es ergibt sich für jede Schwester ein Vorempfang von 35.875 €. Im Jahr 2010 gab es für beide Schwestern jeweils 10.000 € vom Vater aus Sondererlösen aus einem Holzeinschlag. Diese Geldzuwendungen sind hochgerechnet mit 13.800 € anzurechnen.

In 2012 haben die beiden Schwestern je 15.000 € aus einer Erbschaft der Mutter bekommen. Da diese Zuwendung weder vom Hofübergeber noch aus dem Hofesvermögen stammt, ist sie nicht als Vorempfang anzurechnen.

Die zu berücksichtigenden Vorempfänge betragen damit für jede Schwester 49.675 € (35.875 € + 13.800 €). Von den finanziellen Zuwendungen der Eltern an die Schwestern werden insgesamt 99.350 € (2 x 49.675 €) als Vorempfänge anerkannt.

Diese Summe wird zum Hofeswert von 300.000 € hinzuaddiert, wodurch sich ein fiktiver Nachlasswert von 399.350 € ergibt. Davon steht den Schwestern je 1/3 (133.116 €) abzüglich der erhaltenen Vorempfänge (49.675 €) zu. Somit verbleibt jeder Schwester ein Betrag von 83.441 € (133.116 minus 49.675 €) als Abfindung vom Hof. Die Einzelheiten im Überblick zeigt auch die Übersicht 2.

△ Bis zu 20 Jahre nach der Hofübergabe haben die weichenden Erben einen Anspruch auf Nachabfindung – so will es das Gesetz.

Nachabfindung: Was steht den Geschwistern zu?

Wenn der Hoferbe Flächen verkauft oder den Betrieb landwirtschaftsfremd nutzt, verlangen die Geschwister häufig eine Nachabfindung. Wir zeigen, welcher Anspruch berechtigt ist.

UNSERE AUTOREN
Hubertus Schmitte, Gerald Lückemeier

Wenn der Hofnachfolger den Betrieb oder Teile davon nach der Hofübergabe veräußert oder nicht mehr landwirtschaftlich nutzt, haben seine Geschwister Anspruch auf Nachabfindung. Der Hoferbe muss die weichenden Erben dann an den Erlösen beteiligen. Beispiele:

• Der Hoferbe veräußert den gesamten Hof oder einzelne Hofesgrundstücke.
• Er bringt Grund und Boden zu Eigentum in ein Gesellschaftsvermögen ein.
• Er veräußert oder verwertet wesentliche Teile des übernommenen Hofeszubehörs anderweitig.
• Er überführt Teile des Hofes oder den gesamten Betrieb in eine landwirtschaftsfremde Nutzung.

Eine Nachabfindung kommt aber nur infrage, wenn der Hof zum Zeitpunkt des Übergangs auf den Hoferben ein Hof im Sinne der Höfeordnung war.

Das gilt auch dann, wenn die Hofeigenschaft nach der Hofübergabe verloren geht oder der Hofvermerk gelöscht wird – vorausgesetzt es liegt ein nachabfindungspflichtiger Tatbestand vor.

BETEILIGUNGSQUOTE

Einen Anspruch auf Nachabfindung haben zunächst die Geschwister des Hoferben. Dazu gehören auch mögliche außereheliche Kinder des Hofübergebers. Aber auch dessen Ehepartner hat – nach dem Gesetz – einen Nachabfindungsanspruch, weil er, wie die Geschwister des Hofnachfolgers, zu den weichenden Erben gehört.

Zwar verzichtet die Mutter oft zugunsten eines lebenslangen Altenteilsrechtes auf ihre Ansprüche und macht häufig im Nachabfindungsfall den Betrag, der ihr rechtlich als Nachabfindung zusteht, nicht geltend. Das ändert aber nichts daran, dass ihr Anteil im Falle der Nachabfindung rechnerisch ermittelt werden muss, sodass sich die Quote für die Geschwister des Hoferben entsprechend verringert.

Dazu ein Beispiel: Eine 35 Jahre alte Landwirtin, die vor sieben Jahren den Betrieb des verstorbenen Vaters übernommen hat, verkauft einen Hektar Bauland und muss ihrem Bruder eine Nachabfindung zahlen. Der Verkaufserlös, den sie mit ihrem Bruder teilen muss, beträgt nach Abzug aller möglichen Abschläge 80.000 €. Wie hoch die Nachabfindung für den Bruder ist, hängt von seiner gesetzlichen Erbquote ab. Und die berechnet sich wie folgt:

Zunächst entfallen auf die Witwe des ehemaligen Hofinhabers rechnerisch 50 % (bei Ehe in Zugewinngemeinschaft), auch wenn sie diese oft nicht geltend macht. Die Hoferbin und ihr Bruder haben also zusammen einen Anspruch auf die restlichen 50 %. Davon bekommt der Bruder wiederum die Hälfte, also 25 %.

Das Ergebnis: Die Hofnachfolgerin muss dem Bruder eine Nachabfindung von 20.000 € zahlen. Hätte die Hoferbin zwei Brüder, würde den drei Geschwistern jeweils 1/6 zustehen, sodass die Brüder eine Nachabfindung von je 13.333 € erhalten würden. Der Betrag kann sich allerdings noch dadurch verringern, dass Altschulden und eine erhaltene Abfindung anteilig zu berücksichtigen sind.

Wenn die Geschwister des Hofnachfolgers sowohl vom Hofvermögen als auch vom hofesfreien Vermögen nur den gesetzlichen Pflichtteil bekommen haben (Hälfte der normalen Erbquote), steht ihnen auch im Falle der Nachabfindung nur die Hälfte der gesetzlichen Erbquote zu. Dieser Fall tritt aber nur dann ein, wenn der Übergeber per Testament eine solche Pflichtteilsregelung angeordnet oder im notariellen Hofübergabevertrag zugleich testamentarisch einseitig bestimmt hat, dass die anderen Kinder nur den Pflichtteil erhalten sollen. Letzteres muss als entsprechende letztwillige Verfügung deutlich zum Ausdruck kommen.

Oft kommt es vor, dass die Geschwister des Hofnachfolgers im Übergabevertrag erklären, dass sie auf eine Abfindung vom Hof verzichten bzw. dass sie bereits abgefunden sind. Mancher Hoferbe glaubt, dass die Geschwister dann auch keinen Anspruch mehr auf eine spätere Nachabfindung haben.

Das ist falsch! Der Verzicht auf die Abfindung bedeutet nicht, dass jemand auch auf eine spätere Nachabfindung verzichtet hat oder verzichten muss. Die Nachabfindung ist nämlich nur dann ausgeschlossen, wenn der weichende Erbe ausdrücklich – per Unterschrift – auf die Nachabfindung verzichtet und vom Notar über die Folgen belehrt worden ist. Ein Ausschluss von Nachabfindungen, der nur zwischen Hofübergeber und Hofnachfolger vereinbart und unterschrieben wurde, ist unwirksam und für die weichenden Erben ohne Auswirkungen und Folgen.

Falls aber eines der Geschwister auf die Nachabfindungsansprüche verzichtet, entweder im Voraus im Übergabevertrag oder im tatsächlichen Nachabfindungsfall, bekommen die anderen berechtigten Geschwister deshalb nicht mehr Geld. Denn die Nachabfindungsquoten bleiben gleich, unabhängig davon, ob einzelne Berechtigte ihren Anteil in Anspruch nehmen oder nicht. Anders ist es, wenn ein Nachabfindungsberechtigter einen vollständigen Erbverzicht erklärt oder stirbt.

In der Praxis kommt es häufig vor, dass der Nachabfindungsfall erst dann eintritt, wenn sowohl der Hofübergeber als auch dessen Ehepartner bereits verstorben sind. In diesem Fall fällt der rechnerische Anteil des Ehepartners dessen Kindern zu, also dem Hofnachfolger und seinen Geschwistern. Denn die Berechtigung des verstorbenen Elternteils war übertragbar und vererbbar auch vor Eintritt des Nachabfindungsfalles. Dadurch erhöht sich die Quote, mit der die Geschwister des Hofnachfolgers an künftigen Erlösen aus nachabfindungsfähigen Geschäften beteiligt werden müssen. Ein Beispiel:

Ein Hoferbe verkauft fünf Jahre nach dem Erbfall den gesamten landwirtschaftlichen Betrieb und ergreift eine außerlandwirtschaftliche Tätigkeit. Vater und Mutter sind bereits verstorben. Die Schwester des Hoferben verlangt eine Nachabfindung.

Nach ihrer gesetzlichen Erbquote stehen ihr zunächst 25 % des bereinigten Verkaufserlöses zu. Hinzu kommen jedoch weitere 25 % aus dem Erbe der Mutter. Denn der Mutter (Ehe in Zugewinngemeinschaft) stand rechnerisch ein Nachabfindungsanspruch von 50 % zu, der zur Hälfte an den Hoferben und zur anderen Hälfte an die Schwester vererbt wird. Das Ergebnis: Der Hoferbe muss seine Schwester mit 50 % am bereinigten Verkaufserlös beteiligen.

AUF 20 JAHRE BEGRENZT

Der Nachabfindungsanspruch der weichenden Erben ist grundsätzlich auf 20 Jahre begrenzt und nimmt im Laufe der Jahre ab. Und zwar wie folgt:

- In den ersten zehn Jahren nach dem Erbfall bzw. nach der Übergabe muss der Hofnachfolger den vollen Erlös, den er z.B. aus der Veräußerung oder der Nutzungsänderung vom Hofvermögen erzielt, mit den weichenden Erben teilen.
- Erfolgt die Veräußerung oder Nutzungsänderung später als zehn Jahre nach Übergabe, braucht der Hoferbe nur noch 75 % des Erlöses mit den Geschwistern zu teilen.
- Tritt der Nachabfindungsfall später als 15 Jahre nach der Übergabe ein, kann der Hoferbe die Hälfte des Erlöses für sich behalten. Nur die restlichen 50 % muss er mit den weichenden Erben teilen.
- Nach Ablauf von 20 Jahren ist er frei von allen Nachabfindungspflichten.

Maßgeblich ist insoweit die Entstehung des Anspruches, weder der Vertragsschluss noch die Zahlung.

Die Nachabfindungsfrist beginnt nicht mit Abschluss des Hofübergabevertrages, sondern erst dann, wenn der Hoferbe als Eigentümer ins Grundbuch eingetragen wird. Geht der Hof per Erbfall über, beginnt die Frist mit dem Tod des ehemaligen Eigentümers.

NICHT AUF VERJÄHRUNG SETZEN

Der Nachabfindungsanspruch der weichenden Erben unterliegt der Verjährung. Dabei verjährt der Anspruch – ebenso wie der Abfindungsanspruch – mit Ablauf des dritten Jahres ab dem Zeitpunkt, in dem der Berechtigte von den anspruchsbegründenden Tatsachen Kenntnis erhalten hat.

Dabei ist der Hoferbe verpflichtet, die Miterben über eine Veräußerung/Verwertung von Hofesgrundstücken unverzüglich zu informieren und auf Verlangen über alle für die Berechnung der Nachabfindungsansprüche erheblichen Umstände Auskunft zu geben.

Dazu gehören auch Angaben über den Kaufpreis, die Zahlungsmodalitäten, die Kostentragung und auch die anfallenden Steuerbelastungen. Erst dann beginnt die dreijährige Verjährungsfrist. Der Hofnachfolger kann die Ansprüche der Geschwister also nicht dadurch umgehen, dass er ihnen z.B. Landverkäufe verschweigt.

Und falls der Hofnachfolger den Verkauf von Hofesgrundstücken verheimlicht, verjährt der Nachabfindungsanspruch erst 30 Jahre nach dem Erbfall bzw. nach der vorweggenommenen Hofübergabe.

SCHNELL GELESEN

Ein Nachabfindungsanspruch entsteht nur, wenn der Hof beim Übergang ein Hof im Sinne der Höfeordnung war.

Flächenverkäufe und Umnutzungen lösen oft Nachabfindungsansprüche aus.

Der Anspruch vom Ehepartner des Übergebers mindert den Anspruch der Geschwister des Übernehmers.

Verzichtet ein weichender Erbe auf Abfindung, verzichtet er nicht automatisch auch auf Nachabfindung.

Nachabfindungsansprüche sind zeitlich i.d.R. auf maximal 20 Jahre begrenzt.

Beim Verkauf von Bauland können Einkommensteuer und Veräußerungsgebühren vom Verkaufserlös abgezogen werden.

Foto: Heil

Wie Sie bei Flächenverkäufen rechnen müssen

Flächenverkäufe sind die häufigsten Gründe für Nachabfindungen. Wie gerechnet wird, ist dabei manchmal durchaus umstritten.

UNSERE AUTOREN
Hubertus Schmitte, Gerald Lückemeier

Oftmals wird ein Nachabfindungsanspruch durch den Verkauf von Grund und Boden ausgelöst, also durch die Veräußerung des Gesamtbetriebes oder die Veräußerung von einzelnen, bisher landwirtschaftlichen Flächen. Sobald der Erlös dem Hofnachfolger endgültig wirtschaftlich zusteht, können die weichenden Erben eine Nachabfindung verlangen. Das ist i.d.R. dann der Fall, wenn das Geld auf dem Konto des Verkäufers eingeht. Die Rückgängigmachung des Verkaufs oder eine nachträgliche Vertragsänderung ändert nichts mehr an der Nachabfindungspflicht des Hofübernehmers.

Beim Verkauf von Einzelflächen gibt es allerdings eine Bagatellgrenze. Das heißt: Erst wenn die durch den Flächenverkauf erzielten Erlöse 1/10 des Hofeswertes ausmachen, entsteht den weichenden Erben tatsächlich ein Nachabfindungsanspruch. Wenn mehrere Grundstücke nacheinander verkauft werden, werden die Erlöse daraus allerdings zusammengerechnet. Sobald dadurch dann die 1/10-Grenze überschritten wird, sind auch die Erlöse aus den früheren Verkäufen nachabfindungspflichtig.

Wichtig ist: Auch wenn der Verkauf von Flächen oder des gesamten Hofes aufgrund einer Zwangsversteigerung oder einer Enteignung erfolgt, ist der Verkauf nachabfindungspflichtig. Mit dem Argument, dass er den Hof bzw. die Flächen verkaufen „musste“, kann sich der Hofübernehmer nicht gegen die Nachabfindung wehren. Wenn der Hoferbe den Betrieb allerdings im Wege der vorweggenommenen Hofnachfolge wiederum an seinen Hofnachfolger übergibt, löst das auch innerhalb der 20-Jahresfrist keine Nachabfindungsansprüche aus.

SO WIRD GERECHNET

Liegt ein Nachabfindungsfall vor, ist Ausgangspunkt für die Berechnung der Nachabfindung der tatsächlich erzielte Verkaufserlös. Dabei ist jedoch in der Regel nicht der gesamte Verkaufserlös nachabfindungspflichtig. Um Ungerechtigkeiten zu vermeiden, sieht die Höfeordnung bestimmte Abschläge vor, die der Hofnachfolger vorab abziehen kann. Die wichtigsten Abschläge vom Bruttoverkaufserlös sind:

- die Einkommensteuer, die der Hoferbe auf den steuerlichen Veräußerungsgewinn zahlt, nicht aber die eventuell anfallende Erbschaftssteuer der weichenden Erben,
- anfallende öffentliche Abgaben wie z.B. Gerichts- und Grundbuchkosten, soweit sie vom Verkäufer zu tragen sind; nicht aber sonstige Aufwendungen wie Notar-, Sachverständigen-, Makler- und Rechtsanwaltskosten,
- eigene Leistungen des Hoferben, die zu einem höheren Erlös für das Grundstück geführt haben, z.B. Verbesserungen des Bodens durch eine Dränage oder durch Neu- und Umbauarbeiten an Wohn- bzw. Wirtschaftsgebäuden.

Beispiel: Der Hoferbe Jens Müller erzielt für 1 ha Bauland einen Preis von 150.000 € (Übersicht 1). Da er den Erlös nicht mehr in die Landwirtschaft investieren will und weil die 20-Jahresfrist noch nicht verstrichen ist, muss er den Erlös mit seinen beiden Schwestern teilen. Vorher kann er Einkommensteuer und Gebühren abziehen:

Verkaufserlös:	150.000 €
- angenommener steuerlicher Buchwert:	20.000 €
= steuerlicher Veräußerungsgewinn:	130.000 €

Müller zahlt 30 % Einkommensteuer vom steuerlichen Veräußerungsgewinn. Das sind 39.000 €. Dieser Betrag wird vom Bruttoverkaufserlös abgezogen, außerdem die im Zusammenhang mit dem Verkauf angefallenen öffentlichen Abgaben von 14.000 €. Es verbleiben 97.000 €.

Zusätzlich zu Steuern, Gebühren und Eigenleistungen können noch die so-

SO VIEL NACHABFINDUNG FÜR DEN VERKAUF VON EINEM HEKTAR BAULAND

Verkauf	Wert
Verkaufserlös abzüglich steuerlicher Buchwert	150.000 € -20.000 €
verbleibender Veräußerungsgewinn	= 130.000 €
abzüglich 30 % Einkommensteuer vom Veräußerungsgewinn	-39.000 €
abzüglich öffentliche Abgaben	-14.000 €
abzüglich Altschulden und Altenteilsleistungen	- 28.000 €
es verbleibt eine Nachabfindungssumme von	=69.000 €
davon stehen zu ...	
... der Mutter (rechnerisch)	34.500 € (1/2)
... dem Hoferben	11.500 € (1/6)
... den beiden Schwestern je	11.500 € (1/6)
abzüglich der schon erhaltenen Abfindung	-1.500 €
es verbleiben den Schwestern je	= 10.000 €

Voraussetzung: keine Reinvestition, Nachabfindungsfall innerhalb von zehn Jahren nach Hofübergabe *top agrar*

◁ Der Hoferbe muss seinen Schwestern noch eine Nachabfindung von jeweils 10.000 € zahlen. Ihm selbst bleibt ein Betrag 77.000 €, wenn seine Mutter ihren Anteil nicht geltend macht.

SCHNELL GELESEN

Erreicht der Verkaufserlös 1/10 des Hofeswertes, entsteht ein Nachabfindungsanspruch.

Einkommensteuer, Abgaben und Eigenleistungen können abgezogen werden.

Altenteil und Altschulden werden ebenfalls in Abzug gebracht.

Ist die Hofübergabe mehr als zehn Jahre her, ist ein weiterer Abschlag möglich.

Eine rechtzeitige Reinvestition kann den Nachabfindungsanspruch verhindern.

Streit um 20-Jahresfrist

Manchmal gibt es Streit darüber, ob der Verkauf von Grund und Boden oder die Veräußerung von Hofeszubehör noch innerhalb der 20-Jahresfrist stattgefunden hat oder nicht. Dazu gilt Folgendes:

- Eine Grundstücksveräußerung liegt innerhalb der 20-Jahresfrist, wenn der Erwerber innerhalb dieser Frist im Grundbuch als neuer Eigentümer eingetragen ist.
- Bei der Veräußerung von Hofeszubehör ist der Eingang des erzielten Erlöses beim Verkäufer/Hoferben entscheidend.

In diesen beiden Fällen bestehen durchaus erhebliche Gestaltungsmöglichkeiten, wobei zu „raffinierte“ Regelungen von den Gerichten als Umgehungsgeschäfte angesehen und deshalb dann nicht anerkannt werden.

genannten Nachlassverbindlichkeiten vom Verkaufserlös abgezogen werden. Dazu gehören:

- die bei der Hofübergabe vorhandenen Altschulden und
- die vom Hoferben übernommenen Altenteilsleistungen, wobei gegenüber nur pflichtteilsberechtigten Erben lediglich das gesetzliche Altenteil in Abzug gebracht werden darf.

ALTSCHULDEN UND ALTENTEIL

Die gesamten Altschulden und Altenteilsleistungen können allerdings nur dann abgezogen werden, wenn der Hof vollständig verkauft wird. Bei Teilverkäufen werden Altschulden und Altenteilsleistungen nur anteilig gemäß dem verkauften Teil des Hofes angerechnet. Für die Berechnung der Quote wird grundsätzlich der Verkehrswert des verkauften Grundstücks in Relation zum Verkehrswert des gesamten Hofes zum Zeitpunkt des Erbfalls bzw. der Hofübergabe gesetzt.

Im Fall von Landwirt Jens Müller hat die verkaufte 1 ha-Fläche einen Verkehrswert von insgesamt 150.000 € und damit einen Anteil von 10 % des Verkehrswertes (1,5 Mio. €) des gesamten Betriebes. Die übernommenen Schulden betragen 180.000 €, der Wert der Altenteilsleistungen liegt kapitalisiert bei insgesamt 100.000 €. Die Folge: Der Landwirt kann 10 % der Altschulden (18.000 €) und 10 % der hochgerechneten Altenteilsleistungen (10.000 €), also zusammen 28.000 €, vom Bruttoverkaufserlös abziehen. Es verbleibt ein Betrag von 69.000 € (97.000 minus 28.000 € (Übersicht 1).

Der bereinigte Verkaufserlös, der nach Abzug von Steuern, Abgaben und Nachlassverbindlichkeiten übrig bleibt, wird nach Maßgabe der gesetzlichen Erbquoten auf die Erben des ehemaligen Hofeigentümers verteilt.

Das sind in der Regel der Ehepartner des Hofübergebers, der Hofnachfolger und seine Geschwister. Auf den Ehepartner des Hofübergebers entfallen rechnerisch (vorausgesetzt: Ehe im Güterstand der Zugewinngemeinschaft) 50 %. Der Hoferbe und seine Geschwister haben zusammen einen Anspruch auf 50 % des bereinigten Verkaufserlöses. Hat der Hoferbe z. B. noch einen Bruder, stehen beiden jeweils 25 % zu.

Für den Fall von Jens Müller heißt das: Auf seine Mutter entfallen 34.500 € (1/2 von 69.000 €). Landwirt Müller und seinen Schwestern steht jeweils 1/6 zu. Die Schwestern haben damit Anspruch auf eine Nachabfindung von jeweils 11.500 €.

Aber auch das ist noch nicht der endgültige Betrag, den Landwirt Müller an seine Schwestern zahlen muss. Denn die Nachabfindung reduziert sich noch um die bei der Hofübergabe gezahlte „normale“ Abfindung, allerdings – genauso wie bei Altschulden und Altenteilsleistungen – nur anteilig für den verkauften Teil des Hofes.

Für den Betrieb Müller bedeutet das: Der Anteil des verkauften Hofgrundstückes am gesamten Hof beträgt 10 %. Deshalb reduziert sich der Nachabfindungsbetrag von 11.500 € um 10 % der bei Hofübergabe gezahlten Abfindung von 15.000 €, also um 1.500 €. Die Schwestern bekommen also im Ergebnis jeweils eine Nachabfindung von 10.000 € (Übersicht auf Seite 103).

Wichtig ist: Bei der Anrechnung der Abfindung können nur die Zahlungen berücksichtigt werden, die aus dem Hofesvermögen geleistet wurden. Abfindungen aus dem hofesfreien Vermögen und daraus fließende Einkünfte können nicht in Abzug gebracht werden.

ÜBERGABE ZEHN JAHRE HER

Ist der Erbfall bzw. die vorweggenommene Hofübergabe mehr als zehn Jahre her, kann der Hoferbe zusätzlich zu den genannten Abzügen noch einen Abschlag als sogenannte Degression geltend machen. Denn der Hofnachfolger muss die Geschwister umso weniger an den Verkaufserlösen beteiligen, je länger der Hofübergang zurückliegt.

Der Abschlag beträgt ein Viertel, wenn der Hofübergang mehr als 10 Jahre, aber weniger als 15 Jahre zurückliegt. Wenn der Erbfall bzw. die vorweggenommene Hofübergabe mehr als 15 Jahre und weniger als 20 Jahre zurückliegt, beträgt der Abschlag die Hälfte des Verkaufserlöses. Bei der Berechnung der Nachabfindung erfolgt der Abschlag allerdings erst dann, wenn alle anderen Posten wie Steuern, Gebühren und Nachlassverbindlichkeiten, vom Verkaufserlös abgezogen worden sind.

Wenn im Falle des Landwirts Müller die Hofübergabe schon zwölf Jahre zurückläge, läge der Abschlag bei 17.250 € (69.000 € : 4). Dann müsste der Hoferbe nur noch 7.125 € statt 10.000 € an jede seiner beiden Schwestern zahlen.

BELASTETE GRUNDSTÜCKE

Bei der Berechnung der Nachabfindung auf der Grundlage des Verkaufserlöses kann der Hoferbe alles in allem zahlreiche Abzüge geltend machen. Umgekehrt sind in bestimmten Fällen aber auch Zuschläge zum Verkaufspreis zu machen. Zum Beispiel, wenn der Hoferbe das verkaufte Grundstück dinglich belastet und deshalb einen geringeren Verkaufserlös erzielt hat.

Mit dieser Bestimmung soll eine Benachteiligung der weichenden Erben vermieden werden. Ansonsten könnte der Hoferbe dadurch, dass er den Hof belastet, wesentliche Teile des Hofeswertes vereinnahmen, ohne die Miterben zu beteiligen.

Ist die Belastung des Grundstückes aber im Rahmen einer ordnungsgemäßen Bewirtschaftung nötig gewesen, ist die dadurch bedingte Erlösminderung nicht auf den erzielten Kaufpreis aufzu-

Foto: Heil

△ Eine zentrale Frage: Hat die Veräußerung noch innerhalb der 20-Jahresfrist stattgefunden?

Foto: Höner

△ Vom Verkaufserlös können Altschulden abgezogen werden.

schlagen. Das wird i.d.R. der Fall sein, wenn das der Belastung zugrunde liegende Darlehen für den landwirtschaftlichen Betrieb verwendet worden ist.

Manchmal versucht ein Hoferbe, die Nachabfindungsansprüche der Geschwister zu reduzieren, indem er einzelne Flächen oder sogar den Betrieb weit unter Wert verkauft. Eine Nachabfindung auf Grundlage eines treuwidrig erzielten Mindererlöses müssen die weichenden Erben aber nicht hinnehmen. Der Übernehmer muss die Geschwister trotz des geringeren Verkaufserlöses auf Grundlage eines angemessenen marktüblichen Verkaufspreises abfinden. Im Ergebnis wird also die Differenz zwischen dem tatsächlichen Kaufpreis und dem eigentlich angemessenen Marktpreis auf den Verkaufserlös aufgeschlagen.

TEILE DES INVENTARS VERKAUFT

Neben der Veräußerung von Grund und Boden bzw. der Einbringung in eine Gesellschaft kann auch der Verkauf beziehungsweise die Verwertung von Hofeszubehör durchaus einen Nachabfindungsanspruch auslösen.

Zur Veräußerung und Verwertung von Hofeszubehör gehört zum Beispiel die Auflösung des Viehbestandes, die Aufgabe eines Bewirtschaftungszweiges mit der Veräußerung des dazugehörigen lebenden und toten Inventars, die Veräußerung des Maschinenparks und auch der Verkauf von Einrichtungen aus landwirtschaftlichen Nebenbetrieben, wie Gaststätten und Bauernhofcafés.

Dabei ist das Hofeszubehör nachabfindungspflichtig, das auch schon zum Zeitpunkt des Erbfalls/der Hofübergabe vorhanden war.

OFT NACHABFINDUNGSFREI

Dazu gehören auch Ersatzgegenstände, die nach der Hofübernahme angeschafft wurden, z.B. ein neuer Schlepper, wenn der Übernehmer ein altes Modell ersetzt hat. Der Verkauf von Hofeszubehör, das nach der Hofübergabe völlig neu angeschafft wurde (z.B. erstmaliger Kauf eines Mähdreschers), ist nicht nachabfindungspflichtig.

Tatsächlich nachabfindungspflichtig ist der Verkauf bzw. die Verwertung von Hofeszubehör allerdings nur unter bestimmten Voraussetzungen:

- Es müssen wesentliche Teile des Hofeszubehöres veräußert oder verwertet werden und
- der Hofnachfolger muss dadurch erhebliche Gewinne erwirtschaften.

Um einen wesentlichen Teil des Hofeszubehörs handelt es sich dann, wenn der Erlös des veräußerten Inventars bei 1/10 oder mehr des Hofeswertes liegt.

Ein erzielter Gewinn gilt dabei immer dann als „erheblich“, wenn es sich um eine außerordentliche, beträchtliche Einnahme handelt, die mindestens 1/10 des Hofeswertes erreicht.

Wichtig ist: Erfolgt eine Veräußerung oder Verwertung von Hofeszubehör im Rahmen der ordnungsgemäßen Bewirtschaftung, bleibt sie nachabfindungsfrei. Zwei Beispiele:

- Ein Betrieb schafft die Kühe ab und stellt auf reine Schweinehaltung um.
- Ein Betrieb fährt die Viehhaltung ganz zurück und investiert dafür in Maschinen und Geräte für den Ackerbau.

Wenn diese Änderungen auf vernünftiger Grundlage erfolgen und dem Betrieb eine gesicherte Zukunftsperspektive bieten, lösen sie keine Nachabfindung aus. In der Praxis hat die Zubehörveräußerung für die Nachabfindung deshalb nur eine geringe Bedeutung. Ein typischer Anwendungsfall wäre, wenn der Hoferbe den Hof verpachtet und das gesamte lebende und tote Inventar des Betriebes verkauft.

Die Berechnung der Nachabfindungsansprüche entspricht grundsätzlich derjenigen beim Verkauf von Grund und Boden. Ausgangspunkt ist ebenfalls der tatsächlich erzielte Verkaufserlös.

GESELLSCHAFTEN

Wenn eine Fläche eingebracht wurde

Ein Nachabfindungsanspruch entsteht auch dann, wenn zum Hof gehörende Flächen und Gebäude zu Eigentum in das Vermögen einer Gesellschaft eingebracht werden – unabhängig davon, welche Rechtsform die Gesellschaft hat, wie sie organisiert und wer beteiligt ist.

Die meisten Gesellschaften und Kooperationen im landwirtschaftlichen Bereich sind allerdings so angelegt, dass die einzelnen Gesellschafter ihre Flächen und Wirtschaftsgebäude der Kooperation bzw. der Betriebsgesellschaft lediglich zur Nutzung überlassen. In diesen Fällen entsteht kein Nachabfindungsanspruch! Denn es handelt sich weder um eine Veräußerung von Grund und Boden, noch um eine landwirtschaftsfremde Nutzung der Flächen. Das Gleiche gilt bei Gesellschaftsgründungen zwischen Vater und Sohn/Tochter mit dem Ziel der gleitenden Hofübergabe. Auch diese lösen keine Nachabfindung aus.

Dagegen würde der höferechtliche Zweck wegfallen, wenn der Hoferbe die Betriebsmittel an eine Gesellschaft übereignet und sich damit begnügt, die ihm in seiner Eigenschaft als Gesellschafter zufließenden Gewinnanteile zu beziehen. In diesem Fall müssten die weichenden Erben so gestellt werden, wie wenn der Hoferbe den Betrieb verkauft hätte. Dann müsste der Hofnachfolger eine Nachabfindung zahlen, die sich nach dem Verkehrswert des eingebrachten Vermögens richtet. ▶

Keine Nachabfindung bei Reinvestition

Reinvestiert der Hofnachfolger den Verkaufserlös rechtzeitig in einen Ersatzbetrieb oder in Ersatzflächen, kann er eine mögliche Nachabfindung der Geschwister verhindern.

Foto: Heil

Wenn ein Hoferbe den Veräußerungserlös aus dem Verkauf von Grund und Boden wieder in den landwirtschaftlichen Betrieb investiert, kann er die Nachabfindung der Geschwister ganz oder teilweise vermeiden – und zwar dadurch, dass er innerhalb von zwei Jahren vor oder nach der Veräußerung einen land- oder forstwirtschaftlichen Ersatzbetrieb oder entsprechende Ersatzgrundstücke erwirbt.

Zur Einhaltung der 2-Jahresfrist nach Verkauf genügt der Abschluss eines notariellen Kaufvertrages und der Eingang des Antrages auf Eintragung einer Vormerkung bzw. auf Eigentumsumschreibung beim Grundbuchamt. Die Umschreibung selbst kann auch noch nach Ablauf der Frist erfolgen.

KAUF VON ERSATZBETRIEB

Bei der Ersatzbeschaffung muss es sich nicht um einen Hof im Sinne der Höfeordnung handeln. Der Betrieb muss auch nicht in den vier Bundesländern liegen, in denen die Höfeordnung gilt, wohl aber in Deutschland. Wenn der Hofnachfolger Grund und Boden verkauft und dafür einen Betrieb oder Flächen im Ausland kauft, muss er seine Geschwister an den Erlösen für die verkauften Hofanteile beteiligen.

Beim Erwerb von einzelnen Grundstücken ist zu beachten, dass diese in den Hofverband eingegliedert werden müssen. Denn sie sollen nach dem Sinn des Gesetzes den durch den Verkauf einzelner Grundstücke verkleinerten Hof ergänzen und wieder vervollständigen. Können die Grundstücke von der Hofstelle nicht mehr bewirtschaftet werden, stellen sie keinen Ersatzerwerb im Sinne der Höfeordnung dar, sondern lediglich eine Kapitalanlage in land- und forstwirtschaftlichen Grund und Boden. Die Aufwendungen dafür können bei der Berechnung der Nachabfindungssumme nicht vom Verkaufserlös abgezogen werden.

Ein Landwirt, der seinen Hof oder Teile des Betriebes verkauft, kann nicht immer den gesamten Verkaufserlös nachabfindungsfrei in einen Ersatzbetrieb bzw. in Ersatzland reinvestieren. Der Grund: Nach der Höfeordnung darf der Hoferbe bei Verkauf von landwirtschaftlichen Flächen nur den Teil des Verkaufserlöses nachabfindungsfrei reinvestieren, der notwendig ist, um eine gleichwertige Ersatzfläche zu erwerben. Das Ziel ist, den ursprünglichen Hofeswert wieder zu erreichen.

Ein Beispiel: Ein Hoferbe verkauft 1 ha Ackerland mit einem Grundsteuerwert von 4.000 € als Bauland – und zwar für einen Preis von 16 € pro Quadratmeter, also für eine Summe von insgesamt 160.000 €. Mit diesem Verkaufserlös erwirbt der Hoferbe 4 ha Ackerland als Ersatzfläche. Der Grundsteuerwert dieser Flächen beträgt 4.000 € pro ha, insgesamt 16.000 €.

Jedoch hat der Landwirt die Rechnung ohne die weichenden Erben gemacht. Denn die können, obwohl der Landwirt den gesamten Verkaufserlös in land- und forstwirtschaftliche Flächen reinvestiert hat, einen Nachabfindungsanspruch geltend machen. Denn der Hoferbe darf nur den Teil des Verkaufserlöses abfindungsfrei in Ersatzland reinvestieren, der erforderlich ist, um Ackerland mit dem gleichen Grundsteuerwert von 4.000 € zu erwerben. Deshalb kann er im vorliegenden Fall lediglich die 40.000 €, die für den Ersatzkauf von 1 ha Ackerland notwendig waren, nachabfindungsfrei reinvestieren. Die restlichen 120.000 € sind nachabfindungspflichtig.

ERSATZFLÄCHEN GLEICHWERTIG

Das bedeutet: Der Landwirt muss den um die Steuern und die Veräußerungskosten bereinigten Verkaufserlös mit seinen Geschwistern teilen. Im Ergebnis steht dem Landwirt dann tatsächlich nur ein Bruchteil des erzielten Veräußerungserlöses zum Kauf von Ersatzland zur Verfügung.

Wirklich ärgerlich wird es für den Landwirt, wenn er für die Beschaffung der 1 ha großen Ersatzfläche einen überhöhten Liebhaberpreis von z. B. 65.000 € gezahlt hat, weil mehrere Mitanbieter den Preis unangemessen in die Höhe treiben. Dann bleibt trotzdem nur der für die Fläche „angemessene" Preis von 40.000 € nachabfindungsfrei.

Ein anderes Beispiel dazu: Wenn ein Hoferbe den gesamten Betrieb wegen der Ansiedlung eines Gewerbeparks für 5 Mio. € veräußert, kann er nur die üblichen Aufwendungen für einen gleichwertigen Ersatzhof nachabfindungsfrei reinvestieren. Betragen die Aufwendungen für einen derartigen Ersatzhof zum Beispiel 2,5 Mio. € und ist dieser Preis angemessen, unterliegen die restlichen 2,5 Mio. € des Verkaufserlöses der Nachabfindung.

Der Hoferbe könnte dieses Geld nicht dazu verwenden, um z. B. eine Betriebsvergrößerung vorzunehmen oder

△ Eine Reinvestition in Ersatzflächen ist möglich, hat aber auch Tücken.

neue Wirtschaftsgebäude zu bauen. Das ist eine in der Praxis gefährliche Falle für expansionswillige Hofnachfolgerinnen und Hofnachfolger. Etwas besser sieht es aus, wenn die Veräußerung der Flächen erst 10 oder auch 15 Jahre nach dem Übergang des Hofes auf den Hoferben erfolgt. Dann kommt dem Hofesübernehmer die Degression zugute. Denn über den Degressionsbetrag kann er grundsätzlich „frei" verfügen.

Folgender Fall: Ein Hofnachfolger verkauft 10 ha Ackerland. Er erzielt einen Preis von 400.000 €, wovon nach Abzug von Steuern, Gebühren und Nachlassverbindlichkeiten ein nachabfindungspflichtiger Betrag von 200.000 € bleibt. Da die Hofübergabe aber bereits 16 Jahre zurückliegt, sind davon 100.000 € nachabfindungsfrei. Das bedeutet, dass der Hofnachfolger von allen Nachabfindungsansprüchen befreit ist, wenn für die Anschaffung gleichwertigen Ersatzlandes 100.000 € objektiv erforderlich sind und er diese Reinvestition auch tatsächlich tätigt.

Der Hoferbe braucht die Veräußerungserlöse aus Grundstücksverkäufen auch dann nicht mit den weichenden Erben zu teilen, wenn die Veräußerung zur Erhaltung des Hofes erforderlich war.

Mit dieser Sondervorschrift soll der landwirtschaftliche Betrieb in unverschuldeten Notlagen geschützt werden, z. B. bei Zerstörung der Hofstelle durch einen Brand, bei großen Überschwemmungsschäden oder wenn die Versicherungen nur unzureichende Ersatzleistungen bieten.

VERKAUF, UM HOF ZU ERHALTEN

Denkbar ist das auch bei einer Aussiedlung des Betriebes aus einer Innerortslage in eine Außenbereichslage, um die Viehhaltung auszuweiten und den modernen Erfordernissen für einen leistungs- und lebensfähigen Betrieb bzw. den gewandelten Immissionsschutzanforderungen gerecht zu werden. Diese Bestimmung für Notlagen wird von den Gerichten allerdings oftmals sehr eng ausgelegt. Danach ist die Veräußerung von Hofgrundstücken zum Zweck der Erhaltung nur dann erforderlich, wenn die Notlage unverschuldet ist und auf andere Art und Weise nicht beseitigt werden kann. So müssen zum Beispiel die laufend anfallenden Erträge und Kreditmöglichkeiten ausgeschöpft werden, bevor Hofesflächen verkauft werden. Außerdem muss ein Sanierungskonzept, das zusammen mit der Beratung erarbeitet wurde, vorgelegt werden, um tatsächlich eine Befreiung von der Nachabfindungspflicht zu erreichen.

Denn die Ausnahmeregelung soll nur in solchen Fällen zur Anwendung kommen, in denen die Betriebe durch den Abverkauf ihre Lebensfähigkeit erhalten können. Kann der Hof wegen seiner hohen Schuldenlast ohnehin nicht gehalten werden oder ist wegen der schlechten Wirtschaftslage des Hofes eine Sanierung des Betriebes unter Leitung des Hoferben nicht zu erwarten, dann kommt die Ausnahmeregelung nicht in Betracht.

Sind die Probleme und Schulden durch Unfähigkeit oder mangelnden persönlichen Einsatz des Hofnachfolgers entstanden, kann sich dieser selbst im Fall der drohenden Zwangsversteigerung nicht auf eine zum Erhalt des Hofes notwendige Veräußerung von Grundstücken berufen. Darauf müssen die weichenden Erben keine Rücksicht nehmen. Sie brauchen deshalb nicht auf ihre Nachabfindungsansprüche zu verzichten.

SANIERUNGSVERKÄUFE FREI

Etwas anderes gilt für echte Sanierungsverkäufe. Diese sind grundsätzlich nachabfindungsfrei. Für die Praxis gilt jedoch, dass in betrieblich kritischen Situationen besonders gründlich geprüft werden muss, ob tatsächlich ein „echter", nachabfindungsfreier Sanierungsfall vorliegt.

Denn der Hoferbe kann sich nicht darauf berufen, dass der Verkauf notwendig sei, um Maßnahmen der laufenden Bewirtschaftung zu finanzieren, wie z. B. zur laufenden Instandhaltung von Gebäuden, zur Verbesserung des Bodens, zur Erneuerung des Inventars oder Ähnliches. Derartige Maßnahmen gelten auch in schwierigen wirtschaftlichen Situationen nicht unbedingt als Sanierung.

In Zweifelsfällen sollte der Hofübernehmer sich möglichst frühzeitig mit seinen Geschwistern über den beabsichtigten Verkauf einer Fläche verständigen.

So werden die Geschwister bei Umnutzungen beteiligt

Immer häufiger werden Höfe ganz oder teilweise landwirtschaftsfremd genutzt. In welchen Fällen steht den weichenden Erben eine Nachabfindung zu und wie berechnet sich ihr Anspruch?

Foto: Landpixel Mühlhausen

Bauernhofcafés und Direktvermarktungen sind erst dann nachabfindungspflichtig, wenn die Grenzen des Nebenbetriebes überschritten sind.

UNSERE AUTOREN
Hubertus Schmitte, Gerald Lückemeier

Häufig müssen Hofnachfolger Nachabfindungen zahlen, weil sie den Hof oder Teile davon zu landwirtschaftsfremden Zwecken umgenutzt haben. Das gilt auf jeden Fall dann, wenn die Hofübergabe bzw. der Erbfall nicht länger als 20 Jahre zurückliegt und die landwirtschaftsfremde Nutzung erhebliche Gewinne einbringt. Typische Umnutzungsfälle:

- die Vermietung eines Hofgebäudes bzw. eines umgebauten Wirtschaftsgebäudes zu Wohnzwecken,
- die Verpachtung oder Vermietung des Hofes oder von Teilen davon zu gewerblichen Zwecken, z.B. als Lager- oder Bürogebäude, als Camping- oder Golfplatz,
- die Nutzung von Teilflächen des Hofes für Erneuerbare Energien,
- die Belastung des Hofes mit Grundpfandrechten zur Absicherung von landwirtschaftsfremd verwandten Darlehen,
- die Bestellung von Erbbaurechten,
- der Abbau von Bodenschätzen, z.B. von Sand, Kies oder Steinen,
- die Einräumung von Leitungsrechten gegen ein Entgelt,
- die Verwendung einer Versicherungsentschädigung, z.B. der Feuerversicherung, für hofesfremde Zwecke,

• eine Geldabfindung im Flurbereinigungsverfahren, wenn dafür auf die Abfindung in Land verzichtet wird,
• die Veräußerung von hofeszugehörigen Rechten und Ansprüchen.

Liegt eine nachabfindungspflichtige Nutzungsänderung vor, muss der Hoferbe die Geschwister an dem daraus erzielten Gewinn beteiligen. Allerdings muss nicht der gesamte Erlös geteilt werden, sondern nur der Ertrag, der nach Abzug aller Aufwendungen sowie anteiliger Nachlassverbindlichkeiten und gezahlter Abfindungen übrigbleibt.

MIET- UND PACHTERLÖSE ZÄHLEN

Bei den meisten Nutzungsänderungen fallen die Erlöse fortlaufend an, z.B. in Form von Mieten, Pachten, Vergütungen und Nutzungsentgelten. Dann werden die weichenden Erben an den jährlich anfallenden Erträgen beteiligt. Zwar war lange umstritten, wie sich die Nachabfindung bei einer Umnutzung von Wirtschaftsgebäuden zu Mietwohnungen oder zu gewerblichen Räumen berechnet. Im Juni 2000 entschied aber der Bundesgerichtshof endgültig, dass weichende Erben an den fortlaufenden Erlösen beteiligt werden und nicht an einem theoretischen Baulandwert für das betreffende Grundstück.

Ein typischer Fall ist die Vermietung zu Wohnzwecken, zum Beispiel: Ein Hofnachfolger hatte 2013 den Hof von seinen Eltern übernommen. 2023 baute er eine Scheune zu drei Wohnungen mit einer Wohnfläche von 180 m² um. Er investierte insgesamt 125.000 €, wovon er 100.000 € als Darlehen mit einem Zinssatz von 4,0 % aufnahm. 2024 wurden die Wohnungen erstmals vermietet.

Ausgangspunkt für die Berechnung der Nachabfindung sind die jährlichen Mieteinnahmen. Diese betragen bei 5 € pro m² insgesamt 10.800 €/Jahr. Davon können folgende Kosten abgezogen werden:

• Darlehenszinsen (4,0 %): 4.000 €,
• Zinsen für den Eigenkapitalaufwand (4,0 %): 1.000 €,
• AfA (2 % von 125.000 €): 2.500 €,
• Reparaturauslagen und Mietausfall (4 % der Miete): 432 €,
• Verwaltungskosten: 400 € pauschal,
• Grundsteuer, Kanalgebühren, Müllabfuhr, Sach- und Haftpflichtversicherung, soweit nicht auf den Mieter umgelegt,
• Einkommensteuer (25 % des verbliebenen Erlöses von 2.468 €): 617 €.

Es bleibt ein Nettoerlös/Mietertrag von 1.851 € für das Jahr 2024. Davon kann der Hoferbe noch seinen Voranteil von 25 % (463 €) abziehen, da die Hofübergabe mehr als zehn Jahre zurückliegt. Das bedeutet, dass der Hoferbe nur noch einen Betrag von etwa 1.388 € mit den weichenden Erben teilen muss. Das zeigt auch die Übersicht auf Seite 110.

Seinen zwei Schwestern steht gemäß der gesetzlichen Erbquote ein Anteil von je 1/6 zu, sodass er ihnen für das Jahr 2024 jeweils 231 € zahlen muss. Dem Hoferben selbst bleibt ein Betrag von 1.389 €, der sich aus seinem Erbanteil (1/6), dem Vorabanteil wegen der Degression sowie dem rechnerischen Anteil der Mutter von 1/2 zusammensetzt, soweit die Mutter aufgrund des Altenteilsrechtes ihren Anteil nicht geltend macht.

Im Laufe der nächsten Jahre erhöht sich die Nachabfindung für die weichenden Erben dadurch, dass die Zinsbelastung des Hoferben abnimmt. Auf der anderen Seite reduziert sich ab 2028 die zu zahlende Nachabfindung, weil der Hofnachfolger nach Ablauf von 15 Jahren seit der Hofübergabe einen Anteil von 50 % (bis dahin 25 %) vorab für sich behalten kann.

Sobald 20 Jahre seit der Hofübernahme vergangen sind, ist der Hoferbe endgültig frei von allen Nachabfindungsansprüchen und kann den gesamten Mietertrag für sich behalten. Denn die jährlichen Gewinne aus der Vermietung brauchen nur bis zum Ablauf der 20-Jahresfrist mit den Geschwistern geteilt zu werden! Als Ergebnis lässt sich also sagen, dass die Umnutzung von ehemaligen Wirtschaftsgebäuden zu vermietetem Wohnraum im Regelfall gar nicht oder nur zu ganz geringen Nachabfindungsansprüchen der weichenden Erben führt.

SCHNELL GELESEN

Bei der Vermietung, von z.B. einer Wohnung, müssen die Mieteinnahmen mit den Geschwistern geteilt werden.

Ab dem 20. Jahr nach Übergabe kann der Übernehmer den Mietertrag behalten.

Bei anderen Umnutzungen ist der einmalige Erlös nachabfindungspflichtig.

Nachabfindungspflichtig sind nur erhebliche Gewinne.

Genauso wie die Einnahmen aus der Vermietung von Wohnungen, sind die Erlöse aus der Bestellung von Erbbaurechten nachabfindungspflichtig. Denn auch hier wird der Grund und Boden anders als landwirtschaftlich genutzt. Ebenso nachabfindungspflichtig ist die Vermietung bzw. Verpachtung des Hofes oder von Hofesteilen zu nicht landwirtschaftlichen, gewerblichen Zwecken. Mögliche Beispiele dafür sind die Vermietung der Scheune für Wohnwagen oder die Überlassung von Grundstücken an einen Golfclub.

WAS FÜR ERBBAURECHTE GILT

Nachabfindungspflichtig ist dabei allerdings nur ein „erheblicher Gewinn“. Einige hundert Euro für die Unterstellung von Wohnwagen zählen nicht dazu, wohl aber maßgebliche Summen, die z.B. für die Verpachtung großer Flächen an einen Golfclub erzielt werden. Ab welcher Höhe ein Gewinn im Einzelfall nachabfindungspflichtig ist, lässt sich nicht genau sagen. Dies hängt auch von der Größe des Gesamtbetriebes ab.

Sowohl bei Vermietung bzw. Verpachtung zu gewerblichen Zwecken als auch bei Erbbaurechten wird der Nachabfindungsanspruch jährlich neu fällig. Genauso wie bei der Vermietung von Wohnungen sind die jährlichen Einnahmen für die restliche Zeit der 20-jährigen Nachabfindungsfrist unter den Erben aufzuteilen. Auch die Degressionsvorschriften gelten, sodass ab dem zehnten Jahr nach Hofübergabe bzw. Erbfall 25 % des Nettoerlöses vorab dem Übernehmer zustehen, nach 15 Jahren 50 %. Diese Frist beginnt übrigens immer mit der Hofübergabe bzw. dem Erbfall, nicht mit dem Beginn der nachabfindungspflichtigen Tätigkeit.

HYPOTHEKEN UND KREDITE

Wenn ein Landwirt ein zum Hof gehörendes Grundstück mit einer Grundschuld oder einer Hypothek belastet und den aufgenommenen Kredit für landwirtschaftsfremde Zwecke nutzt, löst die Bestellung des Grundpfandrechts die Nachabfindungspflicht aus, sobald der Landwirt damit Gewinne erzielt.

Die weichenden Erben müssen nicht mehr darauf warten, dass das Grundstück irgendwann eventuell verkauft wird. Das gilt z.B. für einen Landwirt, der auf dem Hofgrundstück ein Mietshaus gebaut und diese Maßnahme durch eine Grundschuld von rund 320.000 € finanziert hat, weil die Belastung mit Grundpfandrechten zu einem Substanzverlust und zu einer Schwächung der Leistungsfähigkeit des Hofes geführt hat.

Denn das aufgenommene Fremdkapital ist nicht für die Bewirtschaftung des Betriebes, sondern für landwirtschaftsfremde Zwecke verwendet worden. Deshalb muss der Hoferbe den weichenden Erben eine Nachabfindung zahlen, deren Höhe sich nach dem, dem Hofeigentümer verbleibenden Gewinn aus den vereinnahmten Mieten richtet und nicht nach der aufgenommenen Darlehenssumme.

EINMALIGE EINNAHMEN

Bei einigen landwirtschaftsfremden Nutzungen fallen keine fortlaufenden Erlöse, sondern lediglich einmalige Gewinne an. In diesen Fällen muss der Hoferbe den weichenden Erben eine einmalige Nachabfindung zahlen. Dabei entspricht die Berechnung im Prinzip derjenigen, die bei der Veräußerung von Grund und Boden oder von Hofeszubehör angewendet wird. Dazu ein Beispiel aus der Praxis:

Ein Landwirt hatte 2013 den Hof von seinem verwitweten Vater übertragen bekommen. Im Zuge des Ausbaus einer Landstraße gestattete der Landwirt einer Straßenbaufirma 2022 den Abbau von Sand auf einem zum Hof gehörigen Grundstück für die Zeit von drei Jahren mit anschließender Rekultivierung. Der Hoferbe erhielt dafür einen Einmalbetrag von umgerechnet 50.265 €. Weil die 20-Jahresfrist noch nicht verstrichen war, musste er den Erlös mit seinen drei Geschwistern teilen, konnte vorher allerdings folgende Posten vom Bruttoerlös abziehen:

- die gezahlte Einkommensteuer von 8.056 €,
- den Wert des Ernteausfalls für drei Jahre mit 2.556 €/Jahr, also insgesamt 7.668 € und
- einen bestimmten Anteil der Altschulden und der übernommenen Altenteilsleistungen.

Für die Berechnung des Anteils der Nachlassverbindlichkeiten wird der Erlös aus dem Sandabbau (50.265 €) mit dem Verkehrswert des gesamten landwirtschaftlichen Betriebes zum Zeitpunkt der Hofübergabe (ca. 511.300 €) verglichen. Daraus ergibt sich eine Quote von 9,83 %. Das bedeutet: Von den Altschulden (88.263 €) und den kapitalisierten Altenteilsleistungen (54.818 €) wurden 9,83 %, insgesamt 14.065 €, vom Bruttoerlös abgezogen.

Nach Abzug der gezahlten Einkommensteuer, der anteiligen Altenteilsleistungen und der Altschulden ergab sich ein Nettoerlös von 20.476 €, den der Hoferbe mit seinen drei Geschwistern teilen musste. Davon erhielten die drei Geschwister jeweils 1/4, also jeweils 5.119 €. Dem Hoferben blieben die restlichen 5.119 €, also ebenfalls 1/4 des Nachabfindungsbetrages.

KABEL, RÖHREN, MASTEN

Weit verbreitet ist die Verlegung von Kabeln und Röhren im Erdreich, insbesondere von Erdöl- und Erdgastrassen, Stromkabeln, Wasser- und Abwasserleitungen etc. sowie die Überspannung von landwirtschaftlichen Flächen durch Freileitungen. Hierfür erhält der Grundeigentümer ebenfalls eine einmalige Entschädigung. Diese setzt sich zusammen aus einem Ausgleich für den Bodenwertverlust und einem für den entstandenen Flurschaden. Bei oberirdisch geführten Kabeltrassen (z. B. Hochspannungsleitungen) erhält der Grundeigentümer eine zusätzliche Entschädigung für die durch die Leitungsmasten entstehenden Wirtschaftserschwernisse. Diese ist nicht nachabfindungspflichtig, ebenso wenig die Flurschadenentschädigung. Denn diese sind ein Ausgleich für die Ernteverluste bzw. den Mehraufwand, die dem Landwirt durch die Maßnahme entstehen, und gelten somit nicht als landwirtschaftsfremder Erlös. Die übrigen Entgelte und geldwerten Gegenleistungen, die der Landwirt für die Durchquerung seiner Flächen mit ober- oder unterirdischen Leitungen erhält, sind indes grundsätzlich nachabfindungspflichtig, unabhängig davon, ob das Auswirkungen auf die landwirtschaftliche Nutzung der Flächen hat oder nicht.

BRAND UND FLURBEREINIGUNG

Bei der Nachabfindungsvorschrift handelt es sich um einen „flexiblen Tatbestand". So sind im Laufe der Jahre immer weitere neue Fälle von den Gerichten einbezogen worden.

Da ist z. B. der Fall des Hofnachfolgers, der die Versicherungsleistung, die er wegen des Brandes eines Hofgebäudes erhalten hatte, nicht zum Wiederaufbau des Gebäudes, sondern für hofesfremde Zwecke verwendet hat. In einem solchen Fall, entschied das Oberlandesgericht Celle, können die weichenden Erben Nachabfindungsansprüche geltend machen, weil der Wegfall der Scheune durch Brand – ebenso wie durch Abriss oder Verkauf im Ganzen – einen tatsächlichen Substanzverlust des Hofes bedeute. Die anderweitige Verwendung der Versicherungssumme mindere die tatsächliche Substanz des Hofes genauso wie ein Grundstücksverkauf. Deshalb müsse der Hoferbe diesen Verlust gegenüber den Miterben ausgleichen.

Zu einem ähnlichen Ergebnis kam das Oberlandesgericht Hamm in einem Fall, in dem ein Hofnachfolger einige Grundstücke in ein Flurbereinigungsverfahren eingebracht und dafür eine Geldabfindung von gut 100.000 € angenommen hatte. Auf die sonst übliche Abfindung in Form von wertgleichem Land hatte der Landwirt ausdrücklich und unwiderruflich verzichtet.

Das Gericht sah in der Inanspruchnahme der Geldabfindung gegen Verzicht auf eine Landabfindung eine endgültig landwirtschaftsfremde Nutzung

NACHABFINDUNG BEI UMNUTZUNG ZU WOHNUNGEN

Von den Mieteinnahmen zur Nachabfindung

Mieteinnahmen (5 €/m²)	10.800 €/Jahr
abzgl. Darlehenszinsen (4,0 %)	- 4.000 €/Jahr
abzgl. Zinsen für Eigenkapital (4,0 %)	- 1.000 €/Jahr
abzgl. AfA (2 %)	- 2.500 €/Jahr
abzgl. Reparaturauslagen/Mietausfall	- 432 €/Jahr
abzgl. Verwaltungskosten	- 400 €/Jahr
abzgl. Steuern	- 617 €/Jahr
es verbleibt ein Nettoerlös/Mietertrag	= 1.851 €/Jahr
abzgl. Vorab-Anteil des Hoferben (25 %) rund	- 463 €/Jahr
mit den weichenden Erben zu teilende Mieteinnahmen	= 1.388 €/Jahr
davon stehen zu	
der Mutter	694 €/Jahr (1/2)
dem Hoferben	231 €/Jahr (1/6)

Das Ergebnis: Der Hoferbe muss seinen beiden Schwestern eine Nachabfindung von jeweils rund 231 € im Jahr zahlen. Ihm selbst bleibt ein Betrag von 925 €, wenn seine Mutter ihren Anteil nicht geltend macht, zzgl. der 463 €, die ihm zusätzlich als Degressionsvorteil zustehen. top agrar; Quelle: Schmitte

△ Bei Einnahmen aus Mieten und Pachten muss der Hoferbe die Geschwister an den jährlichen Erträgen beteiligen.

▷ Bei Kabeltrassen ist die Flurschadenentschädigung nicht nachabfindungspflichtig, wohl aber die Entschädigung für den Wertverlust der Fläche.

Foto: ©SBH/AdobeStock

von Teilen des Hofes. Da der Verzicht auf Landabfindung zugunsten der Geldabfindung nach Flurbereinigungsgesetz nicht mehr rückgängig gemacht werden könne, sei der Tatbestand vergleichbar mit einer landwirtschaftsfremden Nutzung in Form eines Erbbaurechts. Der Nachabfindungsanspruch der weichenden Erben sei deshalb gegeben.

KEINE NACHABFINDUNG

Wenn der Hof oder zugehörige Flächen zu luf-Zwecken verpachtet werden, fällt i.d.R. keine Nachabfindung an. Ein Fall: Die Hoferbin hatte 2011 per Übergabevertrag den Hof von ihrem Vater erhalten. 2017 verkaufte sie eine bebaute Parzelle für ca. 85.000 € und zahlte ihrem Bruder gut 20.000 € Nachabfindung. Die hofgehörigen Ländereien hatte sie gegen eine Pacht von mehr als 7.500 €/Jahr verpachtet. Hiervon verlangte der Bruder ebenfalls eine Nachabfindung. Das Gericht lehnte ab. Grund: Ein Nachabfindungsanspruch bestünde nur dann, wenn die Hoferbin den Hof oder Teile davon landwirtschaftsfremd nutzen und dadurch erhebliche Gewinne erzielen würde. Die Verpachtung zur landwirtschaftlichen Nutzung falle aber nicht darunter. Diese Auffassung ist nun durch eine Entscheidung des Oberlandesgerichts Celle vom 19.9.2022 (Az.: 7 W 14/22) bestätigt worden und gilt damit als geklärt: eine landwirtschaftliche Verpachtung ist nicht nachabfindungspflichtig.

Ebenfalls nicht nachabfindungspflichtig sind landwirtschaftliche Nebenbetriebe – die also dem landwirtschaftlichen Hauptbetrieb dienen und diesem eindeutig untergeordnet sind. Darunter fallen gegebenenfalls die Direktvermarktung, eine Käserei, ein Bauernhofcafé, ein Betrieb mit Urlaub auf dem Bauernhof, eine Brennerei, ein Sägewerk oder eine Mühle.

Die Grenzen werden aber überschritten, wenn der Nebenbetrieb nicht mehr dem landwirtschaftlichen Hauptbetrieb dient und als eigenständiger, womöglich gewerblicher Betrieb selbstständig zur Einkommenssicherung beiträgt. Das könnte zum Beispiel der Fall sein, wenn die Erträge aus diesem Betrieb diejenigen aus der Landwirtschaft übersteigen und auch die überwiegende Arbeitszeit für den Nebenbetrieb verwendet wird.

WAS FÜR STILLLEGUNG GILT

In solchen Fällen entstehen sogenannte gemischte Betriebe, die einen Nachabfindungsanspruch auslösen können. In der Praxis entfällt aber auch hier in der Regel der Nachabfindungsanspruch der Geschwister. Denn wenn der Erlös aus einer landwirtschaftsfremden Nutzung in dem gemischten Betrieb auf eigenen Leistungen des Hoferben bzw. seiner Familie beruht, entfällt die Nachabfindungspflicht. Aus diesem Grund kommt bei gemischten Betrieben vielfach keine Nachabfindung infrage.

Eine Nachabfindung fällt auch dann aus, wenn die vom Hoferben vorgenommene Nutzungsänderung im Rahmen ordnungsgemäßer Bewirtschaftung stattfindet. Beispiele sind die Rotationsbrache oder die vorübergehende Flächenstilllegung. Solche Maßnahmen, die zum Teil Voraussetzung für öffentliche Beihilfen sind, sind landwirtschaftliche Tätigkeiten, sie führen also gerade nicht zu einer Zweckentfremdung von hofeszugehörigen Flächen.

Gleiches gilt für ökologische Bewirtschaftungsauflagen, wenn hierfür staatliche Geldmittel, Prämien oder Subventionen gezahlt werden (z. B. Vertragsnaturschutz, Teilnahme an ökologischen Programmen). Auch in diesen Fällen liegt weiter eine landwirtschaftliche Nutzung vor.

EU-PRÄMIEN SIND KEIN PROBLEM

Auch die EU-Direktzahlungen verbleiben dem Hofnachfolger, da es sich um landwirtschaftliche Einnahmen handelt. Es handelt sich dabei nämlich um Zahlungen, die eine landwirtschaftliche Mindesttätigkeit voraussetzen und somit nicht nachabfindungspflichtig sind.

Reinvestition ist keine Lösung

Wenn ein Hoferbe den Verkaufserlös aus dem Verkauf von Grund und Boden wieder in den landwirtschaftlichen Betrieb investiert, kann er die Nachabfindung ganz oder teilweise vermeiden.

Das ist hingegen bei einer landwirtschaftsfremden Nutzung des Hofes nicht möglich! Das bedeutet: Auch wenn der Hofnachfolger die Erlöse, wie zum Beispiel Mieterträge aus einem umgenutzten Gebäude, in den landwirtschaftlichen Betrieb investiert, kann er dadurch die Nachabfindung der Geschwister nicht umgehen.

Was für PV-, Windkraft- und Biogasanlagen gilt

Zumindest PV- und Windkraftanlagen sind in vielen Fällen nachabfindungspflichtig, bei Biogasanlagen ist das eher selten der Fall.

Die Verpachtung von Windkraftstandorten ist nachabfindungspflichtig.

Foto: Höner

UNSERE AUTOREN
Hubertus Schmitte, Gerald Lückemeier

Viele Landwirte betreiben PV-, Biogas- und Windkraftanlagen oder verpachten Fläche an Betreiber. Oftmals dienen diese Aktivitäten als zweites Standbein für den landwirtschaftlichen Familienbetrieb. Ob und welche Erlöse aus diesen Nutzungen nachabfindungspflichtig sind, ist nicht in allen Einzelpunkten geklärt.

EIGENNUTZUNG VON WINDKRAFT

Ob der Betrieb einer Windkraftanlage bzw. die Verpachtung einer dafür geeigneten Fläche nachabfindungspflichtig ist, hängt davon ab, inwieweit die Nutzung der Anlage noch als landwirtschaftlich gilt. Dabei sind mehrere Fälle zu unterscheiden.

Wenn die Windkraftanlage nach § 35 Abs. 1 Nr. 1 des Baugesetzbuches (BauGB) genehmigt wurde, weil mehr als die Hälfte der erzeugten Energie in den landwirtschaftlichen Betrieb fließt, handelt es sich wohl um eine dem landwirtschaftlichen Betrieb dienende Anlage. Folglich liegt dann eine landwirtschaftliche und damit nicht nachabfindungspflichtige Nutzung vor. Das gilt zumindest für den Stromanteil, der in den landwirtschaftlichen Betrieb fließt.

Hinsichtlich des eingespeisten Stromanteils kann jedoch eine landwirtschaftsfremde, nachabfindungspflichtige Nutzung angenommen werden. Folglich muss der Erlös aus der Stromeinspeisung unter den Erben aufgeteilt werden. Für eine PV-Anlage gilt das gleichermaßen. Dabei ist neben den Kosten und Aufwendungen wie beim Umbau von Wirtschaftsgebäuden (siehe Seite 108 ff) auch der Teil abzusetzen, der auf den eigenen wirtschaftlichen (Arbeits-) Leistungen des Hoferben beim Betrieb der Anlage beruht.

Da die Errichtung einer PV- bzw. Windkraftanlage durch den Hofnachfolger oft maßgeblich auf dessen eigene wirtschaftliche Leistungen zurückzuführen und mit umfangreichen Aufwendungen verbunden ist, ist der vorab abzusetzende Betrag dann so hoch, dass letztlich eine Nachabfindungspflicht kaum infrage kommt. Es gilt bezüglich der zu berücksichtigenden Aufwendungen das Gleiche wie beim Umbau von ehemaligen Wirtschaftsgebäuden zu Mietwohnungen.

In der Praxis spielen diese dem landwirtschaftlichen Betrieb dienenden Anlagen jedoch keine große Rolle.

WENN DER STROM VERKAUFT WIRD

Häufiger sind Anlagen, die nicht dem landwirtschaftlichen Betrieb dienen, weil der erzeugte Strom überwiegend veräußert wird. Da Stromerzeugung zu Verkaufszwecken als landwirtschaftsfremde Nutzung gilt, sind diese Anlagen grundsätzlich nachabfindungspflichtig. Die Erlöse daraus müssen mit den weichenden Erben geteilt werden.

Allerdings können vorab der Fremdkapitalaufwand, die Unterhaltungsaufwendungen usw. vom Erlös abgesetzt werden. Außerdem können auch hier die wirtschaftlichen Eigenleistungen des Hofnachfolgers in Abzug gebracht werden. Lediglich der nach diesen Abzügen noch verbleibende Nettoerlös muss mit den weichenden Erben geteilt werden – und zwar für die Restlaufzeit der Nachabfindungsfrist. Wie gerechnet wird, zeigt folgendes Beispiel:

Landwirt Thomas A. hat den landwirtschaftlichen Betrieb seines Vaters übernommen. Neun Jahre später baut er eine Windkraftanlage mit 1 Megawatt-Nennleistung zum Preis von 1,2 Mio. €. Die Arbeitsleistung der Anlage beträgt 1,5 Mio. kWh pro Jahr, das garantierte Einspeise-Entgelt 0,091 €/kWh. Entsprechend erzielt der Landwirt eine Jahres-Einspeisevergütung von rund 136.500 €. Von diesem jährlichen Erlös kann er vorab folgende Posten abziehen:

- 44.000 € Fremdkapitalzinsen pro Jahr, bei 1,1 Mio. € Fremdkapital und einem Zinssatz von 4 %;
- 4.000 € Eigenkapitalzinsen pro Jahr, bei 100.000 € Eigenkapital und einem Zinssatz von 4 %;
- 15.000 € jährlich für die Unterhaltung der Anlage (Versicherungen, Reparaturrückstellungen, Ausfallwagnis);
- 40.000 € AfA jährlich, bei einer linearen Abschreibung von 4 % und einem Restwert nach 25 Jahren von 200.000 €.

Nach Abzug dieser Beträge ergibt sich ein Nettoerlös von 33.500 €. Davon wird noch die Einkommensteuer, hier mit 25 % vom Gewinn, also 8.375 €, abgezogen. Es ergeben sich 25.125 €, wovon wiederum die wirtschaftliche Eigenleistung des Landwirts abgezogen werden kann, die in diesem Fall mit 50 %, also mit 12.562 €, bewertet wird. Es verbleiben dann noch 12.562 €, die Landwirt Thomas A. mit den weichenden Erben teilen muss.

Dabei sind zunächst die gesamten 12.562 € aufzuteilen. Später als 10 Jahre nach der Übergabe können aufgrund der Degression weitere 25 % (3.141 €) für den Hofübernehmer abgezogen werden. Dann müssen nur noch 9.421 € mit den weichenden Erben geteilt werden.

EIGENE ANLAGE

Verkaufserlös aus Stromeinspeisung	136.500 €/Jahr
abzgl. Fremdkapitalzinsen (4 %)	-44.000 €/Jahr
abzgl. Eigenkapitalzinsen (4 %)	-4.000 €/Jahr
abzgl. Unterhaltungskosten	-15.000 €/Jahr
abzgl. AfA (4 %)	-40.000 €/Jahr
es verbleibt ein Nettoerlös von	=33.500 €/Jahr
abzgl. Einkommensteuer (25 %)	-8.375 €/Jahr
es verbleiben	=25.125 €/Jahr
abzgl. 50 % Eigenleistung	-12.562 €/Jahr
mit weichenden Erben zu teilender Erlös	= 12.562 €/Jahr

Das Ergebnis: Landwirt Thomas A. muss in den ersten zehn Jahren nach der Hofübergabe 12.562 € mit den weichenden Erben teilen. Danach kann er aufgrund der Degression für sich weitere 25 % abziehen. Dann sind nur noch 9.421 € aufzuteilen.

top agrar; Quelle: Schmitte

△ Einspeiseerlöse werden aufgeteilt.

BETREIBERGESELLSCHAFTEN

Heutzutage sind es in der Regel nicht mehr einzelne Landwirte, die eine Windkraftanlage bauen, vielmehr sind es Betreibergesellschaften, die ganze Windparks errichten. Die Landwirte verpachten die dafür notwendigen Flächen an die Betreibergesellschaften.

In diesen Fällen sind die Pachtzahlungen für die Überlassung der Standortflächen, also der Flächen, auf denen eine Windenergieanlage errichtet wird, nachabfindungspflichtig. Denn die Flächen werden der landwirtschaftlichen Nutzung entzogen und landwirtschaftsfremd genutzt. Deshalb muss der Pachterlös mit den weichenden Erben geteilt werden. Bei der Verpachtung von (Dach-)Flächen für die Errichtung einer PV-Anlage gelten die gleichen Grundsätze.

Folgendes Beispiel zeigt, wie gerechnet wird: Landwirtin Katharina B. verpachtet eine 2.000 m² große Fläche an einen Windkraftbetreiber, der auf dieser Fläche eine 1 Megawatt-Anlage errichtet. Da die Anlage 1,5 Mio. kWh Strom einspeist, bekommt der Betreiber ein Entgelt von 136.500 €. Laut Vertrag erhält die Landwirtin jährlich eine Pacht von 5 % der Einspeisevergütung, mindestens jedoch 6.000 €. Landwirtin Katharina B. erhält also 6.825 € pro Jahr. Abzuziehen ist hier nur die Einkommensteuer mit 25 % des Gewinns, also mit 1.706,25 €. Folglich muss die Landwirtin 5.119 € mit den weichenden Erben teilen.

Unerheblich ist, wenn die verpachtete Fläche nicht als konkrete Standortfläche, sondern als Windeinzugsfläche dient. Auch diese Fläche wird dadurch landwirtschaftsfremd genutzt, unabhängig davon, dass die landwirtschaftliche Nutzung uneingeschränkt fortgeführt werden kann.

HOFEIGENE BIOGASANLAGE

Bei Biogasanlagen kann man davon ausgehen, dass diese keine Nachabfindungsansprüche auslösen, wenn es sich um eine eigene Anlage des Landwirts

SCHNELL GELESEN

Eigengenutzte Windkraftanlagen lösen keine Nachabfindungspflicht aus.

Wird der Strom eingespeist, müssen die Erlöse daraus mit den Geschwistern geteilt werden.

Bei der Überlassung einer Standortfläche sind die Pachtzahlungen nachabfindungspflichtig.

Biogasanlagen lösen nur in seltenen Fällen Nachabfindungsansprüche aus.

Nachabfindungspflichtig ist ggf. das Erbbaurecht für das Grundstück, auf dem eine Biogasanlage steht.

auf eigenem Grund und Boden mit Beschickung durch Substrat aus eigenem Anbau handelt. Die Vorteile und Erlöse aus deren Betrieb muss der Hofübernehmer also nicht mit den weichenden Erben teilen. Das gilt wohl auch bei einem Zukauf von Substrat, solange der unter dem Anteil der verwendeten Eigenprodukte liegt. Denkbar ist aber auch eine teilweise landwirtschaftsfremde Nutzung und eine entsprechende Aufteilung der Erlöse in nachabfindungspflichtige und nachabfindungsfreie Teilbeträge.

Bei einem Zukauf von über 50 % besteht die Gefahr, dass der Betrieb der Anlage insgesamt als gewerblich und nachabfindungspflichtig angesehen wird.

EIGENSTÄNDIGE BIOGASANLAGEN. Nach §35 Abs. 1 Nr. 6 Baugesetzbuch können Biomasseanlagen auch als eigenständig privilegierte Anlagen im Außenbereich genehmigt werden. Sie müssen nicht mehr notwendigerweise einem landwirtschaftlichen Betrieb dienen, also den Strom überwiegend im eigenen Betrieb verbrauchen oder die Substrate überwiegend aus dem eigenen Betrieb beziehen. Vielmehr sind Biomasseanlagen von Landwirten einschließlich gewerblichen Tierhaltern, Forstwirten und Gartenbaubetrieben schon dann genehmigungsfähig, wenn

- am Betriebsstandort nur eine Anlage betrieben wird,
- die Anlage im räumlich-funktionalen Zusammenhang mit dem Betrieb steht,
- die Biomasse überwiegend aus dem eigenen Betrieb oder aus diesem und aus nahe gelegenen landwirtschaftlichen, gartenbaulichen oder tierhaltenden Betrieben stammt und
- die Kapazität 2,3 Mio. m^3 Biogas nicht überschreitet.

Für die Nachabfindung gilt: Auch eine eigenständig privilegierte Biogasanlage löst keine Verpflichtung zur Nachabfindung aus, soweit sie gänzlich oder jedenfalls überwiegend mit eigenem Substrat betrieben wird. Soweit die Biomasse überwiegend von den nahe gelegenen anderen Betrieben stammt, kommt eine anteilige Berücksichtigung der Erlöse für die Nachabfindungspflicht in Betracht, weil dann eine teilweise landwirtschaftsfremde Nutzung der Standortparzelle angenommen werden kann.

Sollte also in einzelnen Fällen eine Nachabfindungspflicht infrage kommen, ist vorab der Teil des Erlöses abzusetzen, der bei wirtschaftlicher Betrachtungsweise auf der eigenen wirtschaftlichen Leistung des Hofnachfolgers beruht. Diese Leistung besteht aus der laufenden Überwachung von Substratversorgung und Substratzusammensetzung, der Wartung der Anlage, der Verwaltung der Stromabnahme etc. Dabei ist ein rentabler Betrieb nur möglich, wenn die Anlage vom Hofeigentümer im Zusammenhang mit seinem landwirtschaftlichen Betrieb beschickt, beobachtet und gewartet wird. Dies erfordert einen so umfangreichen Arbeitseinsatz, dass vielfach der komplette Erlös als eigene wirtschaftliche Leistung des Hoferben anzusehen ist. Eine Nachabfindungspflicht kommt daher letztlich oft doch nicht in Betracht.

Zugenommen hat die Bedeutung der gewerblich betriebenen Biogasanlagen, die meistens in der Form einer GmbH & Co. KG auf einem vormals landwirtschaftlich genutzten Grundstück betrieben werden.

BIOGAS ALS GMBH & CO. KG

In der Praxis gründet der Hofeigentümer diese GmbH & Co. KG und hält als Alleingesellschafter die Anteile. Im Wege eines Erbbaurechtsvertrages überlässt er der KG das für den Betrieb der Anlage erforderliche Grundstück, z.B. 3.000 m^2 groß, welches ggf. ausparzelliert wird. Die für den Betrieb erforderlichen Substrate liefert der Hofeigentümer vielfach in erheblichem Umfang von seinem eigenen landwirtschaftlichen Betrieb, indem entsprechende Substratlieferverträge zwischen ihm (als Hofeigentümer) und der KG geschlossen werden. Ein restlicher Teil der Substrate kommt von anderen landwirtschaftlichen Betrieben, mit deren Eigentümern ebensolche Substratlieferverträge geschlossen werden. Der Anteil der Fremdsubstrate kann den Anteil der eigenproduzierten Substrate übersteigen, muss es aber nicht.

Nachabfindungspflichtig ist in solchen Fällen der Erbbaurechtsvertrag, nicht aber die Veräußerung eigener Substrate des Hofeigentümers/Landwirts an die KG. Denn es ist irrelevant, an wen der Landwirt den beispielsweise auf seinem Betrieb erzeugten Mais veräußert, der Anbau ist landwirtschaftliche Urproduktion.

Ebenfalls könnte es nachabfindungspflichtig sein, wenn der Landwirt zugunsten der Biogas GmbH & Co. KG Hofesgrundstücke mit Grundschulden belastet hätte. In der Praxis ist das jedoch unüblich, belastet wird das Erbbaurechtsgrundstück.

Auf jeden Fall nicht nachabfindungspflichtig ist die Arbeit, die der Landwirt in der KG erbringt, denn diese stellt keine nicht landwirtschaftliche Nutzung des Hofes dar.

Foto: Neumann

◁ Werden Biogasanlagen komplett oder überwiegend mit eigenem Substrat betrieben, entsteht keine Nachabfindungspflicht.

△ Eine Lockerung der Abfindungs- und Nachabfindungsregelungen können Hofübergeber und -übernehmer nicht alleine, sondern nur mit Zustimmung der weichenden Erben vereinbaren.

So können Sie die Abfindung gestalten

Wenn die höferechtlichen Abfindungs- und Nachabfindungsregeln nicht zu Ihrem Betrieb passen, können Sie diese abändern bzw. ergänzen.

UNSERE AUTOREN
Hubertus Schmitte, Gerald Lückemeier

Oft passen die Regeln der Höfeordnung – doch häufig haben die Beteiligten den Wunsch nach anderen Regeln.

Zum Beispiel ist es nach dem Wortlaut des Gesetzes nicht möglich, nachabfindungspflichtige Erlöse aus einem Landverkauf für den Bau eines neuen Schweinestalles zu verwenden. Stattdessen dürfen die Erlöse nur in wertgleiches Ackerland reinvestiert werden. In solchen Fällen können die Nachabfindungsregeln zum Hemmschuh für die betriebliche Entwicklung werden.

In anderen Fällen kann die Höfeordnung Ungerechtigkeiten für die weichenden Erben bringen. Beispielsweise, wenn ein auslaufender Betrieb zwölf Jahre nach Hofübergabe Bauland verkauft und die weichenden Erben wegen der gesetzlichen Degression nur noch teilweise am Erlös beteiligt werden.

Solche Schieflagen können Sie vermeiden, indem Sie die gesetzlichen Abfindungs- und Nachabfindungsregelungen der Höfeordnung abändern bzw. ergänzen. Weil viele sinnvolle Abweichungen und Ergänzungen nur mit Zustimmung der weichenden Erben möglich sind, ist es am besten, Abfindung und Nachabfindung einvernehmlich mit den weichenden Erben zu regeln. ▶

SCHNELL GELESEN

Abfindung und Nachabfindung können mit den Kindern verhandelt werden.

Der Hofübernehmer kann die Abfindung einmalig oder in Raten zahlen.

Geld- und Sachleistungen als Abfindung sind möglich.

Die Beteiligungsquoten können variiert werden.

Weichende Erben und Hofnachfolger können gegebenenfalls (formbedürftige) Verzichtserklärungen abgeben.

Fristen können die Beteiligten verlängern oder verkürzen.

Bei lebzeitiger Hofübergabe funktioniert das in Form des Übergabevertrages. Für den Fall, dass der Übergeber stirbt, ohne Abfindung und Nachabfindung geregelt zu haben, hilft ein Erbauseinandersetzungsvertrag zwischen Hofnachfolger und weichenden Erben

BAULAND GEHÖRT ZUM BETRIEB

Wie eine individuelle Lösung aussehen kann, wenn z. B. Bauland im Betrieb vorhanden ist, zeigt folgendes Beispiel: Landwirt Tobias L. übernimmt zum 1. Juli 2025 den elterlichen Milchviehbetrieb, den er im Vollerwerb weiterführen will. Zum Betrieb gehört eine Baulandparzelle, die in den nächsten Jahren bebaut werden soll. Nach den Regeln der Höfeordnung löst das Bauland einen Zuschlag zum Hofeswert aus. Mit der Folge, dass der Hoferbe eine höhere Abfindung an seine Geschwister zahlen muss, ohne dass er überhaupt einen Verkaufserlös aus dem Bauland erzielt hätte.

Wenn Tobias L. das Bauland später verkaufen sollte, kann er die Erlöse daraus lediglich in wertgleiches Ackerland reinvestieren. Den verbleibenden Erlös muss er mit seinen drei Geschwistern teilen, er kann sie nicht in den Erwerb von noch mehr Flächen und erst recht nicht in den Ausbau eines Stalles stecken. Ein weiteres Handicap ist, dass eine Reinvestition nur innerhalb der gesetzlichen Frist von zwei Jahren vor oder nach der Veräußerung möglich ist. Diese Probleme besprechen Tobias L. und sein Vater mit den weichenden Erben und diskutieren verschiedene Möglichkeiten, Abfindung und Nachabfindung anders zu gestalten.

► 1. MÖGLICHKEIT

Die weichenden Erben bekommen die Baulandparzelle als Abfindung und machen keine weiteren Abfindungsansprüche geltend. Darüber hinaus verzichten sie auf mögliche Nachabfindungsansprüche, soweit die Erlöse in den landwirtschaftlichen Betrieb – also in Grund und Boden, Gebäude, lebendes und totes Inventar sowie in die Schuldentilgung – reinvestiert werden. Dabei wird die Reinvestitionsfrist auf vier Jahre nach der Veräußerung verlängert.

Diese Regelung bringt für den Hoferben verschiedene Vorteile. Ihm entstehen keine unmittelbaren Belastungen durch die Abfindung, er kann also das „gesparte" Geld in den Betrieb investieren. Mögliche Nachabfindungen muss er nur zahlen, falls er nach dem Gesetz nachabfindungspflichtige Erlöse nicht innerhalb einer Frist von vier Jahren in den Betrieb reinvestiert. Und auch die weichenden Erben sind mit der Baulandparzelle als Abfindung gut bedient.

► 2. MÖGLICHKEIT

Falls die weichenden Erben nicht zu einem vollständigen Nachabfindungsverzicht bereit sind, können die beteiligten Parteien vereinbaren, dass die nachabfindungsfreien Erlöse der Höhe nach begrenzt werden, auf z. B. 250.000 €. Für darüber hinausgehende Beträge gilt dann wieder die gesetzliche Regelung, nach der nur noch wertgleiche Wiederanschaffungen von Grund und Boden nachabfindungsfrei sind.

► 3. MÖGLICHKEIT

Falls die Baulandparzelle nicht an die weichenden Erben gehen soll, könnte vereinbart werden, dass die weichenden Erben den gesetzlichen Abfindungsbetrag bekommen und der Hofübernehmer die Baulandparzelle veräußern und den Erlös daraus nachabfindungsfrei in den Betrieb (Grundstücke, Gebäude, Inventar, Zubehör, Reparaturen, Schuldentilgung etc.) investieren darf. Für Nachabfindungsansprüche, die über den Baulandverkauf hinausgehen, könnten dann wieder die gesetzlichen Regelungen der Höfeordnung gelten.

► 4. MÖGLICHKEIT

Von besonderer praktischer Bedeutung sind heute Nachabfindungsansprüche wegen nichtlandwirtschaftlicher Nutzungen. Dazu zählen Windkraft- und PV-Einnahmen, mitunter Biogas-Einspeiseerlöse, Mieteinnahmen etc.. Gerade „Zukunftsbetriebe" sollten aber bemüht sein, die weichenden Erben nicht bei jeglicher „nichtlandwirtschaftlicher" Einnahme zu beteiligen, denn ein modern aufgestellter Betrieb benötigt vielfach gerade diese Einnahmen.

Diese Möglichkeiten bieten sich für Betriebe an, die weitergeführt werden sollen. Etwas anderes gilt für auslaufende Höfe. Hier werden Hofübergeber die weichenden Erben oftmals über die gesetzlichen Ansprüche hinaus an den Erlösen aus einem Baulandverkauf beteiligen wollen, beispielsweise indem man die Beteiligungsquoten erhöht, die Nachabfindungsfrist verlängert oder die Degressionsvorschriften aussetzt.

ABFINDUNGSVERZICHT?

Am einfachsten kann die Abfindung gestaltet werden, wenn nennenswertes hofesfreies Vermögen vorhanden ist. Falls die weichenden Erben z. B. mehr vom hofesfreien Vermögen erhalten als der Hofübernehmer, können sie eventuell ganz auf Abfindung und Nachabfindung vom Hof verzichten. Der Hofnachfolger wäre dann für alle Zukunft von diesen Ansprüchen befreit und hätte damit eine Planungssicherheit.

Als Gegenleistung für den Verzicht der weichenden Erben auf eine Hofabfindung könnte der Hofübernehmer eventuell seinerseits ganz auf eine Beteiligung am hofesfreien Vermögen verzichten. Dann würde das verbleibende hofesfreie Vermögen im Todesfall ungeschmälert den weichenden Erben zukommen. Außerdem wären Abfindung und Nachabfindung sowie die Vererbung des hofesfreien Vermögens innerhalb der Familie endgültig geregelt. Die rechtliche Umsetzung dieses Willens kann durch einen gegenständlich beschränkten Pflichtteilsverzicht des Hofübernehmers am hofesfreien Vermögen geschehen. Bei einer solchen Konstruktion ist rechtlicher Rat aber dringend erforderlich, insbesondere weil z. B. schon der Pflichtteilsverzicht zwingend notariell beurkundet werden muss.

Bei einem Nebenerwerbsbetrieb können die Abfindungen mitunter etwas höher ausfallen.

AN WEN DAS LANDARBEITERHAUS?

Hofesfreies Vermögen, wie z. B. ein ehemaliges Landarbeiterhaus, wird jedoch auch oftmals mit dem Hof auf den Hoferben übertragen. Das kann zum Bumerang werden. Wenn nämlich der Hofübergeber innerhalb von zehn Jahren nach der Hofübergabe verstirbt, können die weichenden Erben wegen der Übertragung des hofesfreien Vermögens an den Hofnachfolger noch sogenannte Pflichtteilsergänzungsansprüche geltend machen. Dem Hofnachfolger drohen damit zusätzliche finanzielle Belastungen. Diese Falle kann nur durch einen vorherigen Pflichtteilsverzicht der weichenden Erben verhindert werden. Dazu werden die weichenden Erben wiederum nur bereit sein, wenn sie als Gegenleistung eine höhere Abfindung als die gesetzlich vorgesehene erhalten. Oder wenn sie zumindest sicher sein können, dass sie nach dem Tode des längstlebenden Elternteils das noch vorhandene hofesfreie Vermögen ohne Beteiligung des Hoferben erhalten werden.

Wichtig ist, dass weichende Erben, die die Abfindung vertraglich anders gestalten oder auf den Pflichtteil verzichten, keinen kompletten „Erbverzicht" erklären. Denn ein Erbverzicht bedeutet auch, dass der Erbanteil desjenigen, der verzichtet, auf die anderen Erben verteilt wird und diese einen dementsprechend höheren Anteil bekommen. Wenn ein weichender Erbe jedoch „nur" eine Abfindungsvereinbarung schließt oder einen Pflichtteilsverzicht erklärt, ändern sich die Erbquoten der Miterben nicht.

Übrigens: Wenn weichende Erben im Übergabevertrag erklären, dass sie bereits in vollem Umfang abgefunden sind, ist das erst einmal in Ordnung. Problematisch wird es, wenn die darin aufgeführten Abfindungen noch nicht einmal die Pflichtteilsbeträge erreichen. Fraglich ist, ob in der vorbehaltlosen Annahme dieser Zahlungen nur die Bestätigung von Teilzahlungen zu sehen ist oder aber der Verzicht auf weitergehende Ansprüche bis hin zu den Pflichtteilsrechten. Dies muss im Einzelfall geklärt werden.

SONDERFALL NEBENERWERB

Bei Nebenerwerbsbetrieben liegt eine besondere Situation vor: Der Hofübergeber hat in aller Regel – neben seiner Alterskassenrente – eine recht gute Rente aus der DRV (Deutsche Rentenversicherung). Auch der Hofübernehmer lebt nicht nur von der Landwirtschaft, sondern geht einer außerlandwirtschaftlichen Tätigkeit nach.

Deshalb wird die Hofübergabe oft so gestaltet, dass der Altenteiler zwar ein kostenfreies Wohnrecht erhält, jedoch keine Barrente. Da die Altenteilsverpflichtungen weniger hoch sind als bei Vollerwerbsbetrieben und der Übernehmer selbst nicht vom Hof leben muss, können die Erträge eines Nebenerwerbsbetriebs in stärkerem Umfang für die Abfindung der weichenden Erben verwendet werden.

Die wirtschaftliche Fortführung des Nebenerwerbsbetriebes ist in der Regel auch bei einer über den gesetzlichen Mindestanforderungen liegenden Abfindung gewährleistet.

BESONDERE NUTZUNGEN

Falls zum Vermögen des Hofübergebers besondere Vermögensgegenstände, z.B. eine Windenergieanlage, eine Biogasanlage, ein Sägewerk, eine Brennerei, ein Bauernhofcafé, eine Reitanlage oder eine besonders lukrative Verpachtung eines Grundstücks für die Windenergie- oder die Mobilfunknutzung gehören, ist eine einvernehmliche Abfindungsregelung zwischen Hofübergeber und den Erben oft besonders schwierig. Dennoch oder gerade deshalb sollte die Abfindung für solche Anlagen im Hofübergabevertrag unbedingt abschließend geregelt werden. Dabei kann folgende Unterscheidung hilfreich sein:

- Anlagen, die dem landwirtschaftlichen Betrieb dienen und ihm untergeordnet sind, zum Beispiel Sägewerke, Brennereien, Bauernhofcafés, Reitanlagen, kleine Windenergieanlagen und Biogasanlagen, betrachten Landwirte in der Regel als hofeszugehörig. Das Eigentum an solchen landwirtschaftlichen Nebenbetrieben sollte deshalb auf den Hofübernehmer allein übertragen werden. Wegen der wirtschaftlichen Unterordnung dieser Anlagen wird hier kein Wertzuschlag zum Hofeswert vorgenommen.
- Bei der lukrativen Verpachtung eines Einzelgrundstücks, z.B. für die Windenergie- oder Mobilfunknutzung, handelt es sich um eine landwirtschaftsfremde Nutzung. In solchen Fällen bietet sich eine erhöhte Einmalabfindung oder eine Erlösbeteiligung der weichenden Erben für einen bestimmten Zeitraum an.
- Für den Fall, dass der Hofübernehmer nach der Übergabe des Hofes eine landwirtschaftsfremde Nutzung aufnimmt, handelt es sich um einen Nachabfindungstatbestand. Für diese Fälle könnten die Beteiligten vereinbaren, dass die Erlöse daraus so lange nachabfindungsfrei bleiben, wie sie in den landwirtschaftlichen Betrieb, z.B. in einen Flächenkauf oder in einen neuen Stall reinvestiert werden. Geschieht dies jedoch nicht, soll eine Nachabfindung anfallen (siehe auch Seite 102 ff).

MASSGESCHNEIDERTE LÖSUNGEN

Abfindung und Nachabfindung können im Vorfeld der Hofübergabe oder auch nach der Hofübergabe vertraglich frei gestaltet werden. In welche Richtung die gesetzlichen Regeln verändert werden, hängt von der betrieblichen und familiären Situation ab.

Bei entwicklungsfähigen Vollerwerbsbetrieben sollte der Spielraum des Hofnachfolgers erweitert werden. Dieser sollte vor überhöhten Abfindungs- und Nachabfindungszahlungen an die weichenden Erben geschützt werden. In solchen Fällen bietet es sich z.B. an,

- bestimmte Nachabfindungstatbestände, insbesondere die „nichtlandwirtschaftlichen Nutzungen", auszunehmen oder einen nachabfindungsfreien Freibetrag festzusetzen,
- bei Grundstücksveräußerungen den Reinvestitionsspielraum für Landkäufe zu erweitern und eine Reinvestition in lebendes und totes Inventar sowie in Hofeszubehör zu ermöglichen,
- die Reinvestitionsfrist von zwei Jahren auf z.B. vier Jahre zu verlängern. ▶

Foto: Heil

△ Bei der Hofübergabe will gut überlegt sein, ob die weichenden Erben Sach- und/oder Geldleistungen erhalten sollen.

Dabei ist immer darauf zu achten, dass die Zugeständnisse der Weiterentwicklung des landwirtschaftlichen Betriebes dienen und die weichenden Erben nicht übervorteilt werden.

BETRIEB LÄUFT AUS

Umgekehrt ist es in bestimmten Fällen sinnvoll, die höferechtlichen Abfindungs- und Nachabfindungsregeln zugunsten der weichenden Erben auszudehnen, z.B., wenn es sich um einen auslaufenden Betrieb handelt (lesen Sie dazu den Beitrag „Auslaufende Betriebe richtig übergeben", S.52 ff) oder der Hoferbe den Betrieb nicht dauerhaft selbst bewirtschaften wird, sondern dieser für ihn im Wesentlichen eine langfristige Vermögensanlage darstellt. In diesen Fällen gebietet schon die Erbgerechtigkeit, die Miterben z.B. an eventuellen späteren Baulandverkäufen oder landwirtschaftsfremden Nutzungen zu beteiligen. Dies kann man z.B. dadurch sicherstellen, dass

- für die weichenden Erben höhere Beteiligungsquoten festgelegt werden,
- die gesetzlichen Degressionsvorschriften ausgesetzt werden oder
- in Einzelfällen die höferechtliche Nachabfindungsfrist von 20 Jahren um eine bestimmte Zeit ausgedehnt wird.

Mit solchen Klauseln können die Eltern auch gezielt darauf hinwirken, dass der Hoferbe – ihrem Wunsch entsprechend – das übernommene Hofesvermögen zusammenhält und nicht etwa leichtfertig veräußert.

Übrigens: Wenn der Hofnachfolger nicht in der Lage ist, die berechtigten Abfindungsforderungen der weichenden Erben pünktlich zu begleichen, kann er die Abfindungen vom Landwirtschaftsgericht stunden lassen. Dieses Recht auf Stundung darf der Hofübergeber nicht einseitig beschneiden.

▷ Oft ist es sinnvoll, im Übergabevertrag die engen Reinvestitionsvorschriften der Höfeordnung zu lockern.

Foto: Heil

ABFINDUNG UND PFLEGEKLAUSEL

Gerne bieten weichende Erben einen Verzicht auf Abfindung und Nachabfindung an, wenn der Hofnachfolger die unbeschränkte Pflege der Eltern übernimmt und die Geschwister „im Innenverhältnis" von deren Unterhaltspflichten gegenüber den Eltern freistellt.

Auch wenn dies auf den ersten Blick reizvoll erscheint, sollte sich ein Hofübernehmer nicht darauf einlassen. Denn eine alleinige, unbeschränkte Übernahme der Pflege und die zusätzliche Übernahme aller Unterhaltslasten ist mit erheblichen finanziellen Risiken verbunden. Falls die Eltern in einem Pflegeheim versorgt werden müssen, fallen Kosten von mehreren Tausend Euro pro Monat an. Muss der Übernehmer diese allein tragen, ist der landwirtschaftliche Betrieb bald ruiniert.

- Festzuhalten ist daher, dass der Hofübernehmer sich gänzlich übernimmt, wenn er die Geschwister im Innenverhältnis von Unterhaltslasten freistellt, weil er dann jegliche Belastung der Geschwister für die Pflege der Eltern auf seine Schultern nimmt. Dies muss daher unbedingt ausgeschlossen sein!
- Ebenfalls problematisch ist es, wenn der Hofübernehmer zwar auf die Freistellung der Geschwister verzichtet, aber dennoch die unbeschränkte Pflege der Eltern übernimmt. Auch hier können erhebliche Ersatzforderungen auf den Hofübernehmer zu.
- Am besten ist es deshalb, wenn ein Hofübernehmer – wie es auch üblich ist – die Pflege der Altenteiler nur bis zu einem bestimmten Grad, z.B. Pflegegrad 1 übernimmt. Wird der Hofübergeber oder seine Ehefrau in einem Pflegeheim untergebracht, hat der Hofübernehmer dann zwar den Wert seiner ersparten Aufwendungen zu ersetzen, das ist jedoch zu verkraften.

Der Hofübernehmer sollte sich allenfalls zu leichten Pflegeleistungen verpflichten, die er selbst bzw. sein Ehepartner auf dem Hof noch leisten kann. Liegt eine solche Beschränkung der Pflegeverpflichtung vor, muss zunächst der Altenteiler selbst für den Pflegeaufwand in einem Pflegeheim aufkommen. Die darüber hinausgehenden Kosten übernimmt zunächst das Sozialamt, wobei dieses für seine Auslagen die unterhaltsverpflichteten Kinder heranzieht. Das sind der Hofnachfolger und dessen Geschwister. Der Hofnachfolger wird genauso wie die anderen Kinder dabei nur so weit herangezogen, wie er tatsächlich leistungsfähig ist.

PFLEGE MUSS LEISTBAR SEIN

Oftmals ist bereits bei der Hofübergabe klar, dass ein erheblicher Pflegebedarf der Altenteiler vorliegt bzw. zu erwarten ist. Erklärt sich der Übernehmer bzw. dessen Ehefrau dennoch bereit, erhebliche Pflegeleistungen für die Altenteiler zu erbringen, ist es durchaus gerechtfertigt, die Abfindung der weichenden Erben zu reduzieren. Schließlich erbringt der Hofübernehmer bzw. sein Ehepartner damit eine Leistung, die zum einen die eigenen Erwerbsmöglichkeiten einschränkt und zudem das hofesfreie Vermögen des Hofübergebers schont. Dies wiederum kommt den weichenden Erben zugute.

WENN EIN KIND BEHINDERT IST

Besonders problematisch für den Hofübergeber ist es, wenn eines seiner Kinder behindert ist und über kurz oder lang in einem Heim untergebracht werden muss. Eine solche Unterbringung kann mit monatlichen Kosten bis zu mehreren Tausend Euro verbunden sein. Für diese Kosten zieht der Heimträger bzw. das Sozialamt zunächst den

Behinderten selbst heran. Dabei müssen alle verwertbaren Vermögensgegenstände eingesetzt werden. Dazu zählen auch erbrechtliche Ansprüche des Behinderten, wie zum Beispiel die Hofabfindung oder eine Nachabfindung.

Ein behindertengerechtes Testament verhindert den Zugriff durch das Sozialamt.

Eltern sind deshalb oft bestrebt, ein bestimmtes Vermögen für den Behinderten selbst zu erhalten und vor dem Zugriff des Heimträgers bzw. des Sozialamtes zu schützen. Ziel ist es, das Wohl des behinderten Kindes zu steigern. Folgender Weg ist gangbar:

Der Hofübergeber bestimmt sein behindertes Kind in einem behindertengerechten Testament zum „nicht befreiten Vorerben" hinsichtlich des hofesfreien Vermögens und bezüglich der Abfindungs- und Nachabfindungsansprüche aus dem Hof. Dabei muss die Erbquote in jedem Fall über dem Pflichtteil liegen. Das bedeutet, dass das Kind hinsichtlich der Vermögensverwendung bestimmten Beschränkungen unterworfen ist und das geerbte Vermögen nicht frei verwenden darf.

Zusätzlich muss der Erblasser einen Nacherben bestimmen, der das Vermögen des behinderten Kindes nach dessen Tod erbt. Das könnte z.B. Bruder oder Schwester des Behinderten sein.

Gleichzeitig wird Testamentsvollstreckung als Dauervollstreckung angeordnet. Das bedeutet, dass der Testamentsvollstrecker als Vermögensverwalter des behinderten Kindes eingesetzt wird. Dabei gibt ihm der Erblasser durch begleitende Anordnungen zum Testament besondere Vergünstigungen zugunsten des behinderten Kindes auf. Beispiele:

- besondere Therapien,
- Aufwendungen für Behandlungen oder Heilmittel, die von der Krankenkasse nicht vollständig bezahlt werden,
- Geschenke zu besonderen Anlässen,
- Zuwendungen für geistige, künstlerische bzw. kulturelle Betätigungen sowie für sonstige Freizeitaktivitäten,
- Aufwendungen für zusätzliche Betreuung für Theater- und Konzertbesuche etc.,
- Freizeiten und Urlaubsaufenthalte, die Finanzierung von Besuchen bei Verwandten und Freunden sowie besondere Kleidung etc.

Der Bundesgerichtshof bestätigt in Rechtsprechung, dass behindertengerechte Testamente, die den Zugriff des Sozialhilfeträgers ausschließen, nicht von vornherein sittenwidrig sind.

Damit Behindertentestamente anerkannt werden, muss erkennbar sein, dass das Testament in guter Absicht und zum Wohl des betroffenen Behinderten verfügt worden ist und nicht dazu dient, das Sozialamt zu prellen.

INDIVIDUELL GESTALTEN

Alles ist möglich

Um die Abwandlung der höferechtlichen Regelungen einvernehmlich zu vereinbaren, können Sie sich verschiedener Gestaltungsmittel bedienen:

- Die Höhe der Abfindung können Sie nach oben oder unten variieren.
- Die Abfindung kann als Einmalbetrag oder in Raten gezahlt werden.
- Ebenso ist es möglich, die Abfindung bis zu einem bestimmten Lebensalter oder bis zum Ausbildungsabschluss der weichenden Erben zu stunden.
- Statt als Geldbetrag kann die Abfindung auch als Sachleistung, z.B. Baugrundstück, geleistet werden.
- Sowohl die weichenden Erben als auch der Hoferbe können – bei entsprechenden Gegenleistungen – Verzichtserklärungen hinsichtlich Abfindung und Nachabfindung bzw. hinsichtlich des hofesfreien Vermögens unterschreiben.
- Die Beteiligungsquoten können zugunsten des Nachfolgers oder der weichenden Erben verändert werden.
- Von der Nachabfindungspflicht können bestimmte, nach dem Gesetz ausgleichspflichtige Tatbestände ausgenommen werden, z.B. der Verkauf einer Parzelle, die Vermietung eines Gebäudes oder der Abschluss von Windkraft-Nutzungsverträgen – zumindest wenn die Erlöse in den landwirtschaftlichen Betrieb reinvestiert werden.
- Es können auch „Freibeträge" von der Nachabfindungspflicht vereinbart werden – also bestimmte Summen, die bei grundsätzlich ausgleichspflichtigen Erlösen nachabfindungsfrei bleiben.
- Die Nachabfindungsfrist kann verkürzt oder verlängert werden.
- Die Reinvestitionsfrist gemäß Höferecht von zwei Jahren kann vertraglich zum Beispiel auf vier Jahre verlängert werden.
- Die Vorschriften über die Degression der Nachabfindung können aufgehoben oder verändert werden.

KOMPROMISSE MÖGLICH?

Verschiedene Interessen in Einklang bringen

Bei der Vertragsgestaltung geht es darum, die unterschiedlichen Interessen von Hofnachfolger, Altenteilern und weichenden Erben in Einklang zu bringen. Hierzu ist viel Vermittlungsgeschick eines erfahrenen Beraters erforderlich. Folgende Aspekte sind dabei besonders wichtig:

- Leistungsfähigkeit des Betriebes: Wie groß ist der Hof? Wird er im Haupt- oder im Nebenerwerb bewirtschaftet? Hat der Hofübernehmer ein ausreichendes außerlandwirtschaftliches Einkommen? Ist Bauland oder sind gewerbliche Immobilien vorhanden? In welchem Erhaltungszustand ist der Hof und sind seine Gebäude? Welche Entwicklungsschritte plant der Hofübernehmer realistisch?
- Sicherungsbedürfnis der Altenteiler: Welche Einkommensquellen haben die Altenteiler und in welcher Höhe? Nur eine Alterskassenrente oder weitere Renten, Lebensversicherungen oder Mieteinnahmen? In welchem Gesundheitszustand sind die Altenteiler? Bedürfen sie der Pflege? Wie alt sind sie?
- Erwartungen der Geschwister: Haben die weichenden Erben bereits Vorempfänge erhalten? Wurde eine besonders teure Ausbildung finanziert? Haben einzelne Kinder langjährig und in besonderer Weise auf dem Hof mitgearbeitet?

Eine einvernehmliche Regelung verlangt allerdings das Entgegenkommen von allen Parteien. Keinesfalls darf der Hofübernehmer davon ausgehen, nur die gesetzliche Mindestabfindung zu zahlen, wohingegen die weichenden Erben keine überzogenen, vom Betrieb nicht zu leistenden Forderungen stellen sollten.

Auch der Hofübergeber und dessen Ehepartner sollten trotz des berechtigten Sicherungsbedürfnisses die Interessen aller Kinder nicht aus den Augen verlieren. ▶

Wenn keine Einigung möglich ist

Übergeber und Übernehmer können auch ohne weichende Erben Regelungen zur Abfindung treffen.

Gelingt es nicht, sich mit den weichenden Erben zu einigen, sollten Hofübergeber und -übernehmer die Abfindung im Hofübergabevertrag regeln. Alternativ kann der Übergeber Abfindung und Nachabfindung per Testament oder im Übergabevertrag als letztwillige Verfügung anordnen. Dabei gelten höferechtliche Grenzen:

- Die Abfindung darf nicht unterhalb des gesetzlichen Pflichtteils liegen. Sie muss also mindestens die Hälfte dessen umfassen, was den weichenden Erben nach der Höfeordnung als Abfindung zusteht. Etwas anderes gilt nur, wenn ein weichender Erben dem Pflichtteilsverzicht explizit zugestimmt hat.
- Die Abfindung darf aber laut Gesetz auch nur so hoch sein, dass der Hof tatsächlich in der Lage ist, die Abfindungszahlungen an die Miterben zu tragen.

WEICHENDE ERBEN ENTERBEN?

Möchte ein Hofübergeber einzelne Miterben enterben, d.h., auf den Pflichtteil setzen, reicht es nicht aus, dass er nur eines der Kinder zum alleinigen Hoferben einsetzt. Denn das ist lediglich die Umsetzung der höferechtlichen Regelung, die besagt, dass nur eine natürliche Person zum Hoferben bestimmt wird. Erklärungen wie „unser Sohn soll den Hof erben“ oder „alleinige Hoferbin ist unsere Tochter“, besagen also nicht gleichzeitig, dass die Geschwister auf den Pflichtteil gesetzt sind.

Nur wenn der Hofübergeber ausdrücklich bestimmt, dass die Miterben nur ihren Pflichtteil haben sollen, liegt eine Enterbung vor. Eine Formulierung wie „alleiniger Erbe und Hoferbe soll unser Sohn X sein, die Geschwister Y und Z sollen nur den Pflichtteil erhalten“ dürfte ausreichend sein.

Oft erklärt der Hofübergeber in Vertrag oder Testament, dass ein Miterbe bereits abgefunden ist und keine weiteren Leistungen mehr erhalten soll. Das heißt jedoch nicht, dass der Hofübergeber den Miterben auf den Pflichtteil setzen wollte. In der Regel bedeutet eine solche Formulierung nur, dass der betreffende Miterbe die ihm gebührende Abfindung bereits erhalten hat. Stellt sich dann jedoch heraus, dass die geleistete Abfindung unterhalb des höferechtlichen Abfindungsanspruchs liegt, kann der weichende Erbe eine Nachzahlung fordern, er muss sich nicht auf den Pflichtteil verweisen lassen.

△ Die Abfindung der weichenden Erben darf nicht unterhalb des Pflichtteils liegen.

Foto: Höner

Manchmal ordnen Hofeigentümer für die weichenden Erben andere als die gesetzlichen Erbquoten an. Auch hier gilt es, den höferechtlichen Schutz des Betriebes und das Pflichtteilsrecht der weichenden Erben zu bewahren.

MINDESTENS DEN PFLICHTTEIL

Will der Übergeber den weichenden Erben die Abfindung nicht als Geld, sondern als Sachleistung zukommen lassen, kann er diesen bestimmte Gegenstände und Beträge als Abfindung zuwenden. Aber auch hier dürfen die Pflichtteilsansprüche nicht unterschritten werden und Hofesgrundstücke nur in einem untergeordneten Umfang übertragen werden. Werden wesentliche Hofesgrundstücke als Abfindung übertragen, gilt dies bei der notwendigen Genehmigung durch das Landwirtschaftsgericht als unzulässige Beeinträchtigung der ungeteilten Hofübergabe.

Falls die weichenden Erben mit der Abfindung in Form von Sachleistungen nicht einverstanden sind oder die Pflichtteilsgrenze unterschritten wird, können sie entweder die Sachleistungen annehmen und Aufstockung in Geld verlangen oder die Erbschaft ausschlagen und dann vom Übernehmer ihren Pflichtteil komplett in Geld verlangen.

Egal wie man es dreht und wendet: Die weichenden Erben haben zumindest ein Anrecht auf ihren Pflichtteil. Etwas anderes gilt eventuell nur dann, wenn der Hofübergeber den Hofvermerk für den Betrieb löschen lässt und den Betrieb anschließend per Übergabevertrag auf den Hofübernehmer überträgt. Dann haben die Geschwister erst mal keine Abfindungsansprüche, weil der Betrieb zum Zeitpunkt der Hofübergabe kein Hof im Sinne der Höfeordnung war. Den Pflichtteil können die Erben in diesem Fall auch nur dann geltend machen (als sogenannten Pflichtteilsergänzungsansprüche), wenn der Übergeber innerhalb von zehn Jahren nach Hofübergabe stirbt, wobei sich dieser Anspruch mit jedem Jahr, das zwischen Hofübergabe und Tod verstreicht, um 10 % mindern. Stirbt der Hofübergeber erst nach Ablauf der zehn Jahre, gehen die weichenden Erben leer aus.

Altenteil statt Abfindung für den Ehepartner

Statt der Abfindung nimmt der Ehepartner des Hofübergebers meistens ein Altenteil in Anspruch. Dabei ist einiges zu beachten.

Foto: ©lev dolgachov/ AdobeStock

△ Nimmt die Ehefrau des Hofübergebers ein Altenteil in Anspruch, sollte sie ausdrücklich auf ihre Abfindung verzichten.

UNSERE AUTOREN
Hubertus Schmitte, Gerald Lückemeier

SCHNELL GELESEN

Dem Ehepartner des Hofübergebers steht formal ein Abfindungsanspruch zu.

In der Praxis verzichtet der Ehepartner meist auf die Abfindung.

Ohne Verzicht wird der Abfindungsanspruch bei Tod des Ehepartners vererbt.

Statt Abfindung sollte der Ehepartner des Übergebers ein Altenteil erhalten.

Wenn nichts anderes geregelt ist, ist der Ehepartner eines Hofeigentümers – genauso wie dessen Kinder – weichender Erbe und hat damit Anspruch auf eine Abfindung und gegebenenfalls auch auf eine Nachabfindung. Welcher Betrag dem Ehepartner dabei zusteht, bestimmt sich nach seiner gesetzlichen Erbquote (siehe ab S. 89).

Bei einer Ehe im gesetzlichen Güterstand der Zugewinngemeinschaft – das ist der Normalfall – stehen dem Ehepartner 50 % des zur Verfügung stehenden Abfindungsbetrages zu. Anders als die Kinder, die ihre Abfindung schon bei der vorweggenommenen Hofübergabe geltend machen können, kann der Ehepartner seinen Abfindungsanspruch immer erst im Erbfall, also beim Tod des Übergebers, in Anspruch nehmen.

In der Praxis ist es jedoch so, dass der überlebende Ehepartner seine Abfindungsansprüche meist gar nicht geltend macht. Er verzichtet zugunsten eines vertraglichen oder testamentarischen Altenteils, wie es § 14 (2) der Höfeordnung für das Entstehen des gesetzlichen Altenteils sowieso verlangt.

VERZICHT AUF ABFINDUNG

Das Problem ist, dass der Altenteilsanspruch in Übergabevertrag oder Testament schriftlich festgehalten ist, der Verzicht auf die Abfindung aber oft nicht. Der Abfindungsverzicht geschieht oftmals stillschweigend. Meistens reicht das aus. Jedoch kann der Schuss auch nach hinten losgehen, und zwar dann, wenn der Ehepartner stirbt. In diesem Fall besteht die Gefahr, dass der nicht realisierte Abfindungsanspruch auf die Erben des Ehepartners übergeht.

Das sind i.d.R. die Kinder aus der Ehe mit dem Hofübergeber, es können aber auch Kinder aus einer anderen Ehe sein. Wer auch immer die Erben sind – sie können möglicherweise die Auszahlung der bislang „ruhenden" Abfindung vom Hofübernehmer verlangen. Dieser muss dann, neben dem schon geleisteten Altenteil, auch noch die eigentlich schon „abgeschriebene" Abfindung vom Ehepartner des Übergebers zahlen. Da diese Ansprüche erst drei Jahre nach dessen Tod verjähren, wird der Hofnachfolger evtl. noch eine lange Zeit nach der Übertragung mit „neuen" Abfindungsansprüchen konfrontiert. Dies wird wie folgt verhindert:

Ein nur stillschweigender Abfindungsverzicht kann den Übernehmer teuer zu stehen kommen.

- Falls das Altenteil für den Ehepartner im Rahmen des Hofübergabevertrages vereinbart wird, sollte dieser seinen Abfindungsverzicht ebenfalls im Übergabevertrag schriftlich erklären. Ist dies so nicht geschehen, kann er den Verzicht auch noch nachträglich festschreiben, aber nur in notarieller Form. Eine formlose Erklärung reicht nicht aus.
- Falls der Hofübergeber das Altenteil für seinen Ehepartner testamentarisch angeordnet hat, sollte dieser nach dem Tod des Übergebers den Abfindungsverzicht erklären. Hier reicht eine formlose schriftliche Erklärung. Will der Ehepartner den Verzicht schon vor dem Tod des Übergebers festsetzen, ist dies jedoch nur in notarieller Form möglich.

In jedem Fall sollte die Verzichtserklärung des Ehepartners vom Begünstigten, also dem Hofnachfolger, in gleicher Form angenommen werden. Gleiches gilt für den eventuellen Verzicht des Ehepartners vom Hofübergeber auf Nachabfindungsansprüche.

IM VERTRAG KLAR REGELN

Besonders wichtig ist, dass im Übergabevertrag hervorgehoben wird, dass der Ehepartner das Altenteil nur erhält, wenn und weil er auf die Abfindung verzichtet. Ansonsten besteht die Gefahr, dass der Abfindungsverzicht wie ein auf den Hof bezogener Erbverzicht interpretiert wird, der die Erbquoten der anderen weichenden Erben erhöht. Denn auch im Falle des gesetzlichen Altenteilrechts ist Sinn und Zweck dieser Regelungen, dass der Hof nicht gleichzeitig mit Abfindungsansprüchen und Altenteilsrechten belastet sein soll. Grundsätzlich gibt es für den länger lebenden Ehepartner nur Altenteil oder Abfindung, nicht beides. Es sei denn, der Erblasser hat dies ausdrücklich gewollt und angeordnet.

Immer wieder kommt es vor, dass ein Hofeigentümer in einem Testament nicht sofort den Hoferben einsetzt, sondern seinen Ehepartner als Vorerben und den eigentlichen Hoferben als Nacherben bestimmt. Dann erbt zunächst der Ehepartner, zugleich wird der eigentliche Hoferbe – meist eines der gemeinsamen Kinder – bestimmt.

ERST DER VORERBE?

Der Ehepartner des Übergebers ist damit praktisch „Erbe auf Zeit". Er wird Volleigentümer des Hofes, außerdem steht ihm das Verwaltungs- und Nutznießungsrecht zu. Allerdings kann der Ehepartner nicht frei über den Hof verfügen. Denn die Vorerbschaft ist mit zahlreichen Verfügungsbeschränkungen zum Schutze des Hofes verbunden.

So darf der Vorerbe den Hof und den sonstigen Nachlass nicht anders vererben, als es der Erblasser bereits getan hat. Er darf auch den Hofvermerk nicht löschen. Außerdem ist es dem Vorerben versagt, Verfügungen über Grundstücke und Rechte unter Lebenden zu treffen, wobei der Erblasser den Vorerben von dieser Bestimmung befreien kann.

Ebenso darf der Vorerbe weder Grundstücke noch bewegliches Vermögen verschenken, wobei Ausnahmen für sogenannte Anstandsgeschenke gelten. Wichtig ist auch, dass die Nacherbschaft zugunsten des Nacherben im Grundbuch eingetragen wird, damit die den Nacherben beeinträchtigenden Verfügungen nicht ohne seine Zustimmung durchgeführt werden können. Außerdem kann so ein gutgläubiger Erwerb des Hofes durch Dritte ausgeschlossen werden.

Ob die Vorerbschaft ein geeignetes Gestaltungsmittel ist, hängt vom Einzelfall ab. Entscheidend ist, wie Vor- und Nacherbe sich verstehen. Das ist in der Regel nicht vorhersehbar. Falls Vor- und Nacherbe harmonieren, können sie den Hof ohne Reibungen „gemeinsam" führen und nahtlos in die nächste Generation überführen.

In der Praxis zeigt sich aber, dass oft Streit zwischen Vor- und Nacherben entsteht. Manchmal verbleibt der Betrieb auch so lange als „Vorerbschaft" in der alten Generation, bis der Nacherbe aus der jüngeren Generation selbst schon kurz vorm Rentenalter steht. Eine sinnvolle Weiterentwicklung des Betriebes ist dann kaum möglich.

VORSICHT MIT DER VORERBSCHAFT

Deshalb ist der Einsatz des Ehepartners als Vorerbe nur in bestimmten Fällen sinnvoll, v.a. dann, wenn die Kinder noch klein sind. Dann kann der Ehepartner den Betrieb zunächst als Vorerbe weiterführen, um ihn dann später an den Nacherben und Hofnachfolger abzugeben. Bei kinderloser Ehe kann beispielsweise einer der Geschwister des Hofeigentümers als Nacherbe bzw. eines dessen Kinder als Ersatznacherbe eingesetzt werden. So kann auf jeden Fall sichergestellt werden, dass der Hof spätestens nach dem Tode vom Ehepartner des Hofübergebers in die Familie, aus der er stammt, zurückfällt.

Damit der Nacherbe nicht allzu lange auf sein Erbe warten muss, sollte die Vorerbschaft allerdings nicht bis zum Tode des Ehepartners währen.

Vielmehr sollte von vornherein festgelegt werden, dass die Vorerbschaft endet, sobald der eigentlich vorgesehene Hofnachfolger in der Lage ist, den Betrieb zu übernehmen, beispielsweise nach Abschluss der landwirtschaftlichen Ausbildung oder bei Erreichen eines bestimmten Alters.

DER EHEPARTNER ALS HOFERBE

In Einzelfällen setzt ein Hofeigentümer seinen Ehepartner nicht nur als Vorerben, sondern als Hoferben ein, z.B. wenn keine Kinder da sind oder die Kinder noch sehr klein sind. Dies kann in einigen Fällen durchaus sinnvoll sein. Schließlich geht es um die Fortführung des Betriebes und darum, dessen Leistungsfähigkeit zu sichern. Dabei ist jedoch einiges zu bedenken.

Der Ehepartner hat als Hoferbe volle Verfügungsgewalt über den Betrieb. Er kann den Betrieb nach eigenem Gutdünken weitervererben. Für den Fall, dass gemeinsame Kinder vorhanden sind, wird er in aller Regel eines dieser Kinder als Hoferben auswählen. Allerdings kann er den Betrieb theoretisch auch an ein Kind aus erster bzw. nachfolgender Ehe oder an einen familienfremden Dritten vererben.

Die Kinder, Geschwister oder Eltern des Hofeigentümers hätten in diesem Fall keinen Anspruch und keine Möglichkeit, den Hof zu übernehmen. Der Betrieb ginge der Familie, aus der er stammt, verloren. Dem Hoferben steht es sogar frei, die Kinder aus der Ehe mit dem Hofeigentümer zu enterben, sodass diese nur noch ihre Pflichtteilsansprüche geltend machen können.

Ein solches Szenario ist nicht wahrscheinlich, jedoch kann ein Hofeigentümer – und auch dessen Ehepartner – nie vorhersehen, wie sich die Verhältnisse nach dem Tod entwickeln. Deshalb sollte ein Hofeigentümer mögliche Folgen kennen, wenn er eine Erbregelung mit seinem Ehepartner trifft.

Die gleiche Situation ergibt sich beim Ehegattenhof, weil die Höfeordnung bei Tod eines Ehegatten vorschreibt, dass der andere dessen Anteil erbt.

Alterssicherung durch ein vertragliches Altenteil

△ Mit dem Verzicht auf die Abfindung vom Hof bekommt der Ehepartner des Hofübergebers ein angemessenes Altenteil mit Wohnrecht, Barrente usw.

Immer wieder setzen Hofeigentümer ihren Ehepartner deshalb als Vor- oder Hoferben ein, um den Ehepartner für die Zukunft abzusichern. Angesichts der damit verbundenen Probleme ist dies aber nicht unbedingt die sinnvollste Lösung.

ABSICHERUNG BEI ÜBERGABE

Am besten ist es, die Absicherung des Ehepartners im Rahmen eines Übergabevertrages zu regeln. Dabei können detaillierte Vereinbarungen zu Wohnrecht, Barrente sowie Hege- und Pflegeleistungen getroffen werden. Im Gegenzug sollte der Ehepartner zumindest auf Abfindungsansprüche verzichten. Das ist in jedem Fall der beste Weg.

Falls kein Hofübergabevertrag zustande kommt, steht es dem Hofeigentümer frei, testamentarische Anordnungen zugunsten seines Ehepartners zu treffen, insbesondere in Form von Vermächtnissen. Diese können sich allerdings nur auf z. B. Bargeldansprüche, Wohnrecht oder sonstige Vermögenswerte beziehen. Die Zusage persönlicher Versorgungsleistungen, wie zum Beispiel der Hege und Pflege, ist ohne Zustimmung des Übernehmers nicht möglich. Zudem finden testamentarische Anordnungen in aller Regel weniger Akzeptanz bei den Hinterbliebenen als gemeinsame vertragliche Vereinbarungen.

Unbedingt sinnvoll ist es, wenn ein Hofeigentümer schon lange vor Übergabe die wirtschaftliche Absicherung des Ehepartners in Angriff nimmt, z. B. auch, indem er für eine angemessene Alterssicherung des Ehepartners sorgt.

GESETZLICHE ABSICHERUNG

Für den Fall, dass der Hofeigentümer keine Regelungen zur wirtschaftlichen Absicherung des Ehepartners getroffen hat, bleibt diesem beim Tod des Hofübergebers dann immer noch die gesetzliche Absicherung. Dabei geht es in erster Linie um die folgenden Regelungen:

- Falls der Hofnachfolger beim Tod des Hofeigentümers noch nicht in der Lage ist, den Betrieb zu übernehmen, hat der überlebende Ehepartner das Verwaltungs- und Nutzungsrecht bis zur Vollendung des fünfundzwanzigsten Lebensjahres des Hofnachfolgers, wobei dieses Recht auf Wunsch des Erblassers z. B. bis zum dreißigsten Lebensjahr verlängert werden kann.

  Dabei ist der überlebende Ehepartner zur ordnungsgemäßen Bewirtschaftung des landwirtschaftlichen Betriebes verpflichtet. Jedoch kann der Erblasser das Verwaltungs- und Nutznießungsrecht von vornherein aufheben oder abändern.
- Hat der Erblasser ein Verwaltungs- und Nutznießungsrecht ausgeschlossen oder endet dieses Recht zum Beispiel mit der Übernahme des Betriebes durch den Hofnachfolger, kann der überlebende Ehepartner ein lebzeitiges übliches Altenteil verlangen. Voraussetzung ist, dass der Ehepartner Miterbe oder Pflichtteilsberechtigter ist, also vorher keinen notariellen Erbverzichtsvertrag geschlossen hat. Außerdem ist für die Inanspruchnahme des gesetzlichen Altenteils ein Verzicht auf Abfindungsansprüche nach § 12 Höfeordnung oder auf entsprechende erbvertraglich bzw. testamentarisch ihm zugewandte Rechte notwendig sowie ein Verzicht auf alle Ansprüche aus der Verwendung eigenen Vermögens für den Hof.

Die Ausgestaltung des Altenteils richtet sich nach dem für die Verhältnisse Üblichen. Ist keine Einigung möglich, bestimmt das Landwirtschaftsgericht.

Sollte der überlebende Partner wieder heiraten, erlischt das Altenteilsrecht. Es besteht aber noch ein Anspruch auf Zahlung eines kapitalisierten Betrages für die restliche Laufzeit des Altenteils.

Wie das BGB-Erbrecht die Abfindung regelt

Wenn nichts geregelt ist, wird der Betrieb unter den Erben aufgeteilt. In bestimmten Fällen bekommt ein Erbe den Hof zugewiesen, die anderen erhalten dann eine Abfindung.

UNSER AUTOR
Josef Deuringer

Wenn der Eigentümer eines landwirtschaftlichen Betriebes nichts anderes geregelt hat, wird der Betrieb nach den allgemeinen Regeln des Bürgerlichen Gesetzbuches vererbt und geht in das Eigentum der gesetzlichen Erben über.

Hat ein verstorbener Hofeigentümer mehrere gesetzliche Erben, entsteht eine Erbengemeinschaft. Deren Mitglieder (Miterben) werden gemeinschaftlich Eigentümer aller Nachlassgegenstände einschließlich des landwirtschaftlichen Betriebes. Auch die Erträge aus dem Nachlass, zum Beispiel Betriebsgewinne, Pachten, Zinsen etc., gehen in das gemeinschaftliche Eigentum über. Da hier alle erben, spielt das Thema Abfindung zunächst keine Rolle.

Die Verteilung des Nachlasses unter den Miterben erfolgt erst bei der Auseinandersetzung und Auflösung der Erbengemeinschaft. Bis dahin können die Erben nur gemeinsam über den Nachlass einschließlich des landwirtschaftlichen Betriebes und dessen Verwaltung verfügen. In der Regel reicht jedoch die Stimmenmehrheit. In dringenden Fällen kann ein Miterbe sogar allein entscheiden, wenn dies zur Abwendung von Nachteilen für den Nachlass erforderlich ist. Die Erfahrung zeigt, dass ein andauernder, umfassender Konsens unter den Miterben meist nicht möglich ist. Erbengemeinschaften führen daher häufig zu tiefen Zerwürfnissen innerhalb der engeren Verwandtschaft. Der Gesetzgeber hat deshalb die Erbengemeinschaft auf ihre Auseinandersetzung, dass heißt, auf die Auflösung hin ausgerichtet. Jeder Miterbe kann jederzeit die Auseinandersetzung der Erbengemeinschaft verlangen.

BETRIEB AN ERBENGEMEINSCHAFT

Wie die Auseinandersetzung erfolgt und was mit dem zum Nachlass gehörigen Hof passiert, ist – soweit sich die Miterben einig sind – Sache der Erbengemeinschaft.

Durchaus üblich ist die Realteilung. Dabei einigen sich die Erben über eine den Erbquoten entsprechende Aufteilung des Nachlassvermögens. Bei einem landwirtschaftlichen Betrieb führt dies fast zwangsläufig zu einer Zerschlagung des Betriebes, die auch mit erheblichen steuerrechtlichen Konsequenzen verbunden ist.

Im Zuweisungsverfahren, wenn also der Betrieb einem der Erben zugewiesen wird, entscheidet das Gericht über die Abfindung der weichenden Erben.

Foto: Landpixel.de

Ebenfalls denkbar ist, dass ein Miterbe den Betrieb übernimmt und den anderen einen finanziellen Ausgleich dafür zahlt. So könnte zum Beispiel eines von zwei Kindern den landwirtschaftlichen Betrieb übernehmen. Das zweite Kind bekommt eine Abstandszahlung, die überlebende Ehefrau ein Wohnrecht und eine Austragsleistung. Solche Auseinandersetzungsvereinbarungen bedürfen allerdings der notariellen Form.

Ist eine einvernehmliche Einigung nicht möglich, kann jeder Miterbe eine Vermittlung der Erbauseinandersetzung durch das Amtsgericht und/oder einen Notar (je nach Bundesland unterschiedlich) beantragen. Das bietet sich z.B. dann an, wenn ein Miterbe den Betrieb übernehmen will, sich jedoch mit den anderen Erben nicht darüber einigen kann. Das Amtsgericht oder der Notar kann die Verhandlungen fördern, moderieren und unterstützen. Allerdings kann man eine Einigung zwischen den beteiligten Miterben nicht erzwingen.

Übrigens: Jeder Miterbe kann grundsätzlich frei über seinen Erbanteil am Hof verfügen, er kann seinen Anteil auf Dritte übertragen bzw. veräußern. Zwar haben die Miterben ein Vorkaufsrecht. Dennoch besteht in diesem Fall die Gefahr, dass Teile des Betriebes in familienfremde Hände fallen. Das ist in aller Regel das Aus des Betriebes.

HOFZUWEISUNG BEANTRAGEN

Immer wieder kommt es vor, dass sich die Miterben nicht über das Schicksal des landwirtschaftlichen Betriebes einigen können. In solchen Fällen kann die drohende Zerschlagung durch die Einleitung eines sogenannten Hofzuweisungsverfahrens verhindert werden (§ 13 ff Grundstückverkehrsgesetz). Im Rahmen dieses Verfahrens wird der Betrieb einem der Miterben zugewiesen, während die anderen Miterben durch einen finanziellen Ausgleich abgefunden werden. Über die Zuweisung und die Abfindungen entscheidet das Landwirtschaftsgericht. Eingeleitet wird das Zuweisungsverfahren auf Antrag eines oder mehrerer Miterben. Dabei kann der Antrag – solange keine Einigung unter den Miterben stattgefunden hat – jederzeit gestellt werden. Eine Frist gibt es nicht.

In dem Verfahren gibt das Landwirtschaftsgericht allen Beteiligten, also auch den übrigen Miterben, die Gelegenheit, sich zur Sache zu äußern. Dann entscheiden die Richter per Beschluss, ob und in welchem Umfang der Betrieb dem übernahmewilligen Antragsteller zuzuweisen ist. In der Regel wird der Betrieb als Ganzes zugewiesen. Jedoch ist es auch denkbar, dass der Betrieb in mehrere Einheiten geteilt wird und diese wiederum verschiedenen Miterben zugewiesen werden. Neben Grundstücken erstreckt sich die Zuweisung auch auf Zubehörstücke. Dazu gehören:

- das zum Wirtschaftsbetrieb bestimmte Gerät und Vieh,
- die landwirtschaftlichen Erzeugnisse, soweit diese zur Bewirtschaftung bis zu der Zeit erforderlich sind, zu welcher gleiche oder ähnliche Erzeugnisse voraussichtlich gewonnen werden sowie
- der vorhandene, auf dem Betrieb gewonnene Dünger.

Und auch Miteigentums-, Kapital- und Geschäftsanteile, dingliche Nutzungsrechte und ähnliche Rechte werden, soweit diese Gegenstände zur ordnungsgemäßen Bewirtschaftung des Betriebes notwendig sind, zusammen mit dem Hof zugewiesen. Das gilt zum Beispiel für Geschäftsanteile an der Milchverwertungsgenossenschaft, Anteile an Maschinengemeinschaften, Zuckerrübenlieferrechte etc.

Von einer Zuweisung ausgenommen sind Grundstücke, die in absehbarer Zeit anderen als landwirtschaftlichen Zwecken dienen sollen. Das gilt für Baugrundstücke, Bodenschatzabbauflächen und dergleichen. Ein katastermäßig unselbstständiger Teil eines Grundbuchgrundstückes, zum Beispiel ein großer Hofgarten, der für den Betrieb nicht erforderlich ist, aber als Bauland dienen kann, wird in der Regel ebenfalls von der Zuweisung ausgenommen.

Die Herausnahme der Grundstücke hat zur Folge, dass diese im Gesamthandseigentum der Erbengemeinschaft bleiben. Sie gehören damit zum zuweisungsfreien Vermögen, genauso wie das außerhalb des Betriebes vorhandene Vermögen. Hierüber muss sich die Erbengemeinschaft nach den Regeln des BGB-Erbrechts auseinandersetzen.

Wichtig: In seiner Entscheidung über die Zuweisung kann das Gericht auch den Zuweisungszeitpunkt festlegen. Dies kann z.B. Bedeutung haben bei minderjährigen Miterben, wenn diese den Betrieb z.B. erst zum Zeitpunkt ihrer Volljährigkeit bekommen sollen.

GERICHT LEGT ABFINDUNG FEST

Durch die Zuweisung des Betriebes an einen Miterben verlieren die anderen Miterben ihren Anteil am Betrieb. Als Ausgleich dafür haben sie Anspruch auf einen finanziellen Ausgleich. Wie hoch die Abfindung ausfällt, entscheidet im Rahmen des Hofzuweisungsverfahrens ebenfalls das Landwirtschaftsgericht. Grundlage für die Abfindungsberechnung ist dabei nicht der tatsächliche Wert des Betriebes, also der Verkehrswert, sondern der wesentlich niedrigere Ertragswert. Dieser beträgt nur einen Bruchteil des Verkehrswertes, wobei das Verhältnis von Ertragswert zum Verkehrswert – in Anbetracht der rückläufigen Gewinne in der Landwirtschaft – in Zukunft vielerorts noch weiter auseinandergehen wird.

Damit stellt die Abfindung aus dem Ertragswert eine erhebliche Bevorzugung des Betriebsnachfolgers und eine Benachteiligung der weichenden Erben dar. Das Bundesverfassungsgericht ist jedoch immer wieder zu dem Ergebnis gelangt, dass die Abfindungsregelung verfassungskonform ist und die weichenden Erben eine solche Benachteiligung grundsätzlich hinnehmen müssen.

Maßgeblicher Zeitpunkt für die Bestimmung des Ertragswertes ist nicht der Erbfall, sondern der Zuweisungszeitpunkt, d.h. der Zeitpunkt der letzten mündlichen Verhandlung über den Zuweisungsantrag. Mit der Feststellung des Ertragswertes entscheidet das Gericht gleichzeitig über die Abfindungsansprüche der Miterben. Wird z.B. ein Hof mit einem Ertragswert von 300.000 € einem von zwei Kindern zugewiesen, so hat die hinterbliebene Ehefrau – bei Ehe in Zugewinngemeinschaft – einen Anspruch auf 1/2 des Ertragswertes, also auf 150.000 €. 1/4 des Ertragswertes, also 75.000 €, steht dem

SCHNELL GELESEN

Erhält eine Erbengemeinschaft den Betrieb, kommt es häufig zu Streitigkeiten unter den Erben.

Die Auseinandersetzung der Erbengemeinschaft führt unter Umständen zur Zerschlagung des Betriebes.

Alternativ kann jeder Miterbe beim Gericht eine Hofzuweisung beantragen.

Bei Hofzuweisung werden die weichenden Erben auf Grundlage des Ertragswertes gesetzlich abgefunden.

Beim Hofzuweisungsverfahren gibt es einen gesetzlichen Nachabfindungsanspruch.

zweiten Kind zu. Wie der Ertragswert berechnet wird, lesen Sie auf S. 138 ff).

Der Ertragswert ist jedoch nur die Berechnungsgrundlage und muss in aller Regel noch um einige Positionen korrigiert werden, bevor die Abfindungsansprüche der einzelnen Miterben ermittelt werden können.

• Dabei geht es in erster Linie um Nachlassverbindlichkeiten, also um die vom Erblasser übernommenen Bank- und Händlerkredite, sowie um die Erbfallschulden (zum Beispiel Beerdigungskosten, Erbschaftssteuer etc.). Diese werden, soweit sie nicht aus dem außerbetrieblichen Vermögen berichtigt werden können, mit ihrem Kapitalwert vom Ertragswert abgezogen.

• In Abzug gebracht werden auch diejenigen dinglichen Rechte an den Grundstücken des Betriebes, die nicht der Sicherung schuldrechtlicher Ansprüche dienen.

• Falls die Kinder des Erblassers (nicht jedoch die Ehefrau) schon zu dessen Lebzeiten finanzielle Zuwendungen erhalten haben, müssen diese als sogenannte Vorausempfänge bei der Abfindungsberechnung unter den Miterben ausgeglichen werden. Es sei denn, der verstorbene Hofübergeber hat bereits zum Zeitpunkt der Zuwendung etwas anderes angeordnet.

Ähnliches gilt für sogenannte Vorleistungen, die ein oder mehrere Kinder zu Lebzeiten des Erblassers für diesen erbracht haben. Dabei kann es sich z.B. um die langjährige Mitarbeit im landwirtschaftlichen Betrieb handeln oder auch um erhebliche Geldleistungen, die im Erbfall unter den Geschwistern ausgeglichen werden müssen.

SO WIRD GERECHNET

Wie die Berechnung der Abfindungen im Einzelnen funktioniert, zeigt folgendes Beispiel (Übersicht):

Landwirt Georg Hintermeier verstirbt und hinterlässt seinen Sohn Phillip, die beiden Töchter Natascha und Karina sowie seine Ehefrau, mit der er im Güterstand der Zugewinngemeinschaft gelebt hat. Da keine andere testamentarische Verfügung vorliegt, geht der landwirtschaftliche Betrieb an die Erbengemeinschaft der gesetzlichen Erben. Die Ehefrau und die beiden Töchter würden den Betrieb gerne versilbern und den Ertrag gemäß der jeweiligen Erbquoten unter den Erben aufteilen. Dagegen möchte Phillip Hintermeier den Betrieb als Alleineigentümer übernehmen und den Miterben dafür eine finanzielle Abfindung zahlen. Allerdings kann der übernahmewillige Hintermeier darüber keine Einigung mit der Mutter und den Schwestern erzielen.

Foto: Höner

△ Beantragt ein Miterbe bzw. eine Miterbin das Hofzuweisungsverfahren, berechnet sich die Abfindung der weichenden Erben nach dem Ertragswert des Betriebes.

Deshalb hat Phillip Hintermeier beim Landwirtschaftsgericht ein Hofzuweisungsverfahren beantragt. Das Gericht hat bereits entschieden, dass der gelernte Landwirt den Betrieb bekommen wird. Jetzt geht es darum, die Abfindung für seine Mutter und die beiden Schwestern zu bestimmen.

• Ausgangspunkt für die Rechnung ist der Ertragswert des Betriebes. Dieser beträgt 400.000 €.

• Vom Ertragswert werden die Nachlassverbindlichkeiten von insgesamt 75.000 € sowie die an den Betriebsgrundstücken bestehenden dinglichen Rechte, die nicht der Sicherung schuldrechtlicher Ansprüche dienen, in Höhe von 25.000 € abgezogen. Es ergibt sich ein Auseinandersetzungswert von insgesamt 300.000 €.

• Ausgehend von diesem Wert errechnet sich die Abfindung der Ehefrau. Diese beträgt 50 %, also 150.000 €. Die verbleibenden 150.000 € verteilen sich auf die restlichen Miterben, also den Hofnachfolger und seine beiden Schwestern.

• Jetzt müssen noch Vorempfänge und Vorleistungen unter den Geschwistern ausgeglichen werden:

Phillip und Natascha haben – jeweils zum Abschluss ihrer Ausbildung – ausgleichspflichtige finanzielle Zuwendungen von 20.000 € bzw. 30.000 € vom Erblasser erhalten. Karina dagegen hat durch ihre Mithilfe bei der Pflege der Großmutter Vorleistungen in Höhe von 20.000 € für den Betrieb erbracht.

• Die beiden Vorempfänge in Höhe von insgesamt 50.000 € (20.000 + 30.000 €) werden zum Auseinandersetzungswert

SO VIEL ABFINDUNG BEKOMMEN DIE BEIDEN SCHWESTERN

Ertragswert	**400.000 €**		
abzüglich Nachlassverbindlichkeiten	-75.000 €		
abzüglich dingliche Belastungen	-25.000 €		
= Auseinandersetzungswert 1	=300.000 €		
abzüglich Abfindungsanspruch d. Ehefrau (50 %)	-150.000 €		
= Auseinandersetzungswert 2	=150.000 €		
zuzüglich ausgleichspflichtige Vorempfänge	+50.000 € (20.000 € + 30.000 €)		
abzüglich ausgleichspflichtige Vorleistungen	-20.000 €		
= Auseinandersetzungswert 3	=180.000 €		
davon stehen Phillip (Hofnachfolger), Natascha und Karina je ein Drittel zu	Phillip 60.000 €	Natascha 60.000 €	Karina 60.000 €
abzüglich auszugleichende Vorempfänge	-20.000 €	-30.000 €	
zuzüglich ausgleichspflichtige Vorleistungen			+20.000 €
Abfindungsansprüche der beiden Schwestern	–	=30.000 €	=80.000 €

top agrar; Quelle: Deuringer

△ Berechnen Sie die Abfindung, müssen Sie Vorempfänge und Vorleistungen beachten.

hinzugerechnet, anschließend wird die Vorleistung von 20.000 € abgezogen. Der Auseinandersetzungswert beträgt nun 180.000 €.

- Von diesem Betrag steht jedem der drei Geschwister ein Drittel zu. Die Schwestern haben also einen Abfindungsanspruch von 60.000 €. Vorab jedoch wird bei Natascha der Vorempfang von 30.000 € abgezogen und bei Karina die Vorleistung von 20.000 € hinzugerechnet.
- Schlussendlich bekommt Natascha deshalb einen Abfindungsbetrag von 30.000 € (60.000 – 30.000 €), Karina stehen 80.000 € (60.000 + 20.000 €) zu.

Insgesamt muss Phillip Hintermeier 110.000 € (30.000 € + 80.000 €) Abfindung an seine beiden Schwestern zahlen. Seine Mutter nimmt statt der ihr zustehenden Abfindung ein Altenteilsrecht in Anspruch.

ABFINDUNG STUNDEN

Auf Antrag eines Miterben kann das Gericht bei der Zuweisung festsetzen, dass der Miterbe statt eines Geldbetrages ein Grundstück als Abfindung bekommt. Voraussetzung dafür ist, dass das Grundstück zur Deckung des Landbedarfs des Miterben benötigt wird und von dem Betrieb getrennt werden kann.

Außerdem kann das Gericht auf Antrag eines Miterben festsetzen, dass dieser durch ein beschränktes dingliches Recht an einem zum Betrieb gehörenden Grundstück abzufinden ist. Dies ist insbesondere dann interessant, wenn ein Miterbe weniger an einer Geldabfindung als an einer angemessenen Versorgung interessiert ist. Dafür eignen sich zum Beispiel Erbbau-, Nießbrauchs-, Wohnungs- und Dauerwohnrechte sowie Reallasten und Rentenschulden.

Immer wieder kommt es vor, dass der Hofübernehmer nicht in der Lage ist, die Abfindungszahlungen aus dem Hof zu leisten. Dann kann er bei Gericht die Stundung der Zahlungen beantragen. Die Richter können dem Antrag stattgeben, wenn der Hofübernehmer bei sofortiger Zahlung den Betrieb nicht ordnungsgemäß bewirtschaften könnte und den anderen Miterben bei gerechter Abwägung der Lage eine Stundung zugemutet werden kann.

Dabei hat der Hofübernehmer die gestundete Forderung zu verzinsen und für sie Sicherheit (Bürgschaft) zu leisten. Über die Höhe der Verzinsung und über Art und Umfang der Sicherheitsleistung entscheidet das Gericht nach billigem Ermessen. Wenn sich die Verhältnisse nach der Entscheidung wesentlich geändert haben, kann das Gericht die rechtskräftige Entscheidung über die Stundung auf Antrag aufheben oder ändern.

15 JAHRE NACHABFINDUNG

Weichende Erben, die im Rahmen des Hofzuweisungsverfahrens nach dem Ertragswert abgefunden werden, werden zugunsten des landwirtschaftlichen Betriebes benachteiligt. Um größere Ungerechtigkeiten zu vermeiden, billigt der Gesetzgeber den ausgeschiedenen Miterben einen Nachabfindungsanspruch zu.

Eine Nachabfindung kommt dabei in erster Linie im Falle einer Veräußerung infrage. Das kann der Verkauf des gesamten Betriebes sein, aber auch der Verkauf von Einzelflächen oder einzelner zugewiesener Zubehörstücke, Kapital- und Geschäftsanteile und dergleichen (zum Beispiel Stärkelieferrechte, Zuckerrübenkontingente). Auch nachabfindungspflichtig ist jede Gewinnerzielung, die den Zwecken der Hofzuweisung fremd ist, zum Beispiel die Auskiesung, eine bergbauliche Nutzung oder die Vergabe von Erbbaurechten.

Nicht nachabfindungspflichtig sind Veräußerungen bzw. Gewinnerzielungen, die mit den Zwecken der Hofzuweisung noch im Einklang stehen. Dies ist insbesondere dann der Fall, wenn der Veräußerungserlös wieder in den Betrieb reinvestiert wird oder wenn eine Veräußerung erfolgt, um beispielsweise betriebliche Schulden zu tilgen.

Schuldner des Nachabfindungsanspruches ist der Hofübernehmer. Dieser ist verpflichtet, seine Miterben an den nachabfindungspflichtigen Erlösen zu beteiligen. Der Nachabfindungsanspruch ist, sofern keine einvernehmliche Einigung mit dem Hofübernehmer zustande kommt, beim Landwirtschaftsgericht geltend zu machen.

Anders als in der Höfeordnung ist allerdings nicht der erzielte Erlös Grundlage der Nachabfindung, sondern die Differenz zwischen Ertrags- und Verkehrswert zum Zeitpunkt der Zuweisung. Folgendes Beispiel zeigt, wie gerechnet wird:

Landwirt Dieter Sedlmayr verkauft zehn Jahre nach der Hofzuweisung ein Betriebsgrundstück. Da es sich um Bauland handelt, beträgt der Verkaufserlös 1 Mio. €. Grundlage für die Nachabfindung ist die Differenz zwischen dem bei der Zuweisung geltenden Verkehrswert (20.000 €) und dem damaligen Ertragswert (8.000 €). Das sind 12.000 €. Lediglich dieser Betrag ist unter den Miterben, einschließlich des Hofübernehmers, aufzuteilen. Da Dieter Sedlmayr nur einen Bruder hat, der hälftiger Miterbe des Landgutes war, kann dieser jetzt seinen Erbanteil von 50 %, also 6.000 €, verlangen. Dem Hofübernehmer verbleiben von dem erzielten Erlös 994.000 €.

Der Nachabfindungsanspruch entsteht mit der Veräußerung bzw. mit der Erzielung eines zuweisungsfremden Gewinns aus dem Betrieb – allerdings nur innerhalb von 15 Jahren nach der Zuweisung. Für danach erzielte Erlöse können die weichenden Erben keine Nachabfindungsansprüche geltend machen. Die 15 Jahres-Frist beginnt dabei mit der Rechtskraft des gerichtlichen Zuweisungsbeschlusses. Nach Ablauf der Frist ist der Erwerber frei und nicht mehr zu Abfindungszahlungen an die weichenden Erben verpflichtet.

Die Ansprüche der Miterben verjähren zwei Jahre nach Ende des Jahres, in dem der Berechtigte von seinem Nachabfindungsanspruch Kenntnis erlangt hat. Hatte der Berechtigte keine Kenntnis, verjährt der Anspruch fünf Jahre nach Ende des Jahres, in dem der Nachabfindungsanspruch entstanden ist. Weichende Erben sind deshalb gut beraten, zumindest im fünfjährigen Abstand Einsicht in das Grundbuch zu nehmen, um festzustellen, ob Betriebsgrundstücke veräußert wurden. Sie haben aber auch einen entsprechenden Auskunftsanspruch gegen den Hofübernehmer.

Übrigens: Im Gegensatz zu der ähnlichen Regelung in § 13 Höfeordnung gibt es zum Nachabfindungsanspruch im Rahmen des Hofzuweisungsverfahrens kaum gerichtliche Entscheidungen. Dies mag daran liegen, dass die Hofzuweisungsverfahren meist in einvernehmlichen Auseinandersetzungsvereinbarungen münden.

WENN HOFZUWEISUNG SCHEITERT

Immer wieder kommt es vor, dass die Hofzuweisung scheitert bzw. die Voraussetzungen des Hofzuweisungsverfahrens gar nicht vorliegen. In einem solchen Fall müssen sich die Erben wohl oder übel einvernehmlich über die Aufteilung des landwirtschaftlichen Betriebes einigen. Das Gleiche gilt, wenn ein Hofzuweisungsverfahren zwar erfolgreich durchgeführt wurde, allerdings Grundstücke vorhanden sind, die nicht zum landwirtschaftlichen Betrieb gehörten und deshalb nicht zugeteilt wurden.

Ist in solchen Fällen keine einvernehmliche Aufteilung möglich, können diejenigen Miterben, die die Erbauseinandersetzung vorantreiben wollen, eine Klage auf Einwilligung in die Auseinandersetzung erheben. Sie können die anderen, nicht teilungswilligen Miterben auf Zustimmung eines im Prozess vorgelegten Teilungsplanes verklagen.

Zunächst werden aber die zum Nachlass gehörigen Grundstücke im Rahmen der sogenannten Teilungsversteigerung veräußert und die Erlöse entsprechend den Erbquoten unter den jeweiligen Miterben aufgeteilt. Dabei gliedert sich die Teilungsversteigerung in folgende Abschnitte:

- Antrag durch einen oder mehrere Miterben,
- Anordnungsbeschluss durch das Versteigerungsgericht nach ordnungsgemäßem Antrag,
- Zustellung des Beschlusses an den oder die Antragsgegner,
- Entscheidung über mögliche Einwendungen der Antragsgegner,
- Festsetzung des Grundstückswertes,
- Bestimmung des Versteigerungstermins,
- Ermittlung des geringsten Gebots,
- ordnungsgemäße Veröffentlichung des Versteigerungstermins,
- Abhaltung des Versteigerungstermins,
- Erteilung des Zuschlages an den Erwerber,
- Erlösverteilung,
- Ersuchen des Versteigerungsgerichts an das Grundbuchamt um Eintragung des Erwerbers als neuen Eigentümer in das Grundbuch.

Sind neben dem landwirtschaftlichen Betrieb noch andere bewegliche Sachen und Rechte vorhanden (zum Beispiel Schmuck, Antiquitäten etc.), so werden diese nach den Regeln des Pfandverkaufes versilbert.

Wenn alles zu Geld gemacht ist, kann dieses dann nach Abzug der Nachlassverbindlichkeiten unter den Beteiligten einvernehmlich aufgeteilt oder durch Klage auf Zustimmung mithilfe des Gerichts verteilt werden.

Die „Veräußerung“ von Vermögenswerten im Wege der Teilungsversteigerung ist jedoch letztlich für alle Beteiligten ein Verlustgeschäft. Denn nicht selten bleibt der im Rahmen einer Teilungsversteigerung erzielte Erlös erheblich hinter dem Erlös einer freihändigen Veräußerung zurück.

Foto: Höner

△ Hat ein Erbe den Betrieb im Zuweisungsverfahrens bekommen und verkauft dann den Betrieb oder Teile davon, haben die weichenden Erben einen Nachabfindungsanspruch.

Das ist auch der Grund, warum die Teilungsversteigerungen vielfach nicht zu Ende geführt werden. Denn angesichts der drohenden Einbußen kommen die Beteiligten in aller Regel zur Vernunft und teilen die Erbmasse einvernehmlich auf.

EIGENE REGELN FINDEN

Nicht auf das gesetzliche Erbrecht verlassen!

In weiten Teilen Deutschlands gilt weder die nordwestdeutsche Höfeordnung noch ein anderes Anerbengesetz. In diesen Gebieten – Bayern, Berlin, Mecklenburg-Vorpommern, dem Saarland, Sachsen, Sachsen-Anhalt, Thüringen sowie teilweise Baden-Württemberg – gelten für die Übertragung landwirtschaftlicher Betriebe die allgemeinen erbrechtlichen Regelungen des Bürgerlichen Gesetzbuches (BGB). Und auch für Betriebe, die im Geltungsbereich der Höfeordnung liegen, jedoch keine Betriebe im Sinne der Höfeordnung sind, gilt das BGB-Erbrecht. Das ist z. B. der Fall, wenn der Hofübergeber den Hofvermerk hat löschen lassen.

Anders als die Höfeordnung birgt das BGB-Erbrecht die Gefahr, dass existenzfähige Vollerwerbsbetriebe zerschlagen werden:

Nach dem BGB wird ein landwirtschaftlicher Betrieb nicht auf einen Erben übertragen, sondern geht in das gemeinschaftliche Eigentum der Erbengemeinschaft über. Das Betriebsvermögen wird dann unter den gesetzlichen Erben aufgeteilt. Dies führt in aller Regel zur Zerschlagung des Betriebes.

Eine geschlossene Hofübergabe an einen Erben ist – wenn der Übergeber keine entsprechende Verfügung getroffen hat – nur möglich, wenn sich die Miterben einigen oder wenn ein Miterbe sich den Betrieb im Rahmen des Hofzuweisungsverfahrens übertragen lässt. Der Preis dafür ist vielfach der Familienfrieden.

Deshalb sollte jeder Übergeber klare vertragliche oder testamentarische Regelungen zu Übergabe und Abfindung treffen. Dabei ist es – zumindest bei zukunftsfähigen Vollerwerbsbetrieben – sinnvoll, den Hof als sogenanntes Landgut auf einen (Allein-)Erben zu übertragen und den Miterben eine Geldabfindung auf Grundlage des Ertragswertes aus dem Hof zukommen zu lassen (siehe S. 138 ff.).

Ebenfalls geregelt werden sollte die Nachabfindung. Denn eine solche ist im BGB-Landgutrecht überhaupt nicht vorgesehen, was zu Ungerechtigkeiten gegenüber weichenden Erben führen kann.

Das sind die Voraussetzungen für ein Hofzuweisungsverfahren

Nicht jeder Hof ist zuweisungsfähig, der Betrieb muss bestimmte Voraussetzungen erfüllen. Und gewerbliche Betriebe können beispielsweise gar nicht zugewiesen werden.

Im Rahmen des Hofzuweisungsverfahrens können nur landwirtschaftliche Betriebe zugewiesen werden. Nicht zuweisungsfähig sind gewerbliche Agrarbetriebe sowie reine Forstbetriebe, wohl aber Mischbetriebe, solange der Charakter des landwirtschaftlichen Betriebes überwiegt. Nicht zuweisungsfähig sind einzelne Hofgebäude, zu denen kein landwirtschaftliches Grundstück gehört, sowie Reichsheimstätten.

Voraussetzung für eine Zuweisung ist, dass die Erbengemeinschaft durch gesetzliche Erbfolge entstanden ist. Ein erbengemeinschaftliches Eigentum liegt auch dann vor, wenn mehrere Erbfälle hintereinander folgen, also einer der ursprünglichen Erben verstorben ist und an dessen Stelle weitere Miterben getreten sind. Gehört der Betrieb dagegen einer durch Testament oder Erbvertrag entstandenen Erbengemeinschaft, ist keine Zuweisung möglich.

AUSREICHENDER UNTERHALT

Außerdem muss der Betrieb ausreichenden Unterhalt für eine bäuerliche Familie abwerfen. Maßstab ist dabei eine bäuerliche Durchschnittsfamilie, bestehend aus den Eltern und zwei minderjährigen Kindern. Für den durchschnittlichen Lebensbedarf können statistische Erhebungen zugrunde gelegt werden. Der ermittelte Bedarf ist mit dem Betriebsertrag zu vergleichen, wobei von den nachhaltig erzielbaren Roherträgen auszugehen ist. Davon sind die für die Bewirtschaftung aufgewendeten Kosten einschließlich Grundsteuer abzuziehen, nicht jedoch die Zinsbelastung und ähnliche privatrechtliche Belastungen. Entscheidend ist nicht, ob die Erträge tatsächlich aus dem Betrieb erwirtschaftet werden. Es ist ausreichend, dass bei durchschnittlicher Bewirtschaftung die Möglichkeit besteht, solche Erträge nachhaltig zu erzielen.

Besonders problematisch ist dies bei der Zuweisung von Nebenerwerbsbetrieben. Allein die Tatsache, dass der Betriebsleiter schon bisher einem anderen Haupt- oder Zuerwerb nachgegangen ist, lässt im Regelfall den Rückschluss zu, dass der Betrieb selbst nicht ausreicht, die Familie zu unterhalten.

So ist ein landwirtschaftlicher Betrieb, dessen Erträge erheblich unter den Regelsätzen für den Unterhalt einer Familie nach dem Sozialgesetzbuch liegen, nicht zuweisungsfähig.

DER WILLE ZÄHLT

Zuweisungsfähig ist ein Betrieb nur, wenn die für eine ordnungsgemäße Bewirtschaftung der Betriebsgrundstücke notwendigen Wohn- und Wirtschaftsgebäude vorhanden sind. Daran kann es mangeln, wenn der Betrieb schon zu Lebzeiten des Erblassers faktisch dauerhaft aufgegeben wurde. Ein schlechter baulicher Zustand der Hofstelle steht einer Zuweisung aber nicht entgegen. Weitere Voraussetzung ist, dass der Erblasser tatsächlich wollte, dass der Betrieb von einem der Miterben fortgeführt wird. Dabei ist der Betrieb demjenigen Miterben zuzuweisen, der ihn nach dem wirklichen/mutmaßlichen Willen des Erblassers bekommen sollte. War es dagegen der Wunsch des Erblassers, dass die Erbengemeinschaft den Betrieb fortführt, ist eine Zuweisung ausgeschlossen. Die Feststellung des Erblasserwillens ist Aufgabe des Gerichts. Besonderes Gewicht dabei hat es, wenn der Erblasser die Bewirtschaftung des Hofes schon einem seiner Kinder überlassen hat. Weitere Kriterien:

- Verbundenheit des Zuweisungsbewerbers zum Erblasser,
- das Verwandtschaftsverhältnis,
- Eignung für die Betriebsfortführung,
- Größe der Erbanteile der Bewerber,
- Beruf des Bewerbers, insbesondere eine landwirtschaftliche Ausbildung,
- familiäre Situation, v.a. im Hinblick auf die Fortführung des Betriebes,
- bisheriger Erbbrauch in der Familie.

Als Hofübernehmer kommen in erster Linie die Kinder des verstorbenen Eigentümers infrage. Das gilt auch für minderjährige Kinder, wenn der gesetzliche Vertreter geeignet ist und es sonst keine Zweifel an der späteren Eignung des Kindes gibt. Auch der überlebende Ehegatte kann den Betrieb zugewiesen bekommen – mit der Auflage, den Betrieb dem betreffenden Kind nach dessen Volljährigkeit zu übertragen.

Ist einer der Miterben weder Kind noch überlebender Ehegatte des Erblassers, ist die Zuweisung an ihn nur zulässig, wenn er den Betrieb bewohnt und bewirtschaftet oder mitbewirtschaftet. Ein gelegentlicher Aufenthalt auf dem Betrieb oder eine nur untergeordnete Mitarbeit reicht nicht aus. Bedeutung hat dies, wenn keine Kinder vorhanden sind und z.B. ein Neffe des verstorbenen Hofeigentümers den Betrieb übernehmen will.

ZUR ÜBERNAHME BEREIT?

Wichtig ist auch, dass der Zuweisungsbewerber bereit ist, den Betrieb zu übernehmen. Diese Bereitschaft ergibt sich im Regelfall daraus, dass der Bewerber die Zuweisung des Betriebes auf sich beantragt hat. Wenn der Miterbe jedoch zur Übernahme des Betriebes nicht bereit oder zu seiner ordnungsgemäßen Bewirtschaftung nicht geeignet ist, ist eine Zuweisung ausgeschlossen.

Bezüglich der Wirtschaftsfähigkeit eines Bewerbers darf das Gericht keine überzogenen Anforderungen stellen. Schließlich kann ein Betrieb heute auch fremdbewirtschaftet werden. Insofern ist eine landwirtschaftliche Fachausbildung nicht zwingend erforderlich. In der Frage der Wirtschaftsfähigkeit kann auch die Rechtsprechung im Höferecht herangezogen werden.

Übrigens: Eine besondere Situation liegt vor beim Ehegattenbetrieb. Dieser kann nach dem Tod des Erstversterbenden nur dem überlebenden Ehepartner zugewiesen werden. Denn nur so kann das Eigentum am Betrieb insgesamt in einer Hand vereinigt werden.

Hofübergabe und Abfindung gestalten

Mit guten Vertragsbedingungen können Sie die Existenz des Betriebes sichern und die weichenden Erben angemessen abfinden.

UNSER AUTOR
Josef Deuringer

Wenn ein landwirtschaftlicher Betrieb nach den allgemeinen Regeln des BGB vererbt wird, geht dieser in das gemeinschaftliche Eigentum der Erbengemeinschaft über. Oftmals wird der Betrieb dann veräußert und der Erlös unter den Miterben aufgeteilt.

Falls die Erbengemeinschaft den Betrieb einem der Miterben übergibt, muss der Hofübernehmer unter Umständen hohe Abfindungszahlungen in Kauf nehmen. Denn das Ertragswertprivileg kommt nicht automatisch zum Zuge. Auch auf das Hofzuweisungsverfahren sollte man sich nicht verlassen.

Deshalb muss jeder Hofeigentümer die Übergabe regeln, entweder im Rahmen der vorweggenommenen Hofübergabe, durch einen Erbvertrag oder in Form eines Testaments. Dabei haben die vom Erblasser festgesetzten Regelungen Vorrang vor der gesetzlichen Erbfolge.

HOFNACHFOLGER ALS ALLEINERBE

In Testament und Hofübergabevertrag hat ein Hofeigentümer zunächst die Möglichkeit, die Übergabe des Betriebes als sogenanntes „Landgut" anzuordnen (siehe Seite 137). Dann geht der Hof geschlossen an einen Erben. Allerdings sind auch die im Rahmen der Landgutübernahme zu zahlenden Abfindungsbeträge auf Grundlage des Ertragswertes für viele Betriebe kaum tragbar.

Eine andere Möglichkeit ist deshalb die Übergabe des Betriebes an einen Alleinerben, üblicherweise an eines der eigenen Kinder oder gegebenenfalls an den Ehepartner. Im Geltungsbereich des allgemeinen Erbrechts ist dies durchaus üblich und auch sinnvoll. Eine solche Regelung hat zunächst zur Folge, dass der landwirtschaftliche Betrieb als Ganzes auf den Alleinerben, beispielsweise die älteste Tochter, übergeht. Über den Betrieb bestimmt dann ausschließlich die Alleinerbin. Die anderen gesetzlichen Erben, in der Regel der Ehepartner und die Geschwister des Hoferben, bleiben bei der Hofnachfolge außen vor. Sie haben keine Eigentums- oder Beteiligungsrechte am Betrieb. Die weichenden Erben haben lediglich Anspruch auf ihren Pflichtteil, das ist die Hälfte des gesetzlichen Erbteils. Sie sind damit nur noch Pflichtteilsberechtigte. Dies ist eine Art Mindestabfindung, die von leistungsfähigen Betrieben durchaus zu schultern ist.

Dass die weichenden Erben auf den Pflichtteil gesetzt werden sollen, muss der Hofeigentümer nicht ausdrücklich anordnen. Es reicht aus, wenn er z.B. festlegt: „Ich setze meine Tochter Isabell als Alleinerbin ein." Dann erbt diese den gesamten Nachlass einschließlich des landwirtschaftlichen Betriebes. Gleichzeitig werden die Miterben von der Hofnachfolge ausgeschlossen und haben lediglich Anspruch auf Auszahlung ihres Pflichtteils.

SCHNELL GELESEN

Um eine Erbengemeinschaft am Hof zu vermeiden, sollten Sie den Übergang des Betriebes auf den Hofnachfolger selbst regeln.

Die meisten Landwirte übergeben ihren Hof an einen Alleinerben. Den Geschwistern des Hoferben steht dann eine Abfindung zu.

Den weichenden Erben sollten Landwirte in der Regel mehr als den Pflichtteil zahlen. Das wahrt den Familienfrieden.

Eine Begründung, warum die Pflichtteilsberechtigten von der Erbfolge ausgeschlossen werden, ist nicht notwendig.

NUR PFLICHTTEIL FÜR MITERBEN

Der Pflichtteilsanspruch der ausgeschiedenen Erben entsteht mit dem Tod des Hofübergebers. Das gilt auch dann, wenn der Betrieb per Hofübergabevertrag bereits zu Lebzeiten übertragen worden ist. Schuldner der Pflichtteilsansprüche ist der Erbe, hier also der Hofübernehmer. Er ist verpflichtet, die Pflichtteile der Geschwister und gegebenenfalls der Mutter aus dem Hof zu begleichen. Ist eines der Geschwister noch minderjährig, so wird ein Ergänzungspfleger bestellt, der für die Sicherung der Pflichtteilsansprüche des minderjährigen Kindes zu sorgen hat.

Der Hofübernehmer haftet für die Pflichtteilsansprüche mit dem aus der Erbschaft bzw. der Übertragung erlangten Hof und mit seinem sonstigen Vermögen. Falls also der Hofübernehmer den landwirtschaftlichen Betrieb veräußert und deshalb die Pflichtteile daraus nicht leisten kann, muss er ggf. auf anderweitiges Vermögen zurückgreifen.

Der Hofnachfolger kann die Pflichtteilserfüllung nur dann verweigern, wenn sein eigener fiktiver Pflichtteilsanspruch beeinträchtigt würde. Ihm muss nämlich so viel von der Erbschaft bzw. Übertragung bleiben, wie sein eigener Pflichtteil wäre.

Außerdem hat der zur Zahlung verpflichtete Hofübernehmer in bestimmten Fällen die Möglichkeit, von den Pflichtteilsberechtigten die Stundung ihrer Ansprüche zu verlangen. Und zwar dann, wenn die Erfüllung der Pflichtteilsansprüche ihn besonders hart treffen würde. Dies ist beispielsweise dann der Fall, wenn der landwirtschaftliche Betrieb veräußert werden müsste. Die gestundeten Forderungen sind dabei zu verzinsen.

Das Pflichtteilsrecht ist ein reiner Geldanspruch. Die Pflichtteilsberechtigten können keinen Anteil am Hof oder an sonstigen Nachlassgegenständen verlangen. Umgekehrt haben sie auch keine Pflicht, sich zur Abgeltung ihrer Ansprüche bestimmte Nachlassgegenstände, z.B. ein Grundstücksteil, aufdrängen zu lassen. Die Verjährungsfrist für Pflichtteilsansprüche beträgt drei Jahre. Die Frist beginnt mit dem Erbfall und der Kenntnisnahme durch den Pflichtteilsberechtigten. Ohne Kenntnis des Erbfalls verjährt der Pflichtteilsanspruch erst nach 30 Jahren.

REINER GELDANSPRUCH

Der Pflichtteilsanspruch ist vererblich. Macht also z.B. ein Bruder der Hofübernehmerin sein Pflichtteilsrecht nicht geltend, geht der Anspruch bei seinem Tod – zumindest innerhalb der Verjährungsfrist – auf seine Erben, z.B. den Ehepartner, über. So ist es durchaus möglich, dass ungeliebte Schwiegerkinder des Hofeigentümers in den Genuss des Pflichtteils kommen. Will ein Hofeigentümer dies verhindern, sollte er mit seinen gesetzlichen Erben über einen Pflichtteilsverzicht reden.

MINDESTENS DER PFLICHTTEIL

Immer wieder kommt es vor, dass der Hofübergeber den auf den Pflichtteil gesetzten Erben in seinem Testament einen Erbanteil (beispielsweise einen Geldbetrag oder ein Grundstück) zuweist, das einen geringeren Wert hat als der Pflichtteil. Der Pflichtteilsanspruch kann aber einem pflichtteilsberechtigten Erben nicht ohne Weiteres abgesprochen werden.

Deshalb kann ein Pflichtteilsberechtigter in diesem Fall einen Pflichtteilsrestanspruch gegenüber dem Alleinerben und Hofnachfolger geltend machen. Ähnliches gilt, wenn der Hofübergeber bereits zu Lebzeiten den Betrieb einem Kind übergeben bzw. geschenkt hat und überhaupt keine Regelung zur Abfindung des Ehepartners und der anderen Kinder getroffen hat. Dann können die weichenden Erben beim Tod des Erblassers einen Pflichtteilsergänzungsanspruch gegen den Hofübernehmer geltend machen.

Wie man es auch dreht und wendet: Beim Tod des Hofeigentümers haben die gesetzlichen Erben, also Ehepartner und Kinder, zumindest einen Anspruch auf ihren Pflichtteil.

Nur in ganz besonderen Fällen kann den gesetzlichen Erben das Pflichtteilsrecht entzogen werden, zum Beispiel wenn ein Erbe dem Erblasser nach dem Leben trachtet (z.B. Mord- oder Totschlagversuch) oder sich einer vorsätzlichen körperlichen Misshandlung des Erblassers oder dessen Ehepartners schuldig gemacht hat. Das Gleiche gilt, wenn ein Erbe ein Verbrechen oder ein schweres vorsätzliches Vergehen gegen den Erblasser oder dessen Ehegatten begangen hat oder er die dem Erblasser gegenüber gesetzlich geschuldete Unterhaltspflicht böswillig verletzt hat. Dies betrifft allerdings nicht die Fälle, in denen der Hofübernehmer die vertraglichen Unterhaltsverpflichtungen aus dem Hofübergabevertrag nicht erfüllt. ►

Foto: Heil

△ Regeln Sie die Hofübergabe so früh wie möglich. Andernfalls geht im Erbfall der Hof an eine Erbengemeinschaft.

▷ Im Erbfall haben die Geschwister des Hoferben ein Recht zu erfahren, wie viel der Hof wert ist.

Foto: Höner

Hat sich der Pflichtteilsberechtigte einer vorsätzlichen Straftat schuldig gemacht und ist er deshalb zu einer Freiheitsstrafe von mindestens einem Jahr ohne Bewährung rechtskräftig verurteilt, kann ihm ggf. ebenso der Pflichtteil entzogen werden.

Voraussetzung für die Pflichtteilsentziehung ist, dass der Erblasser dies im Testament unter Angabe des Entziehungsgrundes ausdrücklich anordnet. Das Recht zur Pflichtteilsentziehung aus den vorgenannten Entziehungsgründen entfällt allerdings, wenn diese verziehen wurden.

Neben den Möglichkeiten zur Pflichtteilsentziehung hat der Erblasser mitunter die Möglichkeit zur Pflichtteilsbeschränkung aus guter Absicht. Hat sich z.B. ein Kind in solchem Maße der Verschwendung ergeben oder so überschuldet, dass eine spätere Inanspruchnahme des Pflichtteils erheblich gefährdet wäre, kann der Erblasser die Verwaltung des Pflichtteils durch die anderen Erben bzw. durch einen Testamentsvollstrecker anordnen. Dann hat das betroffene Kind nur einen Anspruch auf die Erträge aus dem Pflichtteil, nicht jedoch auf den Pflichtteil selbst.

PFLICHTTEILSVERZICHT MÖGLICH

Absicht des Gesetzgebers ist es, dass die gesetzlichen Erben zumindest ihren Pflichtteil bekommen. Deshalb ist es unter „normalen" Bedingungen schwierig, einem Pflichtteilsberechtigten den Pflichtteil zu verwehren oder zu beschränken. Zulässig ist es jedoch, Pflichtteilsberechtigte durch eine sogenannte „Strafklausel" davon abzuhalten, ihre Pflichtteilsansprüche geltend zu machen.

So können z.B. Eheleute in einem gemeinschaftlichen Testament festlegen, dass Kinder, die nach dem Tod des Erstversterbenden ihren Pflichtteil geltend machen, auch nach dem Tode des Letztversterbenden nur den Pflichtteil erhalten sollen. Pflichtteilsberechtigte Kinder werden sich dann sehr wohl überlegen, ob sie den bestehenden Pflichtteilsanspruch geltend machen und damit Gefahr laufen, nach dem Tod des zweiten Elternteils statt des vollen Erbteils auch hier nur den Pflichtteil zu erhalten.

Außerdem ist es möglich, dass der Hofübergeber einen Pflichtteilsverzicht mit den weichenden Erben vereinbart. Dies ist allerdings nur einvernehmlich und im Rahmen eines notariellen Vertrages möglich.

Zu einem solchem Verzicht werden sich die Kinder wohl nur dann bereit erklären, wenn der Erblasser ihnen eine entsprechende Gegenleistung zusagt. Diese kann z.B. in einem erhöhten Erbanteil am betriebsfreien Vermögen oder in einer Vorabübertragung bestimmter Nachlassgegenstände oder Geldbeträge bestehen.

Durchaus üblich ist es z.B., dass der Ehepartner zugunsten eines Altenteils auf den eigenen Pflichtteil verzichtet. Derartige Vereinbarungen zum Pflichtteilsverzicht sind für die Nachlassplanung durchaus geeignet, insbesondere bei einer vorweggenommenen Hofübergabe zu Lebzeiten. Denn dadurch kann die Hofübergabe einschließlich der Auszahlung der pflichtteilsberechtigten Erben abschließend geregelt werden. Damit ist der Hoferbe vor späteren Pflichtteilsergänzungsansprüchen beim Tod des Erblassers geschützt.

ERGÄNZUNGSANSPRÜCHE

Pflichtteilsergänzungsansprüche entstehen grundsätzlich dann, wenn ein Erblasser sein Vermögen oder Teile davon zu Lebzeiten verschenkt, ohne die (anderen) gesetzlichen Erben daran zu beteiligen. Dann können die übergangenen Erben beim Tod des Erblassers verlangen, dass die Geschenke zu der zur Verteilung anstehenden Erbmasse hinzugerechnet werden. Aus dem dadurch entstehenden Mehrwert des Nachlasses können sie Pflichtteilsergänzungsansprüche geltend machen.

Dies gilt grundsätzlich auch dann, wenn ein Hofeigentümer den landwirtschaftlichen Betrieb schon zu Lebzeiten (als Geschenk) an einen Hofnachfolger überträgt, jedoch die Abfindung der weichenden Erben nicht regelt. Dann haben diese beim Tod des Hofübergebers Pflichtteilsergänzungsansprüche. Etwas anders sieht die Sache aus, wenn ein Betrieb bzw. ein Grundstück unter Ausbedingung eines Nießbrauchsrechtes, eines Wohn- oder Altenteilsrechtes oder dergleichen überlassen wird. Von einer Schenkung, die Pflichtteilsergänzungsansprüche auslöst, kann hier nur die Rede sein, wenn der Grundstückswert höher ist als der Wert der vom Hofübernehmer zu erbringenden Gegenleistungen.

Bei Grundstücken und erst recht bei landwirtschaftlichen Betrieben ist der Wert der Schenkung in der Praxis mitunter schwer zu ermitteln. Grundsätzlich ist ein Grundstück zum Zeitpunkt der Schenkung und zum Zeitpunkt des Erbfalles zu bewerten. Ergeben sich erhebliche Abweichungen, ist der niedrigere Wert maßgeblich, wobei der Kaufkraftschwund in die Berechnung mit einzubeziehen ist.

Ist der Wert zum Zeitpunkt der Schenkung der niedrigere, so sind hiervon die Belastungen (Altenteilslasten etc.) abzuziehen. Ist allerdings der Wert zum Zeitpunkt des Todes der niedrigere Wert, so sollen nach der Rechtsprechung die Altenteilslasten nicht abgezogen werden. Eine Unterscheidung, die nur schwer nachvollziehbar ist und deshalb immer wieder angegriffen wird.

Wichtig ist: Für Pflichtteilsergänzungsansprüche sind nur solche Schenkungen zu berücksichtigen, die in den letzten zehn Jahren vor dem Erbfall erfolgt sind. Bei Grundstücksübertragungen ist dabei die Eintragung im Grundbuch entscheidend. Außerdem muss die Schenkung auch vollzogen sein, d.h. der Beschenkte muss in den Genuss des verschenkten Gegenstandes gekommen sein. Deshalb läuft die Frist nicht, wenn z.B. bei Grundstücksüberlassungen ein vollständiger Nießbrauch zugunsten des Überlassers vorbehalten wird. Bei Schenkungen unter Ehepartnern beginnt die Frist erst mit der Auflösung der Ehe. Wenn also die Ehe mit dem Erblasser zehn Jahre vor dem Erbfall noch nicht geschieden war, werden alle während der Ehe erfolgten Schenkungen in die Pflichtteilsergänzung einbezogen.

Für die Pflichtteilsergänzungsansprüche spielt es auch eine Rolle, wann genau innerhalb der letzten zehn Jahre vor dem Tod des schenkenden Erblassers die Schenkung erfolgt ist. Denn innerhalb der zehn Jahre schmilzt der in die Pflichtteilsberechnung einzubeziehende Wert des Geschenks. So wird die Schenkung, wenn der Erbfall innerhalb des ersten Jahres nach der Schenkung eintritt, mit ihrem vollen Wert und danach für jedes weitere Jahr um jeweils 1/10 weniger berücksichtigt.

Angenommen, ein Landwirt ist am 1. Januar 2025 verstorben und hatte im Dezember 2021 ein Grundstück verschenkt – also über drei Jahre vor seinem Tod. Für die Berechnung der Pflichtteilsergänzungsansprüche wird der Wert des Grundstücks dann um 3/10 gemindert. Wäre die Schenkung schon am 31.12.2014 erfolgt, also über zehn Jahre vor dem Ableben, wäre die Schenkung bei der Berechnung des Pflichtteilsergänzungsanspruches nicht mehr zu berücksichtigen.

PFLICHTTEILSBERECHNUNG

Die Berechnung des Pflichtteils erfolgt – bei Vorliegen bestimmter Voraussetzungen – auf Grundlage des Ertragswertes. Dabei steht jedoch keineswegs immer der volle Ertragswert zur Verfügung. Denn vorab müssen noch die Nachlassverbindlichkeiten abgezogen werden.

Zu den Nachlassverbindlichkeiten zählen z.B. unbezahlte Rechnungen, offene Darlehen, Beitragsrückstände, Steuerschulden und dergleichen, die Beerdigungskosten, soweit sie nicht durch eine Sterbegeldversicherung getragen werden, sowie die Kosten für die Auskunft über die Vermögenswerte und die Wertermittlung.

Auch die Zugewinnausgleichsforderung des überlebenden Ehegatten oder der Unterhaltsanspruch des geschiedenen Ehegatten gehören zu den Nachlassverbindlichkeiten des Erblassers. Wenn alle Aktiva und Passiva des Nachlasses ermittelt sind, muss der Alleinerbe und Hofübernehmer von dem sich ergebenden Überschuss die Pflichtteile der pflichtteilsberechtigten Erben bezahlen.

Immer wieder kommt es vor, dass ein Erblasser den Kindern schon zu Lebzeiten finanzielle Zuwendungen oder Sachleistungen hat zukommen lassen. Dabei kann es sich um Ausstattung (Mitgift), Zuschüsse zum Lebensunterhalt oder zur Berufsausbildung oder um sonstige finanzielle Zuwendungen handeln. Diese sogenannten Vorempfänge müssen sich die pflichtteilsberechtigten Kinder auf ihren Pflichtteil anrechnen lassen. Voraussetzung dafür ist jedoch, dass der Hofübergeber dies bereits vor oder bei der Zuwendung ausdrücklich so bestimmt hat. Entsprechende Erklärungen des Erblassers, die zeitlich nach der Zuwendung liegen, lösen keine Anrechnungspflicht aus. Es nützt also nichts, wenn ein Hofeigentümer dem pflichtteilsberechtigten Geschwisterkind z.B. 5.000 € schenkt und später testamentarisch verfügt, dass dieses Kind keine Abfindung mehr erhalten solle, weil es ja schon einen Betrag für seine Pflichtteilsansprüche erhalten habe.

Vom Ertragswert werden noch die Nachlassverbindlichkeiten abgezogen.

Liegt jedoch eine rechtzeitige Erklärung vor, sind die Zuwendungen nach einer komplizierten gesetzlichen Regelung unter den Pflichtteilsberechtigten auszugleichen. Die Zahlungsverpflichtung des Hofübernehmers fällt dann entsprechend geringer aus.

Etwas anderes gilt, wenn ein Kind des Hofeigentümers durch langjährige Mitarbeit in dessen Betrieb oder Haushalt, durch erhebliche Geldleistungen oder in anderer Weise (insbesondere auch Pflegetätigkeiten) in besonderem Maße dazu beigetragen hat, dass das Vermögen des Erblassers erhalten oder vermehrt wurde.

Dann kann dieses Kind im Rahmen der Erbauseinandersetzung eine entsprechende Ausgleichung von den Geschwistern einschließlich des Hofübernehmers verlangen.

Dabei ist der Ausgleich so zu bemessen, wie es der Dauer und dem Umfang der Mitarbeit sowie dem Wert des Nachlasses entspricht. Die Zahlungsverpflichtung des Hofübernehmers gegenüber den pflichtteilsberechtigten Erben fällt dementsprechend höher aus.

In der Praxis können die Ausgleichungsberechtigten ihre Ansprüche meist nicht oder nicht im vollen Umfang durchsetzen. Zum einen weil der Erblasser die Ausgleichungsregelung im Testament ausdrücklich ausschließen kann. Zum anderen ist es schwierig, nachzuweisen, dass man mehr für den Erblasser getan hat als die Geschwister. Deshalb sollten diejenigen, die erhebliche Leistungen für den Erblasser erbringen, schon frühzeitig klare Regelungen treffen. Das gilt auch für den potenziellen Hofnachfolger!

So können z.B. für die Gewährung von Geldleistungen Darlehensverträge geschlossen werden, in denen geregelt ist, dass der geleistete Betrag erst mit dem Tod des Erblassers aus der Erbmasse zurückzuzahlen ist. Wenn Arbeitsleistungen erbracht werden, empfiehlt sich der Abschluss eines Arbeits- oder Dienstvertrages, wobei auch hier die Zahlung eines entsprechenden Entgeltes auf das Ableben des Hofeigentümers als gestundet vereinbart werden kann. Wichtig ist auch, dass der Umfang der erbrachten Leistungen ausreichend dokumentiert wird.

Übrigens: Die Berechnung des Ertragswertes bezieht sich – anders als beim Hofzuweisungsverfahren, bei dem es auf den Zeitpunkt der Zuweisungsentscheidung ankommt – auf den Zeitpunkt des Erbfalls bzw. der vorweggenommenen Betriebsübergabe.

GESETZLICHE NACHABFINDUNG?

Immer wieder kommt es vor, dass der Übernehmer den Betrieb bzw. Teile davon veräußert oder landwirtschaftsfremd nutzt, ohne die erzielten Gewinne in die Fortführung des landwirtschaftlichen Betriebes zu reinvestieren. In solchen Fällen wollen die ausgeschiedenen Erben und Pflichtteilsberechtigten, die bei der Betriebsübergabe zurückstecken mussten, an den Erlösen beteiligt werden.

Solche Nachabfindungsansprüche stehen ihnen aber – anders als nach der Höfeordnung und im Rahmen des Hofzuweisungsverfahrens – nach den Regeln des BGB-Erbrechts grundsätzlich nicht zu! Das heißt: Der Hofübernehmer kann den Hof zu den günstigen Bedingungen des Ertragswertes übernehmen und kurz danach den Betrieb oder Teile davon veräußern, ohne dass er seine Geschwister daran beteiligen muss. Das gilt auch für den Verkauf von Bau- und Bauerwartungsland. In seiner ständigen Rechtsprechung lehnt der Bundesgerichtshof jede Nachabfindungspflicht des Hofnachfolgers etwa durch analoge Anwendung des § 13 Höfeordnung ab.

Die Miterben bzw. Pflichtteilsberechtigten versuchen in solchen Fällen oft, auf anderen Wegen zu „ihrem Recht" zu kommen. Zum Beispiel indem sie im Rahmen einer Testamentsauslegung feststellen lassen wollen, dass die zeitnahe Veräußerung des landwirtschaftlichen Betriebes nicht im Sinne des Erblassers war und der Übernehmer deshalb enterbt werden muss oder dass der Erblasser die Ertragswertanordnung nur für den Fall der Betriebsfortführung festgesetzt hat.

Manchmal greifen Miterben bzw. Pflichtteilsberechtigte auch auf die Möglichkeit der Testamentsanfechtung zurück. Dies kann dann erfolgreich sein, wenn sie nachweisen können, dass der Erblasser einem sogenannten Motivirrtum unterlegen ist. Das ist z. B. der Fall, wenn der testamentarisch eingesetzte Hoferbe entgegen den Vorstellungen des Hofeigentümers bzw. Erblassers nicht wirtschaftsfähig ist oder er den Betrieb entgegen den feststehenden Erwartungen nicht weiterführt.

Egal wie die Auseinandersetzungen geführt werden – ein Streit um „Nachabfindungen" führt oftmals zu einer dauerhaften Störung des Familienfriedens und endet nicht selten vor Gericht. Das ist in der Regel nicht im Sinne des Erblassers.

Deshalb gilt: Wenn bereits Anzeichen dafür vorliegen, dass der Übernehmer den Betrieb veräußern will, z. B. weil er aus gesundheitlichen Gründen dazu genötigt ist oder, weil er für die Fortführung die nötige Qualifikation nicht besitzt, sollte ein Betriebseigentümer gut überlegen, ob er den Betrieb tatsächlich zu den Vorzugsbedingungen des Ertragswertes übergeben will. Das Gleiche gilt, wenn landwirtschaftliche Flächen teilweise bereits baureifes Bauland, Rohbauland oder Bauerwartungsland sind und eine Fortführung des landwirtschaftlichen Betriebes wirtschaftlich unvertretbar wäre. In solchen Fällen könnte es im Sinne der Erbgerechtigkeit sinnvoller sein, die Übernahme zum Verkehrswert anzuordnen oder bestimmte Flächen wie zum Beispiel Bauland oder Rohbauland von der Ertragswertanordnung auszunehmen.

NACHABFINDUNG REGELN

Eine andere Möglichkeit ist, die Nachabfindung schon im Hofübergabevertrag oder in einem Testament ausdrücklich zu regeln. Für den Übernehmer sind Veräußerungen und landwirtschaftsfremde Nutzungen dann finanziell weniger attraktiv. Falls es dennoch zu einer Zweckentfremdung des Betriebes oder von Teilen des Betriebes kommt, werden die Miterben bzw. Pflichtteilsberechtigten beteiligt.

Bei einer Übergabe zu Lebzeiten muss die Nachabfindung bereits im Übergabevertrag geregelt werden. Nur durch entsprechende Regelungen in der Notarurkunde kann sichergestellt werden, dass im Geltungsbereich des allgemeinen Erbrechts den Geschwistern Nachabfindungsansprüche zustehen. Dagegen ist es nicht möglich, den Betrieb an den Nachfolger zu übergeben und erst später im Rahmen eines Testaments den ausgeschiedenen Erben einen Nachabfindungsanspruch zuzugestehen.

Folgende Klausel zeigt, wie die Nachabfindung im Hofübergabevertrag geregelt werden könnte.

„Der Übernehmer verpflichtet sich hiermit für den Fall, dass er innerhalb von ... Jahren, gerechnet ab heute, das übernommene Anwesen im Ganzen oder in wesentlichen Teilen, das sind die Hofstelle selbst oder ein Drittel der Gesamtfläche oder Bauland, verkauft – an seine Geschwister zusammen – unter

Einvernehmliche Regeln sind möglich

Im Sinne des Hofnachfolgers und des landwirtschaftlichen Betriebes ist es vielfach sinnvoll, von den allgemeinen Regeln des BGB-Erbrechts abzuweichen und den Hofnachfolger als Alleinerben einzusetzen. Eine derartige Regelung kann der Hofübergeber per Testament oder noch besser im Rahmen der vorweggenommenen Hofübergabe treffen. Dadurch ist die Übertragung des Hofes als Ganzes gewährleistet.

Bei Anordnung der Landgutübernahme muss der Hofübernehmer den weichenden Erben außerdem lediglich den Pflichtteil als Abfindung zahlen. Dadurch hält sich die Belastung für den landwirtschaftlichen Betrieb in Grenzen. Das kann für manchen Betrieb überlebenswichtig sein. Dies sollten Hofübergeber und Hofübernehmer jedoch auch betriebswirtschaftlich begründen können. Sie sollten den Geschwistern erklären, warum der Betrieb keine höheren Abfindungszahlungen leisten kann. Ansonsten fühlen sich die Erben u. U. erniedrigt durch die Pflichtteilsanordnung. Nicht selten kommt es dann zu ernsthaften Familienstreitigkeiten um die Pflichtteilsansprüche.

GERECHTE LÖSUNG FINDEN

Falls betriebswirtschaftlich mehr drin ist, sollte der Hofübergeber überlegen, den Pflichtteilsberechtigten entsprechend mehr zuzugestehen. So könnte er den pflichtteilsberechtigten Kindern vorab oder bei Hofübergabe bestimmte Vermögenswerte oder Geldbeträge übertragen, die nicht auf den Pflichtteil angerechnet werden. Auch Sonderfälle, wie Bauerwartungsland oder besondere Einkünfte, z. B. aus betriebszugehörigen Mietshäusern, sollten bei den Abfindungszahlungen gesondert berücksichtigt werden. Ist erhebliches betriebsfreies Vermögen vorhanden, könnte der Hofübergeber den Kindern, die bezüglich des Hofes auf den Pflichtteil gesetzt sind, höhere Erbanteile beim hofesfreien Vermögen zugestehen.

Ebenfalls sinnvoll ist die Anordnung einer Nachabfindungsregelung. Diese gibt den Pflichtteilsberechtigten die Sicherheit, dass sie wirklich nur zugunsten des landwirtschaftlichen Betriebes zurückstecken, aber beteiligt werden, sobald der Hofnachfolger den Betrieb oder Teile davon versilbert bzw. landwirtschaftsfremd nutzt.

Solche Regelungen sollten unter Beteiligung des Hofnachfolgers und der Geschwister möglichst einvernehmlich vereinbart werden. Der Hofeigentümer als Erblasser sollte sich dabei seiner Verantwortung bewusst sein und versuchen, eine für Hofnachfolger und Miterben möglichst gerechte Regelung zu finden. Das ist eine vielleicht mühsame, aber dennoch wichtige Pflichtaufgabe für jeden Betriebsinhaber. Denn letztlich führen solche Vereinbarungen in aller Regel zur Akzeptanz beim Hoferben und den Miterben und dienen somit dem Familienfrieden.

▷ Wenn es ums Geld geht, endet oft der Familienfrieden. Daher sollten Sie gerade den weichenden Erben, sofern der Hof es hergibt, mehr als den Pflichtteil zukommen lassen.

Foto: Höner

sich zu gleichen Teilen – % vom Hundert – des Kauferlöses (nach Einkommensteuer) innerhalb eines Jahres nach Kaufvertragsbeurkundung zu zahlen.

Bei Veräußerung des Gesamtanwesens bleibt landwirtschaftliches totes und lebendes Inventar unberücksichtigt. Auf dem Anwesen lastende Verbindlichkeiten können vom Kauferlös nur dann in Abzug gebracht werden, wenn sie nachweislich in den landwirtschaftlichen Betrieb investiert worden sind.

Die vorstehende Verpflichtung entfällt, wenn der Übernehmer mit dem Kauferlös unverzüglich (d.h. in solchen Zeiträumen, in denen nach dem Einkommensteuerrecht eine steuerbegünstigte Reinvestition zulässig ist) wieder landwirtschaftlichen Grundbesitz oder ein anderes landwirtschaftliches Anwesen erwirbt oder den Kauferlös in seinen landwirtschaftlichen Betrieb investiert.

Sie entfällt ferner, sofern und soweit der Kauferlös für den Unterhalt des Übergebers aufgewendet wird.

Stirbt ein Berechtigter vor Ablauf der genannten Frist, steht der auf ihn treffende Geldanspruch seinen leiblichen, ehelichen Abkömmlingen gemäß gesetzlicher Erbfolgeordnung – unter sich zu gleichen Teilen nach Stämmen – ersatzweise den verbleibenden der berechtigten Geschwister zu gleichen Teilen zu.

Auf dingliche Sicherung wird allseits verzichtet."

Eine Klausel bei Verpachtung könnte lauten: „Der Übernehmer verpflichtet sich für den Fall, dass er innerhalb von 15 Jahren, gerechnet ab heute, den übernommenen landwirtschaftlichen Betrieb aufgibt und das übernommene Anwesen im Ganzen oder zu Teilen (gleichviel wie groß diese Teile sind) verpachtet, 50 % – fünfzig vom Hundert – des Pachtzinses (nach Steuern) an seine Geschwister zu gleichen Teilen zu zahlen. Die Zahlungspflicht endet mit Ablauf der genannten Frist von 15 Jahren.

Die Hinauszahlungspflicht des Übernehmers entfällt, falls der Übernehmer das Vertragsanwesen verpachtet, weil er berufsunfähig geworden ist im rentenversicherungstechnischen Sinn, also die Voraussetzungen für den Bezug einer Berufsunfähigkeitsrente festgestellt werden. Dem Übernehmer verbleibt für diesen Fall der Pachtzins in vollem Umfang."

RÜCKFALLKLAUSEL

Ein wichtiges Anliegen eines Hofeigentümers und Erblassers ist in aller Regel, dass der landwirtschaftliche Betrieb dauerhaft in der Familie bleibt. Deshalb werden in Hofübergabeverträgen im Einzelfall sogenannte Rückfallklauseln aufgenommen.

Diese haben den Sinn, den landwirtschaftlichen Betrieb wieder in die Ausgangsfamilie zurückzuholen, falls sich die Erwartung, dass der Betrieb durch den Hofnachfolger langfristig fortgeführt wird, zum Beispiel durch dessen frühen Tod oder dessen Unfähigkeit, das Vermögen zusammenzuhalten, zerschlägt.

Mitunter umfassen solche Rückfallklauseln auch den Fall der Ehescheidung des Hofübernehmers, um damit den Betrieb dem familienrechtlichen Zugewinnausgleich zu entziehen. Hier ist allerdings für den Hofübernehmer Vorsicht geboten, da er durch eine solche Klausel nicht nur seinen Ehepartner, sondern auch noch den Hof verlieren kann.

Das könnte z.B. der Fall sein, wenn sich der Hofübernehmer wegen der Heirat des ungeliebten Schwiegerkindes mit den Eltern überworfen hat und diese eine spätere Scheidung zum Anlass nehmen, den Hof zurückzufordern.

MÖGLICHE ALTERNATIVE

Landgutübernahme

Um die Übergabe des landwirtschaftlichen Betriebes an die nächste Generation sinnvoll zu regeln, gibt es nicht nur die Möglichkeit, den Hofnachfolger als Alleinerben einzusetzen.

Ebenso ist es denkbar, dass der Hofübergeber sowohl Ehefrau als auch Kinder (ggf. auch andere Personen) als Erben einsetzt. Für die dadurch entstehende Erbengemeinschaft gelten dann zunächst dieselben Regeln wie für eine durch gesetzliche Erbfolge entstandene Erbengemeinschaft. Allerdings kann der Erblasser noch weitergehende Anordnungen treffen.

Will der Erblasser den landwirtschaftlichen Betrieb als Ganzes einem seiner Kinder übergeben, sollte er eine sogenannte „Landgutübernahme" anordnen. Dann kann der auserkorene Hofnachfolger von seinen Miterben die Einräumung des Alleineigentums an dem landwirtschaftlichen Betrieb verlangen und diesen übernehmen. Die Ausübung dieses Übernahmerechts ist an keine Frist gebunden, kann also auch noch Monate nach dem Erbfall erfolgen.

Gleichzeitig werden die anderen Mitglieder der Erbengemeinschaft, in der Regel die Ehefrau des Erblassers und die Geschwister des Hofnachfolgers, zu weichenden Erben. Sie bleiben damit bei der Hofnachfolge außen vor und haben keine Eigentums- oder Beteiligungsrechte am Betrieb. Die weichenden Erben haben jedoch Anspruch auf die Auszahlung ihrer Erbanteile.

Diese werden in aller Regel nicht nach dem Verkehrswert, sondern auf Grundlage des wesentlich niedrigeren Ertragswertes des landwirtschaftlichen Betriebes berechnet. Entweder weil der Erblasser dies ausdrücklich angeordnet hat oder weil die Erbanteile im Sinne der gesetzlichen Auslegungsregel des §2049 BGB nach dem Ertragswert berechnet werden.

Besteht der Nachlass im Wesentlichen aus einem Landgut, so kann die Anordnung zur Landgutübernahme auch dahingehend ausgelegt werden, dass der Hofnachfolger Alleinerbe wird. In diesem Fall haben die Geschwister kein Anrecht mehr auf ihren vollen Erbanteil, sondern lediglich auf ihren Pflichtteil. Dieser berechnet sich in aller Regel ebenfalls auf Grundlage des Ertragswertes.

Für die Berechnung des Ertragswertes gelten bei der Landgutübernahme die gleichen Regeln wie bei der Übernahme durch einen Alleinerben. Näheres dazu siehe S. 138 ff.

Die Anordnung einer Landgutübernahme muss im Testament oder im Übergabe- bzw. Erbvertrag festgesetzt sein. Eine formlose Übernahmeanordnung, etwa in der Form der Überlassung des Landgutes zur Bewirtschaftung an einen der Miterben, ist keine ausreichende Übernahmeanordnung. An dieser Stelle unterscheidet sich das Erbrecht nach dem Bürgerlichen Gesetzbuch erheblich von den erbrechtlichen Regelungen der Höfeordnung.

Übrigens: Setzt ein Erblasser mehrere Erben ein, die eine Erbengemeinschaft bilden, kann er neben der beschriebenen Anordnung der Landgutübernahme noch verschiedene andere Anordnungen treffen.

Dementsprechend kann er genaue Anweisungen geben, wann und wie genau die Erbengemeinschaft auseinanderzusetzen ist.

Des Weiteren kann er bestimmen, wie hoch der Erbanteil der einzelnen Miterben sein soll und mit welchem Wert einzelne Nachlassgegenstände den einzelnen Miterben zufallen sollen. Ebenfalls denkbar ist es, einen Testamentsvollstrecker einzusetzen.

△ Streit ums Geld lässt sich durch klare vertragliche Regelungen vermeiden.

NACHLASSVERZEICHNIS

Geschwister haben Auskunftsanspruch

Die Geschwister des Hofnachfolgers kennen i.d.R. weder Umfang noch Wert des Nachlasses, wie z.B. die Höhe der Bankguthaben. Fakt ist aber, dass die pflichtteilsberechtigten Geschwister einen gesetzlichen Auskunftsanspruch haben. Sie können vom Hofnachfolger (Erbe) Auskunft über Bestand und Wert des Nachlasses zum Todeszeitpunkt verlangen und darauf bestehen, dass das Nachlassverzeichnis (siehe Übersicht unten) durch einen Notar aufgenommen wird.

Dazu muss der Erbe ein Verzeichnis aller Nachlassgegenstände, also aller Aktiva und Passiva sowie aller Zuwendungen und Schenkungen innerhalb der letzten zehn Jahre vorlegen. Dabei müssen aber nur wertbildende Faktoren erfasst werden, nicht zum Beispiel haarklein die Bekleidungsstücke des Verstorbenen.

In der Praxis kommt es immer wieder vor, dass ein Erbe bei Erstellung des Nachlassverzeichnisses manchen Vermögenswert (zum Beispiel das Auslandskonto) einfach „vergisst". Bei derartiger Vergesslichkeit sollte der Erbe sich im Klaren sein, dass er damit das Risiko einer strafrechtlichen Verfolgung eingeht.

Es reicht auch nicht aus, wie dies in der Praxis gern gehandhabt wird, den berechtigten Geschwistern das Verzeichnis zuzusenden, das ohnehin für das Nachlassgericht gefertigt wird.

WAS DAS VERZEICHNIS ENTHALTEN MUSS

Aktiva	Passiva
Grundbesitz	Geldforderungen, Darlehen
Unternehmensbeteiligungen	Hypotheken, Grundschulden
Bargeld	Reallasten, Nießbrauch
Bankguthaben	Steuerschulden
Wertpapiere	Möglicherweise Testamentsvollstreckungsgebühren
Forderungen (möglicherweise aus Lebensversicherungen)	Darlehen, insbesondere Bankschulden
Fahrzeuge	Zugewinnausgleich
Gegenstände des persönlichen Gebrauchs	Unterhaltsschulden
Kunstgegenstände	Arzt- und Krankenhauskosten
Schmuck, Edelmetalle, Haushaltsgegenstände, Briefmarken, Möbel, Wertsachen	Beerdigungskosten
Beteiligungen an einer Erbengemeinschaft	Kosten des Nachlassverfahrens
Sonstiges	Sonstiges

top agrar; Quelle: Deuringer

▷ Der Betriebsinhaber sollte beim Nachlassverzeichnis auf Vollständigkeit achten.

Das Ertragswertprivileg sichern

Sie können Ihren Hof auf Grundlage des Ertragswertes übertragen – allerdings müssen Sie auf einige Details achten. Wir zeigen Ihnen die Tipps und Tricks.

Damit für die Pflichtteilsberechnung der Ertragswert zugrunde gelegt werden kann, muss der Hofeigentümer dies anordnen, z. B. „Für die Bemessung der Pflichtteilsansprüche soll bezogen auf das landwirtschaftliche Anwesen der Ertragswert maßgeblich sein." In einzelnen Fällen reicht eine sog. stillschweigende Anordnung oder eine solche, die sich durch eine ergänzende Testamentsauslegung ergibt.

Foto: Heil

△ Einen Haupterwerbsbetrieb können Sie ohne Probleme zu Ertragswerten vererben.

NUR FÜR „LANDGÜTER"

Die testamentarische Anordnung ist dabei lediglich ein wichtiges Indiz. Daneben werden alle Umstände außerhalb der Testamentsurkunde mit einbezogen. Gelingt es trotzdem nicht, den Willen zu erforschen, wird der „mutmaßliche" Wille des Erblassers zugrunde gelegt. Ob man dabei so weit gehen kann, dass man die Vererbung zum Ertragswert als im Zweifelsfall stets gewollt annehmen darf, erscheint zweifelhaft. Vor allem dann, wenn sich aus der letztwilligen Verfügung keinerlei Anknüpfungspunkte für eine solche Bevorzugung des Hofübernehmers ergeben.

Falls der Erblasser ausdrücklich eine andere Berechnungsgrundlage als den Ertragswert angeordnet hat, fällt die Vererbung zum Ertragswert aus. Dabei darf die Berechnungsgrundlage nicht unterhalb des Ertragswertes liegen.

Ob ein Betrieb auf Ertragswertbasis vererbt wird, ist aber nicht nur eine Frage der Anordnung. Vielmehr müssen weitere Voraussetzungen erfüllt sein. Erste Voraussetzung ist, dass der Betrieb ein Landgut im Sinne des BGB ist. Das ist bei Betrieben der Landwirtschaft, Forstwirtschaft und des Erwerbsgartenbaus in der Regel der Fall.

Nach einer Entscheidung des Bundesgerichtshofes muss es eine Besitzung sein, „die eine zum selbstständigen Betrieb der Landwirtschaft einschließlich Viehzucht oder Forstwirtschaft geeignete und bestimmte Wirtschaftseinheit darstellt und mit den nötigen Wohn- und Wirtschaftsgebäuden versehen ist". Die Besitzung muss eine gewisse Größe haben und selbstständige Nahrungsquelle für den Inhaber sein.

Der BGH machte in seiner Entscheidung ebenfalls klar, dass auch ein Nebenerwerbsbetrieb ein Landgut sein und auf Grundlage des Ertragswertes vererbt werden kann.

Diese Betriebe gelten aber nur dann als Landgut, wenn der Ertrag zu einem nicht unerheblichen Teil zur Lebenshaltung des Eigentümers und seiner Familie beiträgt und wenn der Betrieb erhaltungswürdig ist.

Problematisch ist die Abgrenzung eines Landguts gegenüber Hobbylandwirtschaften, zu Wohnzwecken vermieteten oder verpachteten Resthöfen, Reiterhöfen, gewerblichen Viehhaltungen, Containergärtnereien und ähnlichen Objekten. In solchen Fällen liefert die steuerliche Abgrenzung der Einkunftsarten wertvolle Hinweise zur Abgrenzung, wenngleich diese nicht ausschlaggebend sind.

FALLSTRICK VERPACHTUNG

Bei dem Landgut muss es sich zudem um einen leistungsfähigen Betrieb handeln. Denn das Ertragswertprivileg – so das Bundesverfassungsgericht – dient nicht dem privaten Interesse des Betriebsinhabers, sondern dem Erhalt einer bäuerlichen Landwirtschaft.

So fallen z. B. Betriebe, bei denen das landwirtschaftliche Vermögen nur noch aus Grund und Boden besteht und nur noch im Wege der Verpachtung genutzt wird, nicht mehr unter das Ertragswertprivileg. Das gilt erst recht, wenn keine Anhaltspunkte dafür gegeben sind, dass der Eigentümer oder seine Abkömmlinge den Betrieb in Zukunft wieder bewirtschaften können. Eindeutig gegen die Anwendung des Ertragswertprivilegs spricht auch, wenn sonstige Betriebseinrichtungen wie Maschinen verkauft worden sind oder z. B. die Betriebsgebäude umgenutzt wurden.

Jedoch bringt nicht jede Verpachtung das Ertragswertprivileg zu Fall, v. a. dann nicht, wenn die Verpachtung vorübergehend ist. Das ist der Fall, wenn der Betrieb wegen des hohen Alters des Hofinhabers und des jungen Alters des sich noch in Ausbildung befindenden Hofübernehmers verpachtet ist, aber zukünftig weitergeführt werden kann. Gleiches gilt für eine langfristige Verpachtung im Kreise der Familienangehörigen. Entscheidend ist der Einzelfall.

Das Ertragswertprivileg kommt nur einem solchen Hofübernehmer zugute, der zu den Pflichtteilsberechtigten des Erblassers gehört. Zudem darf er keinen Erb- bzw. Pflichtteilsverzicht geleistet haben, nicht erbunwürdig oder nicht von einem Pflichtteilsentzug betroffen sein. Und anders als nach der Höfeordnung kann ein landwirtschaftlicher Betrieb nach dem Erbrecht auch von einem nicht wirtschaftsfähigen Hoferben übernommen werden.

So wird der Ertragswert ermittelt

Grundlage für die Abfindung der weichenden Erben ist in aller Regel der Ertragswert. Wir zeigen, worauf es bei der Berechnung ankommt.

UNSER AUTOR
Josef Deuringer

Anders als der Verkehrswert, der durch den möglichen Veräußerungserlös bestimmt wird, spiegelt der Ertragswert eines landwirtschaftlichen Betriebes die tatsächlichen Einkommensmöglichkeiten wider. Gemäß dem Leitfaden der Deutschen Gesellschaft für Agrarrecht berechnet sich der Ertragswert im Einzelnen wie folgt:

Zunächst wird der Reinertrag des landwirtschaftlichen Betriebes ermittelt. Dafür kommen verschiedene Methoden infrage. Die Wichtigsten sind:

- die Ertrags-Aufwands-Rechnung,
- die Deckungsbeitragsberechnung und
- die Ableitung des Reinertrages aus dem Durchschnitt buchführender Vergleichsbetriebe.

Diese Methoden schließen sich jedoch nicht gegenseitig aus. Im Gegenteil: Oft empfiehlt es sich, mehrere Wege zu beschreiten. So können mögliche Unsicherheiten so weit wie möglich minimiert werden. Dabei sollte aber in jedem Fall eine der beiden erstgenannten Methoden zur Anwendung kommen. Der dritte Weg ist nicht betriebsspezifisch genug, sollte aber zur Stützung der Ergebnisse der beiden ersten Methoden beschritten werden.

ERMITTLUNG DES REINERTRAGES

Bei der Ertrags-Aufwands-Rechnung wie auch bei der Deckungsbeitragsrechnung wird zunächst das Betriebseinkommen ermittelt. Davon werden Fremdlöhne sowie ein Lohnanspruch für die noch nicht entlohnten Familienarbeitskräfte abgezogen. Sind Pachtflächen vorhanden, dann sind auch noch Pachten abzuziehen. Das Ergebnis ist der Reinertrag. Dieser ist also eine Restgröße, die der Entlohnung des eigenen Bodens und des gesamten Besatzkapitals dient. Die Arbeit ist nicht mehr zu entlohnen, da sowohl Löhne als auch Lohnansprüche nicht entlohnter Familienarbeitskräfte bereits auf dem Weg vom Unternehmensertrag zum Reinertrag abgesetzt worden sind.

Da bei der betriebsbezogenen Reinertragsermittlung das Wohnhaus nicht einbezogen ist, muss die Ermittlung des Ertragswertes beim Wohnhaus mit einem eigenen Ansatz erfolgen. Wie dieser berechnet wird, zeigt die Übersicht 1.

Foto: landpixel/mühlhausen

◁ Auf Grundlage des Ertragswertes ermitteln Sie, wie hoch die Abfindung der weichenden Erben ist.

SCHNELL GELESEN

Die Abfindung weichender Erben hängt vom Ertragswert des Betriebes ab.

Um den Ertragswert zu bestimmen, berechnen Sie zuerst den Reinertrag.

Bei der Reinertragsermittlung werden nur landwirtschaftliche Vermögenswerte und Erträge berücksichtigt.

Erträge aus einem Gewerbebetrieb, z. B. aus einer Photovoltaikanlage, fließen nicht in die Berechnung ein.

Der Reinertrag wird je nach Bundesland mit einem Vervielfältiger multipliziert. Das Ergebnis ist der Ertragswert.

PRÄMIEN, MASCHINEN, LOHN

Diese Prinzipien der Reinertragsermittlung werfen in der Praxis nur wenige Fragen auf. Problematisch wird es in erster Linie bei einigen Detailfragen. Dabei geht es vor allem um folgende Aspekte:

Staatliche Zuwendungen: Produktionsbezogene, also an die Bewirtschaftung geknüpfte Zuwendungen werden bei der Ermittlung des Reinertrages grundsätzlich berücksichtigt. Beispiele hierfür sind direkte flächenbezogene Einkommensübertragungen oder die Ausgleichszulage für benachteiligte Gebiete. Diese werden als Betriebseinnahmen angesetzt. Ebenso angerechnet werden Zuwendungen für bestimmte Gegenleistungen wie Landschaftspflege oder Extensivierung. Und auch Investitionshilfen gehen in die Erfolgsermittlung ein. Wichtig ist, dass die Zuwendungen auf Nachhaltigkeit angelegt sind.

Bei der Reinertragsermittlung nicht berücksichtigt werden Zinszuschüsse, da auch sonstige Zinsen nicht in die Berechnung einfließen. Ebenfalls außen vor bleiben Zuschüsse zur Entlastung von Beiträgen zur landwirtschaftlichen Alters- und Krankenkasse sowie einkommensteuerrechtliche Entlastungen. Und auch staatliche Zuwendungen, die nicht an die Weiterbewirtschaftung des Betriebes gebunden sind, gehören – auch wenn sie in Raten gezahlt werden – in der Regel nicht in die Reinertragsermittlung. Beispiele dafür sind die Vergütungen für die Aufgabe der Milcherzeugung oder Prämien für die Rodung von Obstbäumen.

Reparaturstau und Inventar: Immer wieder kommt es vor, dass der Maschinenbestand eines Betriebes überdurchschnittlich veraltet ist. Für die Ermittlung des Reinertrages bei ordnungsgemäßer Bewirtschaftung muss der Bestand dann kalkulatorisch „auf normal" gebracht werden. Dazu ist die Differenz zwischen den vorhandenen Zeitwerten und den Maschinenzeitwerten (nicht den Neuwerten) bei ordnungsgemäßer Bewirtschaftung als zusätzlicher Kapitalbedarf zu berücksichtigen. Außerdem wird die AfA bei ordnungsgemäßer Bewirtschaftung angesetzt, nicht die AfA der veralteten und möglicherweise bereits abgeschriebenen Maschinen. Das Gleiche gilt umgekehrt bei überdurchschnittlich jungem Inventar.

Besteht ein größerer Reparaturstau bei Gebäuden, dann ist auch dafür im Vergleich zum Normalzustand ein zusätzlicher Kapitalbedarf einzukalkulieren. Entsprechendes gilt, wenn die Gebäude für eine ordnungsgemäße Bewirtschaftung erst modernisiert werden müssen.

Überbestand an Maschinen: Falls ein Betrieb übermechanisiert ist, muss auch dies im Rahmen der Reinertragsermittlung berücksichtigt werden. Die Maschinenkosten und eventuell auch der Arbeitsbedarf müssen an den Normalzustand angepasst werden. Dabei ist die Differenz der Zeitwerte zwischen dem vorhandenen und dem angemessenen Bestand anzusetzen. Entsprechend der festgestellten Überkapazität sind bei der Reinertragsermittlung die jährlichen Abschreibungen zu mindern. Ob überhaupt ein Überbestand vorliegt oder nicht, lässt sich anhand von Betriebsvergleichen feststellen.

Zinsen, Schulden: Es gibt zwei Methoden: Nach der Bruttomethode (bisheriger Standard) wird der Ertragswert des Betriebes ohne Abzug von Zinsen ermittelt. Dafür werden dann aber die betrieblichen Verbindlichkeiten vom Ertragswert zur Berechnung der Pflichtteilsansprüche abgezogen (siehe auch Seite 124f.). ▶

ÜBERSICHT 1: ERTRAGSWERT FÜR DAS WOHNHAUS

Ertragswert Wohnhaus (dauerhaft)	Wert
Wohnfläche von 174 m² x 4 € Nettokaltmiete/Monat	= 696 €
Rohertrag (RE) des Grundstücks/Monat	= 696 €
Rohertrag (RE) des Wohngrundstücks/Jahr	= 8.352 €
Bewirtschaftungskosten	
Instandhaltung: 174,0 m² x 12,30 €/m²	-2.140 €
Verwaltungskosten in % vom RE: 4,50 %	-376 €
Mietausfallwagnis in % vom RE: 2,00 %	-167 €
AfA in % vom Herstellungswert: 1,00 %	-3.252 €
Reinertrag des Wohngrundstücks/Jahr	**= 2.417 €**

top agrar; Quelle: Beispiel nach Dr. Gütter, www.gutachterring.de

◁ Um den Reinertrag des Wohngrundstücks zu ermitteln, ziehen Sie vom Rohertrag des Grundstückes sämtliche Kosten, wie z. B. Instandhaltungs- und Verwaltungskosten, ab.

Foto: Höner

△ Auch das Vieh zählt zu den Betriebsbestandteilen eines Hofes. Somit müssen Sie dieses ebenfalls bei der Reinertragsermittlung berücksichtigen.

Bei der Nettomethode werden die Schuldzinsen als Aufwandsposten abgezogen, die Verbindlichkeit selbst aber nicht.

Die beiden Methoden führen zu unterschiedlichen Ergebnissen. Der Bundesgerichtshof befürwortet neuerdings zumindest für die Ertragswertbewertung im Rahmen des eherechtlichen Zugewinnausgleichs die Nettomethode. Ob diese Rechtsprechung auch auf Auseinandersetzungen im Erbrecht, z. B. um Abfindungen, anzuwenden ist, ist jedoch noch ungeklärt.

Bemessung des Lohnanspruchs: Der Lohnanspruch wird zunächst mithilfe von Normdaten (z. B. nach KTBL) festgesetzt. Zusätzlich erfolgt eine qualitative und quantitative Einschätzung des notwendigen Arbeitsbedarfs durch die Auswertung von Betriebsaufzeichnungen und Betriebsvergleichen.

Anschließend wird der betriebsnotwendige Arbeitsbedarf in Anlehnung an landwirtschaftliche Bruttotarife in Geld bewertet, wobei die unterschiedlichen Qualifikationen der einzelnen Arbeitskräfte zu berücksichtigen sind. Der so gefundene „Lohn" ist als Aufwand abzuziehen. Das Ergebnis ist der Reinertrag.

Der Reinertrag ist jedoch noch nicht identisch mit dem Ertragswert. Dieser wird durch die Vervielfältigung mit einem Multiplikator ermittelt. Dabei gibt es je nach Bundesland und landesgesetzlichen Regelungen unterschiedliche Multiplikatoren.

In den Bundesländern, die keinen eigenen Multiplikator bestimmt haben, ist aus betriebswirtschaftlicher Sicht der Multiplikator 18 zu empfehlen. Unterstellt wird dabei, dass Abfindungen und Ausgleichszahlungen regelmäßig durch eine Mischfinanzierung aus eigenem und Fremdkapital berechnet werden und dass der langfristig maßgebliche Zinssatz in der Regel bei 5,5 % liegt.

Bei der Reinertragsermittlung werden grundsätzlich nur landwirtschaftliche Vermögenswerte und Erträge berücksichtigt. Zum Betriebsvermögen gehören dabei insbesondere die land- oder forstwirtschaftlich genutzten Eigentumsflächen des Betriebes.

Dazu gehört auch der sogenannte Bauernwald. Diese Flächen gelten unabhängig vom planungsrechtlichen Zustand als betriebszugehörig. Etwas anderes gilt nur dann, wenn eine Fläche nach ihrer Lage und Beschaffenheit in absehbarer Zeit für andere als landwirtschaftliche Zwecke genutzt werden soll oder wenn der Eigentümer eine Fläche aus dem landwirtschaftlichen Vermögen herausgenommen hat. Solche Flächen werden in aller Regel als betriebsfreies Vermögen ausgesondert, wobei dies von Einzelfall zu Einzelfall entschieden werden muss.

WAS IST BETRIEBSVERMÖGEN?

Betriebsbestandteile sind auch die folgenden Positionen des Besatzkapitals: das Wohnhaus, die Altenteilerwohnung, die von Betriebsangestellten bewohnten Wohnungen des Betriebes, die Wirtschaftsgebäude, Maschinen, Vieh, Feld, Inventar sowie ein normaler Bestand an Vorräten und an laufenden Finanzmitteln. Zum Betriebsvermögen zählen auch die Lieferrechte sowie betriebsnotwendige Beteiligungen wie Geschäftsguthaben bei Genossenschaften oder Aktien bei einer Zuckerfabrik. Ebenfalls zum Betrieb gehören schließlich auch Nebenbetriebe, also dem landwirtschaftlichen Hauptbetrieb dienende Betriebe.

Besondere Regeln gelten für zugepachtete und verpachtete Wirtschaftsgüter:

- Sind Flächen, Lieferrechte oder auch Gebäude zugepachtet, gehören sie nicht zum Betriebsvermögen. Jedoch ist die Nutzungsmöglichkeit dieser Vermögensgegenstände ein Wert, der in die Ermittlung des Reinertrages einzubeziehen ist. Dies gilt zumindest dann, wenn die Zupacht nicht offensichtlich nur von kurzer Dauer ist.

• Sind Flächen, Lieferrechte oder auch Gebäude verpachtet, dann sind die Erträge daraus bei der Reinertragsermittlung zu erfassen. Dies gilt zumindest dann, wenn die Verpachtung nur vorübergehend ist. Sind jedoch Teilflächen, Lieferrechte oder Gebäude langfristig verpachtet, dann bleiben die entsprechenden Einkünfte außen vor und sind als betriebsfreies Vermögen gesondert zu bewerten.

Dient ein Gewerbe dem landwirtschaftlichen Hauptbetrieb, ist es ein Nebenbetrieb.

Ob die Beteiligung an einem anderen landwirtschaftlichen Betrieb (z. B. an einem Gemeinschaftsstall oder einer Biogasanlage) in die Reinertragsberechnung eingeht, hängt von dem Maß der Verflechtung mit dem zu bewertenden Stammbetrieb ab. Besteht lediglich eine kapitalmäßige Beteiligung, dann wird diese gesondert bewertet und geht nicht in den Reinertrag bzw. Ertragswert ein. Falls jedoch zwischen den Betrieben intensive Verbindungen in Form von Arbeitsbeteiligung, Vieh- und/oder Futterlieferungen, Dungabnahme etc. bestehen, dann sind die aus der Beteiligung entstehenden Vorteile in den Reinertrag und damit in den Ertragswert einzurechnen.

Nicht zum Betriebsvermögen zählen alle nicht-landwirtschaftlichen Wirtschaftsgüter (also z. B. Bauerwartungs- und Abbauland), langfristig verpachtete Wirtschaftsgüter und reine Kapitalbeteiligungen an anderen Betrieben. Ebenfalls außen vor bleiben ein Überbestand an Maschinen oder/und umlaufenden Betriebsmitteln inklusive Finanzvermögen, ein Überbestand an Feldinventar bei Pachtrückgabe sowie einmalige oder zeitlich befristete staatliche Zuwendungen, die nicht an die Fortführung des Betriebes gebunden sind (z. B. Milchaufgabevergütung, Rodeprämie). Derartige Werte gelten als betriebsfreies Vermögen, weshalb die damit verbundenen Erträge und Aufwendungen nicht in die Reinertragsermittlung eingehen.

GEWERBLICHE EINKÜNFTE

In den Reinertrag gehen nur Erträge ein, die tatsächlich aus der Landwirtschaft stammen. Erträge aus anderen Quellen, also aus einem Gewerbebetrieb, aus der Vermietung und Verpachtung und aus Kapitalvermögen gehen nicht in den Reinertrag ein. Die Abgrenzung von landwirtschaftlichen und nicht-landwirtschaftlichen Einkünften ist dabei nicht immer einfach. Hilfreich sind entsprechende einkommensteuerrechtliche Regelungen. Diese dürfen aber nicht schematisch gehandhabt werden.

Bei der Abgrenzung der Landwirtschaft gegenüber gewerblichen Tätigkeiten sind folgende Fälle zu unterscheiden:

• Dient das Gewerbe dem landwirtschaftlichen Hauptbetrieb, handelt es sich um einen Nebenbetrieb. Ein Beispiel dafür ist eine Brennerei, in der überwiegend selbst erzeugte Rohstoffe verarbeitet und die Reststoffe (z. B. Schlempe) im landwirtschaftlichen Betrieb verwendet werden. Auch viele Direktvermarktungen und Ferienhöfe (Hofladen, Straußenwirtschaft) gelten als der Landwirtschaft dienend. Solche Nebenbetriebe gehören zum landwirtschaftlichen Betrieb, weshalb die Erträge daraus in den Reinertrag bzw. Ertragswert eingehen. Falls das Gewerbe jedoch nicht als der Landwirtschaft dienend gilt, dann liegt ein gemischter Betrieb oder ein Doppelbetrieb vor.

• Um einen gemischten Betrieb handelt es sich, wenn der Gewerbebetrieb und die Landwirtschaft so miteinander verflochten sind, dass sie nur mit schwerwiegenden wirtschaftlichen Nachteilen für den einen oder anderen Teil getrennt werden können. Das kann z. B. der Fall sein, wenn die Landwirtschaft mit einem Handelsgeschäft (z. B. Direktvermarktung mit einem hohen Anteil an Fremdzukauf) kombiniert wird.

Je nachdem, welcher Teil wirtschaftlich überwiegt, ist der gemischte Betrieb im Ganzen entweder ein landwirtschaftlicher oder ein gewerblicher Betrieb. Überwiegt der landwirtschaftliche Teil, gehen auch die Erträge aus dem gewerblichen Teil mit in den Reinertrag bzw. Ertragswert ein. Überwiegt jedoch der gewerbliche Teil, gilt auch der landwirtschaftliche Teil als gewerblich, mit der Folge, dass das Ertragswertprivileg überhaupt nicht mehr zur Anwendung kommt.

Sind dagegen das Gewerbe und die Landwirtschaft doch nicht so eng miteinander verbunden und können auch ohne die Inkaufnahme von wesentlichen wirtschaftlichen Nachteilen voneinander getrennt werden, ist von zwei Betrieben auszugehen.

Im erbrechtlichen Sinne handelt es sich dann um einen Doppelbetrieb. In einem solchen Fall werden die Erträge aus dem gewerblichen Betrieb bei der Reinertrags- bzw. der Ertragswertermittlung für den landwirtschaftlichen Betrieb nicht berücksichtigt.

Wiederaufnahme des Betriebes?

Ertragswertprivilegiert ist nur der bewirtschaftete Betrieb. Bei einem nicht mehr bewirtschafteten Landgut kommt eine Ertragswertprivilegierung nur in Betracht, wenn eine begründete Erwartung besteht, dass der Erbe oder Hofübernehmer den eingestellten Betrieb selbst wiederaufnehmen wird („Wiederanspannen“).

Hier ist ein strenger Maßstab anzulegen, da die Versuchung naheliegt, bei drohenden Pflichtteilsansprüchen aus dem Verkehrswert die Wiederaufnahme des Betriebes zu behaupten. Es muss also nachgewiesen werden, dass die Wiederaufnahme des Betriebes in absehbarer Zeit möglich und beabsichtigt ist. Insbesondere ist zu fragen, ob aus betriebswirtschaftlicher Sicht unter Berücksichtigung des erforderlichen Kapitaleinsatzes für die Wiederinbetriebnahme des Hofes diese aus den Erträgnissen des Hofes bezahlt werden kann, ohne dessen Existenz infrage zu stellen. Ausschlusskriterien für die Annahme eines Wiederanspannens sind z. B.: Fehlen einer geeigneten Hofstelle, partielle Verpachtung der Ländereien, Veräußerung des lebenden und toten Inventars, Zweckentfremdung der Wirtschaftsgebäude oder der schlechte Zustand der Gebäudesubstanz.

Foto: Höner

◁ Biogasanlagen fallen in das Ertragswertprivileg, wenn diese überwiegend mit Biomasse aus dem landwirtschaftlichen Betrieb gespeist werden.

PHOTOVOLTAIK UND BIOGAS

Hier ist die Abgrenzung ähnlich wie in der Rechtsprechung zur Höfeordnung:

• Windenergieanlagen und Photovoltaikanlagen sind gewerblich, soweit die damit erzeugte Energie nicht ganz überwiegend für den landwirtschaftlichen Betrieb verwendet wird. Sie fallen also nicht unter das Ertragswertprivileg. Sind die Dachflächen an einen Anlagebetreiber vermietet, so sind i.d.R. aber die daraus erzielten Erträge bei den Betriebseinnahmen zu berücksichtigen.

• Bei Biogasanlagen wird man danach differenzieren müssen, ob die Anlagen überwiegend aus eigener Produktion gespeist werden (dann sind sie der Landwirtschaft zuzuordnen) oder ob der Zukauf überwiegt (dann gelten diese als gewerblich).

GARTENBAU, PFERDE, FORST

Für die Abgrenzung von nicht privilegierter zu privilegierter landwirtschaftlicher Tätigkeit wird regelmäßig auf die Definition des Begriffs der Landwirtschaft im Landpachtrecht zurückgegriffen. Danach ist Landwirtschaft die Bodenbewirtschaftung und die mit der Bodennutzung verbundene Tierhaltung um pflanzliche oder tierische Erzeugnisse zu gewinnen sowie die gartenbauliche Erzeugung. Daraus wird Folgendes abgeleitet:

• **Gartenbau:** Die erwerbsgärtnerische Erzeugung von Blumen und Zierpflanzen gilt als Landwirtschaft und ist damit ertragswertprivilegiert. Das gilt selbst dann, wenn die Erzeugung überwiegend in Gewächshäusern und in Behältern betrieben wird.

• **Pferdepension:** Bei Pferdepensionen wird man danach unterscheiden, ob die Versorgung der Tiere überwiegend aus zugekauften Futtermitteln erfolgt. Überwiegt der Dienstleistungscharakter und ist die Versorgung der Pferde mit landwirtschaftlichen Erzeugnissen aus dem Betrieb nur von untergeordneter Bedeutung, so handelt es sich um eine gewerbliche Betätigung.

• **Forstbetrieb:** Reine Forstgüter werden nach überwiegender Meinung nicht als ertragswertprivilegiert angesehen. Ist der Forst aber Teil eines landwirtschaftlichen Betriebes, so fließen die Erträge in die Ertragswertermittlung ein.

• **Baumschulen:** Überwiegt die Aufzucht von Bäumen gegenüber dem Handel (An- und Weiterverkauf von fremden Betrieben stammenden Erzeugnissen), so kann auch eine Baumschule ertragswertprivilegiert sein.

• **Weinbau:** Auch der Weinbau gilt als Landwirtschaft, sofern die Weinerzeugung nicht überwiegend aus zugekauftem Most oder Trauben erfolgt.

FREMDVERMIETUNG

Unterschiedliche Fälle gibt es auch bei der Abgrenzung der Landwirtschaft gegenüber Vermietung/Verpachtung und Kapitalvermögen. Hier gelten dabei folgende Regeln:

• Ein fremdvermietetes Gebäude, das sich auf dem landwirtschaftlichen Betrieb befindet und von diesem nicht abtrennbar ist, ist Bestandteil des landwirtschaftlichen Betriebes. Dementsprechend sind die Einkünfte aus der Fremdvermietung dieses Gebäudes der Landwirtschaft zuzurechnen, sie gehen deshalb in den Reinertrag bzw. Ertragswert ein. Das gilt auch für die Verpachtung anderer betrieblicher Wirtschaftsgüter, wie z.B. für verpachtetes Restgrünland.

Wenn allerdings ein Gebäude zwar nicht abgetrennt aber z.B. durch Umbauten so verändert wurde, dass es nicht mehr der landwirtschaftlichen Nutzung dienen kann (Einbau von Wohnungen etc.), wird man von einem hoffreien Vermögen ohne Ertragswertprivilegierung ausgehen müssen.

Noch etwas anderes gilt, wenn ein fremdvermietetes Gebäude abtrennbar ist, beispielsweise weil es ausparzelliert ist oder hierfür ein Erbbaurecht bestellt werden kann. Ist außerdem eine getrennte Veräußerung möglich, handelt es sich bei dem Gebäude um ein selbststän-

ÜBERS. 2: DIE MULTIPLIKATOREN

Land	Multiplikator
Baden-Württemberg	18
Bayern	18
Berlin	25
Brandenburg	25
Bremen	18
Hamburg	18
Hessen	25
Mecklenburg-Vorpommern	18
Niedersachsen	17
Nordrhein-Westfalen	25
Rheinland-Pfalz	25
Saarland	25
Sachsen	18
Sachsen-Anhalt	18
Schleswig-Holstein	18
Thüringen	18

top agrar; Quelle: Deuringer

△ Der Reinertrag wird je nach Bundesland mit einem Vervielfältiger multipliziert, das Ergebnis ist der Ertragswert.

diges Wirtschaftsgut, das – zumindest im erbrechtlichen Sinne – nicht als Bestandteil des Betriebes gilt. Die Erträge aus der Fremdvermietung gelten deshalb als nicht-landwirtschaftliche Einkünfte, die bei der Reinertrags- bzw. Ertragswertermittlung unberücksichtigt bleiben. In diesem Fall ist die steuer- und bewertungsrechtliche Zuordnung, wonach solche Gebäude verschiedentlich als Betriebsvermögen gelten, nicht maßgeblich.

Übrigens gehören auch Erbbauflächen und die Einkünfte aus diesen Flächen nicht zum landwirtschaftlichen Betrieb.

Einkünfte aus Kapitalvermögen werden grundsätzlich nicht in den Reinertrag bzw. Ertragswert einbezogen. Etwas anderes gilt nur dann, wenn das Kapitalvermögen im engen Zusammenhang mit dem Betrieb steht, z. B. bei Zinserträgen aus betrieblichen Finanzkonten. Auch hier kann die einkommen- steuerrechtliche Zuordnung zwar nicht allein maßgeblich, jedoch hilfreich sein. Danach gehört steuerrechtlich betriebsnotwendiges Kapitalvermögen auch erbrechtlich zum landwirtschaftlichen Betrieb.

Das gilt z. B. für Geschäftsguthaben bei Genossenschaften oder für Aktien der Zuckerfabrik. Dagegen ist Kapitalvermögen, das steuerrechtlich als Privatvermögen oder als gewillkürtes Betriebsvermögen gilt, auch erbrechtlich nicht dem Betrieb zuzurechnen.

Foto: Höner

◁ Der Berechnung des Reinertrages sollten die betrieblichen Daten mehrerer Jahre sowie aktuellen Trends zugrunde liegen.

Wesentlich ist der Ertrag, der bei ordnungsgemäßer Bewirtschaftung erzielt werden kann.

ERMITTLUNG REINERTRAG

Konkrete Bewirtschaftung ist entscheidend

Bei der Ermittlung des Reinertrages ist neben der konkreten Betriebsführung auch auf die objektiv ordnungsgemäße Bewirtschaftung des Betriebes abzustellen. Entscheidend ist der Ertrag, den der Betrieb unabhängig von der konkreten Betriebsführung abwerfen kann.

Dennoch sollte der Berechnung die bisherige Bewirtschaftung des Betriebes zugrunde gelegt werden. Erst im nächsten Schritt gilt es, zweckmäßige, aber notwendige Änderungen der Wirtschaftsweise zu berücksichtigen – zumindest soweit diese ohne Änderung der wirtschaftlichen Bestimmung als Landgut möglich sind. Wichtig ist auch, dass der ermittelte Reinertrag nicht nur für ein oder zwei Jahre, sondern nachhaltig erzielt werden kann. Deshalb müssen Sie die Daten von mehreren Jahren sowie aktuelle Trends bei der Berechnung einbeziehen. Die Beurteilung der Nachhaltigkeit wird angesichts der agrarpolitisch motivierten Förderungen immer schwieriger. Dennoch müssen Sie staatliche Ausgleichs- oder Förderleistungen berücksichtigen. Schließlich stellen Fördergelder einen erheblichen Teil des Betriebseinkommens dar. Ist erkennbar, dass bestimmte Förderprogramme auslaufen, müssen solche Änderungen in die Ertragsermittlung eingehen.

REINERTRAG NEGATIV

Noch mal prüfen

Nach den veröffentlichten Buchführungsauswertungen weist ein erheblicher Teil der landwirtschaftlichen Betriebe negative Reinerträge auf. Bei einem weiteren Teil sind die Reinerträge sehr niedrig. Für solche Betriebe kommt eine Ertragswertprivilegierung beim Übergang des Betriebes an die nächste Generation eigentlich gar nicht infrage.

In diesen Fällen sollte allerdings immer noch mal geprüft werden, ob bei der Reinertragsermittlung tatsächlich von einer ordnungsgemäßen Bewirtschaftung ausgegangen wurde. Denn oftmals ergeben sich geringe oder gar negative Reinerträge dadurch, dass der tatsächliche – jedoch überhöhte – Arbeitskräfte- und Lohnanspruch und ein überhöhter Inventarbesatz angesetzt worden sind. Eine Korrektur an dieser Stelle führt oftmals zu einem positiven, höheren Reinertrag.

Errechnet sich auch unter der Annahme einer ordnungsgemäßen Bewirtschaftung nur ein geringer oder negativer Reinertrag, wird meistens noch geprüft, ob sich eventuell beim Ansatz eines Pachtzinses ein entsprechend positiver Reinertrag ergibt. Zu diesem Zweck wird der Ertragswert auf Grundlage des Mietwertes des Wohnhauses (nach Abzug der zugehörigen Aufwendungen) und der bei einer Verpachtung des Betriebes erzielbaren Nettopacht berechnet. Dies ist zwar nicht systemgerecht, jedoch möglicherweise für eine Kompromisslösung geeignet und in der Praxis auch gebräuchlich.

Testament: Auch für junge Landwirte ein Muss!

Junge Betriebsinhaberinnen und Betriebsinhaber sollten ein Testament machen. So sichern sie Familie und Betrieb für die Zukunft. Wir zeigen, welche Klauseln wichtig sind.

Foto: Höner

Landwirte sollten die Regeln der Höfeordnung oder des BGB-Erbrechts unbedingt durch ein Testament ergänzen.

Foto: Höner

UNSER AUTOR
Hubertus Schmitte

Foto: ©maho/AdobeStock

◁ Schaffen Sie Klarheit: Benennen Sie im Testament die einzelnen Vermögensgegenstände und setzen Sie fest, wie diese genau vererbt werden sollen.

Über den eigenen Tod nachdenken mag keiner gern. Tun Sie es trotzdem und machen Sie ein Testament! Andernfalls tritt bei Ihrem vorzeitigen Tod die gesetzliche Erbfolge ein: Je nachdem erbt dann womöglich ein zweijähriges Kind den Hof oder der Hof geht an eine Erbengemeinschaft.

Mit einem Testament können Sie das verhindern. Wie Sie Ihr Testament konkret gestalten sollten, hängt von Ihrer persönlichen Situation ab, zum Beispiel: Wo sehen Sie den Betrieb in der Zukunft? Welches Verhältnis hat Ihr Ehepartner zum Hof? Wie alt sind die Kinder?

Gerade wenn die Kinder noch klein sind, bietet es sich an, zunächst den Ehepartner ans Ruder zu lassen. Sie könnten dafür

- Ihren Ehepartner als Alleinerben einsetzen und ihm so freie Hand lassen,
- ein gemeinschaftliches Testament mit Ihrem Ehepartner verfassen und bestimmen, dass am Ende eines der gemeinsamen Kinder den Hof erbt oder
- Ihren Ehepartner als Vorerben einsetzen und eines der gemeinsamen Kinder als Nacherben bestimmen.

Anhand von Beispielen zeigen wir Ihnen, wie Sie ein Testament gestalten können. Vergessen Sie dabei nicht, das Testament regelmäßig an betriebliche und auch familiäre Änderungen anzupassen.

FREIE HAND FÜR EHEPARTNER?

Landwirt Thomas H. ist 42 Jahre alt und bewirtschaftet einen Schweinemastbetrieb. Er ist seit zehn Jahren mit seiner Ehefrau Karin verheiratet, die ebenfalls gelernte Landwirtin ist und ihren Mann im Betrieb aktiv unterstützt. Die beiden haben drei kleine Kinder im Alter von zwei, vier und fünf Jahren.

Thomas H. hat in allen Belangen vollstes Vertrauen zu seiner Ehefrau und möchte ihr im Falle seines Todes im Hinblick auf die Familie und auch den landwirtschaftlichen Betrieb freie Hand lassen. Er setzt sie deshalb als Alleinerbin ein.

„Ich setze meine Ehefrau Karin H. zur Alleinerbin meines gesamten Vermögens ein. Sie unterliegt keinen Einschränkungen und kann frei verfügen."

Nach dem Tod des Landwirts würde damit sein ganzes Vermögen auf die Witwe übergehen. Karin H. könnte dann frei über den Hof und das sonstige Vermögen ihres verstorbenen Ehemannes verfügen.

Thomas H. verlässt sich also darauf, dass seine Ehefrau die richtigen Entscheidungen für den Betrieb treffen wird und den Hof letztlich an das passende Kind weitergeben wird. In der Regel geht das gut.

Es kann aber auch ganz anders kommen: Heiratet der Alleinerbe wieder, sind der neue Ehepartner und eventuelle neue Kinder als gesetzliche Erben des Alleinerben mit im Boot. Im Übrigen könnte der allein erbende Ehepartner den Hof auch schlicht an einen Dritten übertragen oder veräußern. Es besteht also letztendlich das Risiko, dass der Betrieb aus der Ursprungsfamilie fällt.

Viele Landwirte scheuen sich daher, den Ehepartner als Alleinerben einzusetzen. Sie wollen rechtlich sicherstellen, dass der Betrieb am Ende an ein gemeinsames Kind geht.

SCHNELL GELESEN

Wer kein Testament macht, riskiert, dass der Betrieb an den Falschen oder eine Erbengemeinschaft geht.

Den Ehepartner absichern und die Erbfolge für den Hof festlegen, das sollte Inhalt eines Testaments sein.

Alleine oder gemeinschaftlich mit Ihrem Ehepartner können Sie ein Testament erstellen.

Berücksichtigen Sie dabei das Verhältnis Ihres Ehepartners zum Betrieb und auch das Alter Ihrer Kinder.

Passen Sie Ihr Testament regelmäßig an familiäre und betriebliche Änderungen an.

HOF FÜR DIE FAMILIE SICHERN

Milchviehhalterin Saskia J., 32 Jahre, verfasst deshalb mit ihrem Ehemann Jens, 34 Jahre, ein gemeinschaftliches Testament (Berliner Testament). Die Ehepartner können dabei wechselseitige Verfügungen festsetzen. Saskia und Jens J. setzen sich gegenseitig als Alleinerben ein und die gemeinsamen Kinder (drei und sechs Jahre) als Schlusserben. So sichern sie den Verbleib des Hofes in der Ursprungsfamilie. Damit in diesem Fall keine Erbengemeinschaft entsteht, bekommt der länger lebende Ehepartner das Recht, eines der gemeinsamen Kinder als Schlusserben des Hofes zu bestimmen.

„Wir, die Eheleute Saskia J. und Jens J., setzen uns gegenseitig zu alleinigen Erben unseres gesamten Vermögens ein. Der zuerst Versterbende wird also von dem Längerlebenden allein beerbt. Zu Schlusserben, also zu Erben des Längerlebenden, bestimmen wir unsere gemeinschaftlichen Kinder, wobei ein Kind den Hof nebst Zubehör und das andere das sonstige Vermögen erhalten soll. Die Auswahl trifft der länger lebende Ehepartner."

Stirbt Saskia J., ist ihr Ehemann zunächst Alleinerbe. Er kann frei über den Hof verfügen. Er ist aber verpflichtet, den Hof abschließend an eines der gemeinsamen Kinder zu vererben. Dabei kann er das am meisten geeignete Kind als Hofnachfolger wählen. Dieses Wahlrecht ist vor allem vorteilhaft, wenn die Kinder noch klein sind. Das Vermögen, das nicht mit dem Betrieb übergehen soll, muss der länger lebende

Ehepartner an den anderen Schlusserben vererben.

Die oben gewählte Aufteilung des Vermögens kann in anderen Fällen selbstverständlich auch anders geregelt werden. In jedem Fall sollten die Ehepartner eine Regelung für den Fall treffen, dass beide gleichzeitig versterben.

NICHT FÜR JEDEN GEEIGNET

Dennoch ist auch das Berliner Testament nicht für jeden Landwirt das Passende. Dem einen gehen die Befugnisse des Ehepartners zu weit, den anderen stört die sogenannte Bindungswirkung. Denn die gemeinschaftlich getroffenen Verfügungen können zu Lebzeiten auch nur gemeinsam abgeändert oder aufgehoben werden. Möchte der Landwirt z. B. ein Kind testamentarisch als Hoferben bestimmen, muss er ggf. vorab mit seinem Ehepartner das gemeinsame Testament abändern.

Die Bindungswirkung entfällt nur, wenn ein Ehepartner die Scheidung einreicht oder die Verfügung per notarieller Rücktrittserklärung widerruft.

Bei jedem Testament mit Alleinerbschaft des Ehepartners besteht auch die Gefahr, dass ein Kind schon seinen Pflichtteil verlangt, wenn der erste Elternteil verstirbt – statt zu warten, bis es seinen Erbteil vom länger lebenden Elternteil bekommt. Sie können versuchen, dies mit einer Pflichtteilsstrafklausel zu verhindern.

„Sollte eines unserer Kinder beim Tod des Erstversterbenden gegen den Willen des Längerlebenden den Pflichtteil fordern, so bestimmen wir bereits jetzt, dass dieses Kind auch beim Tod des Längerlebenden nur den Pflichtteil erhalten soll."

VOR- UND NACHERBSCHAFT

Eine andere Möglichkeit, die Hofnachfolge zu regeln, ist die Anordnung einer Vor- und Nacherbschaft. Dafür setzt der Landwirt seinen Ehepartner als Vorerben ein und eines der gemeinsamen Kinder als Nacherben. Dann kann der Ehepartner nach dem Tod des Landwirts den Betrieb – im Rahmen der gesetzlichen Einschränkungen – als Vorerbe weiterführen. Später geht der Betrieb an den Nacherben. Der Landwirt muss also für seinen Betrieb nacheinander zwei Erben bestimmen, den Vorerben und den Nacherben.

Die Auswahl des Nacherben ist oft kein Problem, wenn die Kinder älter sind und der Hofnachfolger schon feststeht. Dann können Sie den Nacherben im Testament namentlich benennen. So wie im Fall der Ackerbauerin Victoria M., die mit ihrem Ehemann Christian M. eine 17-jährige Tochter und einen sechsjährigen Sohn hat.

Foto: Schildmann

△ Wenn noch nicht absehbar ist, wer der spätere Hofnachfolger wird, muss der Betriebsinhaber bei der Anordnung einer Nacherbschaft besonders gut aufpassen.

EHEPARTNER ALS VORERBE

„Ich setze meinen Ehemann Christian M. zum Vorerben meines landwirtschaftlichen Betriebes (eingetragen im Grundbuch von ..., Blatt ...) sowie des Hofeszubehörs ein. Zur Nacherbin bestimme ich meine Tochter Sybille."

Für den Fall, dass die Nacherbin ausfällt, sollte die Landwirtin frühzeitig einen Ersatz-Nacherben festsetzen.

„Zum Ersatz-Nacherben bestimme ich meinen Sohn Justus."

Schwieriger ist es, wenn der passende Hoferbe noch nicht absehbar ist. So wie im Fall von Schweinehalter Moritz L. Er ist seit zwei Jahren mit Ehefrau Lisa verheiratet. Die beiden haben zwei Kinder (ein und zwei Jahre). Nach dem Gesetz darf der Landwirt seiner Ehefrau im Testament kein Wahlrecht bei der Bestimmung des Nacherben geben! Vielmehr muss er den Nacherben im Testament verbindlich festsetzen.

Für Betriebe der Höfeordnung gibt es zwar einzelne Entscheidungen, nach denen es erlaubt ist, dem Vorerben die Auswahl des Nacherben aus dem Kreise der eigenen Kinder zu überlassen. Aber spätestens wenn Vermögen mitvererbt werden soll, das nicht zum landwirtschaftlichen Betrieb im ursprünglichen Sinne gehört (z. B. PV-Anlage), ist eine derartige Klausel unwirksam. Deshalb muss Moritz L. die Auswahl des Nacherben so eingrenzen, dass der Vorerbin kein eigener Ermessensspielraum bleibt.

DEN NACHERBEN AUSWÄHLEN

Dafür bestimmt er im Testament Kriterien, anhand deren die Witwe den Hofnachfolger später objektiv bestimmen kann.

„Die Auswahl des Nacherben/der Nacherbin hat anhand folgender Kriterien zu erfolgen: Der Nacherbe bzw. die Nacherbin muss wirtschaftsfähig im Sinne der Bestimmungen der Höfeordnung sein, d.h. nach seinen/ihren körperlichen und geistigen Fähigkeiten imstande, meinen Hof zu bewirtschaften. Ist dies bei keinem meiner Kinder der Fall, erstarkt die Vorerbschaft zur Vollerbschaft, die Nacherbschaft entfällt. Ist die Wirtschaftsfähigkeit bei mehreren Kindern gegeben, wird Nacherbe, wer eine landwirtschaftliche Ausbildung mit Erfolg absolviert hat. Ist dies bei mehreren Kindern der Fall, wird Nacherbe, wer auf dem Hof seinen dauernden Wohnsitz hat. Ist dies bei mehreren Kindern der Fall, so soll das älteste Kind der Hofesnacherbe sein."

Selbstverständlich können Landwirte an dieser Stelle auch weitere Kriterien ihrer Wahl in die Klausel hinzunehmen, z.B. auch das Alter, das Geschlecht oder den Familienstand der Kinder.

INDIVIDUELL GESTALTEN

Problematisch für den Vorerben ist, dass er bestimmten gesetzlichen Einschränkungen unterliegt. Als unbefreiter Vorerbe darf er keine Verfügungen und Belastungen des Hofes vornehmen und müsste dem Nacherben bei Beendigung der Vorerbschaft Rechenschaft ablegen. Gehört Wald zur Erbschaft, muss der Vorerbe dafür einen Wirtschaftsplan erstellen.

Diese Beschränkungen behindern den Vorerben v.a. dann, wenn dieser noch minderjährig ist oder wenn noch nicht klar ist, wer der Nacherbe wird. Zur Entlastung des Ehepartners sollten Sie diesen deshalb als „befreiten" Vorerben einsetzen. Sie können die Beschränkungen einzeln aufheben oder insgesamt, wie folgende Formulierung zeigt:

„Als Vorerbin ist meine Ehefrau Lisa L. von allen gesetzlichen Beschränkungen im Sinne von §2136 BGB befreit, soweit dies gesetzlich zulässig ist."

Die Vorerbschaft sollte bei der Gestaltung der Hofnachfolge nur eine Übergangslösung sein. Deshalb sollten Sie die Vorerbschaft befristen, z.B. bis der Vorerbe oder der Nacherbe ein bestimmtes Alter erreicht hat.

„Die Vorerbschaft endet mit dem Tod meiner Frau, spätestens aber mit der Vollendung ihres 60. Lebensjahres."

Für die Zeit danach können Sie den Nacherben verpflichten, dem überlebenden Elternteil ein angemessenes Altenteil zu gewährleisten.

„Endet die Vorerbschaft zeitlebens, hat der Nacherbe meiner Ehefrau ein angemessenes Altenteil zu gewähren. Dies besteht aus einem lebenslangen und unentgeltlichen Wohnrecht an den Räumen des Erdgeschosses des Altenteilerhauses... Das Wohnrecht ist kostenfrei und frei von Nebenkosten für Instandhaltung, Steuern, Versicherungen, Wärme-, Strom- und Wasser- sowie Abwasserkosten zu gewähren. Nur Telefon- und Schönheitsreparaturkosten hat meine Ehefrau zu tragen. Ferner hat der Nacherbe ein monatliches Baraltenteil von 500 €, wertgesichert durch Anpassung an den Verbraucherpreisindex, zu leisten. Die monatliche Rente wird jährlich, und zwar zum 1. Januar angepasst."

Meist ist es sinnvoll, die Vor- und Nacherbschaft auf den Hof und die dazugehörigen Vermögensbestandteile zu beschränken (z.B. die PV-Anlage oder das nahe gelegene Landarbeiterhaus).

Ist weiteres Vermögen vorhanden, zum Beispiel Immobilien und Sparvermögen, bietet es sich an, den Ehepartner als Alleinerben einzusetzen.

„Hinsichtlich des hofesfreien Vermögens, insbesondere meiner Eigentumswohnung... und meines Aktien- und Sparvermögens bei der Volksbank..., setze ich meine Ehefrau zur unbeschränkten Alleinerbin ein.

UND DAS ÜBRIGE VERMÖGEN?

Wünschen Sie, dass ein Kind den Betrieb bekommt, aber das übrige Vermögen an den Ehepartner und die anderen Kinder geht? Dann müssen Sie im Testament eine klare Trennlinie zwischen dem betrieblichen und dem übrigen Vermögen ziehen.

Denken Sie dabei daran, dass zu Ihrem „Betrieb" womöglich nicht nur der eigentliche landwirtschaftliche Betrieb gehört, sondern auch weiteres Vermögen, wie z.B. eine PV-Anlage oder ein Landarbeiterhaus. Wenn diese Vermögensbestandteile als Einheit mit dem Hof vererbt werden sollen, müssen Sie dies ausdrücklich bestimmen.

„Zum Erben meines landwirtschaftlichen Betriebes sowie der auf der Maschinenhalle montierten PV-Anlage und des Landarbeiterhauses...-Straße 12 bestimme ich meine Tochter Elisabeth."

Das übrige Vermögen, wie zum Beispiel Immobilien und Sparvermögen, sollten Sie ebenfalls ausdrücklich benennen und dafür die gewünschte erbrechtliche Regelung festsetzen. Häufig vererben Landwirte das übrige Vermögen zunächst an den Ehepartner als Alleinerben, sodass dieser dann – auch zugunsten aller Kinder – frei darüber verfügen kann. Zudem verhindern Sie eine Erbengemeinschaft aus Ehepartner und Kindern.

„Hinsichtlich meines übrigen Vermögens, insbesondere des Mehrfamilienhauses...-Straße 5 und des Aktien- und Sparvermögens bei der Sparkasse..., bestimme ich meine Ehefrau zur unbeschränkten Alleinerbin."

TESTAMENTSVOLLSTRECKER?

Landwirte können ihr Testament „eigenhändig" verfassen oder vom Notar ein „öffentliches" Testament aufsetzen lassen. Das gilt auch für ein gemeinschaftliches Testament. Schreiben Sie Ihr Testament eigenhändig, müssen Sie es komplett handschriftlich verfassen. Zudem sollte es möglichst datiert sein und muss unterschrieben sein. Bei einem gemeinschaftlichen Testament, muss ein Ehepartner das Testament vollständig und per Hand schreiben und beide Ehepartner unterzeichnen.

Der Einsatz eines Testamentsvollstreckers kommt zum Beispiel in Betracht, wenn Sie als Erblasser konkrete Bewirtschaftungsauflagen für den Hof machen wollen, die der Erbe bzw. Vorerbe nicht umsetzen kann. Das könnte z.B. sinnvoll sein, wenn der Ehepartner als Vorerbe nicht die landwirtschaftliche Kompetenz zur Bewirtschaftung des Hofes besitzt. Dann kann der Testamentsvollstrecker die Aufrechterhaltung des Betriebes übernehmen, bis der Hofnachfolger so weit ist. In der Landwirtschaft ist das zwar bislang noch selten, bei der zunehmenden Komplexität der Betriebe aber vielleicht vermehrt notwendig bzw. sinnvoll.

HOFERBEN AUSTAUSCHEN

Was die Höfeordnung möglich macht

Auch die Höfeordnung (nach dem § 14 Abs. 3) ermöglicht einem Landwirt, seinem überlebenden Ehepartner per Testament ein Wahlrecht bei der Bestimmung des Hoferben einzuräumen.

„Meiner Ehefrau räume ich gemäß § 14 Abs. 3 Höfeordnung das Recht ein, unter meinen leiblichen Abkömmlingen ein anderes Kind zum Hoferben zu bestimmen." Der Ehepartner hat damit das Recht, den gesetzlichen Hoferben zugunsten eines anderen Kindes abzusetzen!

Im Klartext: Nach dem Tod des Landwirts erbt immer zunächst der gesetzliche Hoferbe den Betrieb. Erst nachdem der gesetzliche Hofnachfolger den Hof geerbt hat, könnte der länger lebende Ehepartner dies abändern und ein anderes Kind einsetzen – und zwar bis der gesetzliche Hoferbe das 25. Lebensjahr vollendet hat oder der länger lebende Ehepartner wieder geheiratet hat. Dass ein solcher Austausch des Hofnachfolgers zwischenmenschlich problematisch ist, liegt auf der Hand.

Foto: Foto: ©Butch/AdobeStock

◁ Machen Sie selbst ein Testament, müssen Sie es handschriftlich verfassen und unterschreiben.

JUNGE HOFPÄCHTER

Testament schafft Klarheit und Sicherheit

Auch als junger Pächter des elterlichen Betriebes ist es sinnvoll, ein eigenes Testament zu machen. Zwar geht es beim Tod des Pächters nicht um den landwirtschaftlichen Betrieb – der gehört ja den Eltern. Dennoch hat auch der Pächter meist eigenes betriebliches und privates Vermögen aufgebaut. Außerdem stellt sich natürlich die Frage, wer in den mit den Eltern geschlossenen Pachtvertrag eintritt, wenn der Pächter stirbt. Hat der Pächter dazu keine testamentarischen Verfügungen getroffen, greift die gesetzliche Erbfolge.

Ist der Pächter verheiratet, hat aber noch keine Kinder, erben der Ehepartner und die beide Elternteile als Erbengemeinschaft. Um das zu verhindern, sollte der Pächter deshalb möglichst in einem Testament seinen Ehepartner als Alleinerben einsetzen. Dann ist der Ehepartner besser abgesichert und tritt auch in den mit den Eltern des verstorbenen Hofnachfolgers geschlossenen Pachtvertrag ein. Sowohl der länger lebende Ehepartner als in der Regel auch die Eltern können den Pachtvertrag nach dem Tod des Pächters kündigen.

Hat der Pächter auch Kinder, erben nach dem Gesetz der Ehepartner und die Kinder als Erbengemeinschaft. Dies ist besonders schwierig, weil minderjährige Kinder dann in der Regel einen Ergänzungspfleger brauchen, um die anstehenden Rechtsgeschäfte abwickeln zu können. Deshalb sollte der junge Hofpächter gerade auch in diesem Fall seinen Ehepartner per Testament als seinen Alleinerben einsetzen.

Aber auch, wenn der Pächter unverheiratet ist und keine Kinder hat, kann die gesetzliche Erbfolge durchaus schwierig sein – besonders, wenn ein Elternteil vorverstorben ist. Dann bildet sich eine Erbengemeinschaft aus dem überlebenden Elternteil und den Geschwistern des Hofnachfolgers, was die rechtliche Abwicklung in der Familie überaus kompliziert machen kann.

Deshalb sollte auch schon der junge Hofpächter ohne Familie unbedingt ein Testament machen, in dem er zum Beispiel seinen Vater, von dem er ja den landwirtschaftlichen Betrieb gepachtet hat, als Alleinerben einsetzt.

Hoferben bestimmen?

Insbesondere wenn der Hoferbe schon in den Startlöchern steht, also zum Beispiel schon in der landwirtschaftlichen Ausbildung ist, können Sie im Testament auch direkt den Hoferben bestimmen.

„Zum Hoferben bestimme ich meinen Sohn Friedrich. Zur Ersatz-Hoferbin bestimme ich meine Tochter Sybille…"

Für das außerbetriebliche Vermögen können Sie Ihren Ehepartner als Alleinerben einsetzen, außerdem sollten Sie für Ihren Ehepartner ein angemessenes Altenteil verfügen.

GESETZLICHES ERBRECHT

Wenn Sie nichts regeln…

Treffen Sie keine testamentarischen Festsetzungen darüber, was nach Ihrem Tod mit dem Betrieb wird, greift das gesetzliche Erbrecht. Und das kann gravierende Folgen für Familie und Betrieb haben.

Höfeordnung: Verstirbt der Hofeigentümer, erbt bei minderjährigen Kindern je nach Erbrecht und Geltungsgebiet vielfach das jüngste oder älteste Kind den Betrieb. Das kann auch ein zweijähriges Kind sein. Die Witwe des verstorbenen Landwirts hat lediglich ein Nutznießungs- und Verwaltungsrecht, bis der Hoferbe 25 Jahre alt ist. Dann kann sie das übliche Altenteil verlangen. Das hofesfreie Vermögen geht an eine Erbengemeinschaft aus dem länger lebenden Ehepartner und den Kindern. Dazu gehören aber nicht nur das „private" Vermögen, sondern oft auch Vermögensgegenstände, die eigentlich zum Betrieb zählen – z. B. eine PV-Anlage oder ein Altenteilerhaus.

Hatte der Landwirt noch keine Kinder, ist der Ehepartner der Hofnachfolger.

BGB-Erbrecht: Nach dem Tod des Landwirts erbt eine Erbengemeinschaft aus Ehepartner und Kindern den Betrieb und das hofesfreie Vermögen. Den Hof könnte der Ehepartner sich zwar theoretisch nach den Regeln des Grundstücksverkehrsgesetzes im Zuweisungsverfahren zuweisen lassen. Das ist aber sehr aufwendig. Hatte der Landwirt noch keine Kinder, erbt der Ehepartner gemeinsam mit den Eltern des verstorbenen Landwirts den Hof.

Hofübergabe – Zeit für einen Versicherungscheck

Die Hofübergabe ist ein idealer Zeitpunkt, den Versicherungsschutz für Betrieb und Familie auf den Prüfstand zu stellen. Hofübernehmer und -übergeber sollten sich frühzeitig damit beschäftigen.

UNSER AUTOR
Heino Beewen

Bei der Hofübergabe geht es um viel – um zahlreiche rechtliche Fragen zur Gestaltung des Hofübergabevertrages, um Finanz- und Steuerrechtliches, aber auch um sozialversicherungsrechtliche Fragen. Dies alles braucht viel Zeit und Raum.

Was Übernehmer und Übergeber manchmal unterschätzen: Die notwen-

SCHNELL GELESEN

Es ändert sich viel mit der Hofübergabe. Kümmern Sie sich dabei auch um vermeintliche Kleinigkeiten, wie Ummeldungen oder einen Versicherungscheck.

Je nach Betriebsentwicklung braucht es vielleicht neue Versicherungspolicen, andere werden eventuell überflüssig.

Betriebliche Versicherungen kann der Hofübernehmer innerhalb eines Monats nach der Übergabe kündigen. Den Versicherungscheck sollte er vorher machen.

Bei der privaten Absicherung tut der neue Betriebsleiter gut daran, sich auch schon um die Altersvorsorge zu kümmern.

Die neuen Altenteiler sollten prüfen, ob z. B. die Betriebshaftpflicht noch für sie gilt und ob sie selbst ihren Versicherungsschutz zahlen oder der Übernehmer.

Foto: Höner

△ Bei der Hofübergabe ist das Thema Versicherungen eines von vielen wichtigen Themen. Kümmern Sie sich dennoch frühzeitig darum.

digen An-, Ab- und Ummeldungen und vor allem die Überprüfung des Versicherungsschutzes. Einen kurzen Überblick gibt die Übersicht 1.

WAS ÄNDERT SICH IM BETRIEB?

Ganz wichtig ist die Umstellung der betrieblichen Versicherungen. Dabei sind sowohl Hofübergeber als auch -übernehmer nach Versicherungsvertragsgesetz (VVG) verpflichtet, dem Versicherer die Hofübergabe unverzüglich mitzuteilen. Der neue Betriebsleiter sollte zudem prüfen, ob die Policen noch zur Betriebs- und Lebenssituation passen.

Insbesondere bei gravierenden betrieblichen Veränderungen ist eine Anpassung der Policen dringend notwendig. Es geht zum Beispiel darum, ob der Hofnachfolger den Betrieb im Haupterwerb oder im Nebenerwerb weiterführt, welche Unternehmensform(en) er wählt (Einzelunternehmen, GbR, GmbH...), wo die betrieblichen Schwerpunkte liegen werden, in welchen Bereichen investiert wird oder wie Familienangehörige in den Betrieb eingebunden werden.

Falls zum Beispiel die Hofnachfolge zu einer stärkeren Spezialisierung auf einen Betriebszweig führt, entsteht eventuell ein zusätzlicher Versicherungsbedarf für die Produktion bzw. die Finanzierung.

NEUE POLICEN NOTWENDIG?

- Bei Stallneubauten drängen beispielsweise die Banken zur Tierversicherung mit Deckung für Seuchen und übertragbare Krankheiten sowie zu einer umfangreichen persönlichen Absicherung des Betriebsleiters.
- Bei der Erweiterung der Tierhaltung wird der Betrieb außerdem oft als GmbH

ÜBERSICHT 1: ABMELDEN, ANMELDEN UND UMSCHREIBEN

Bei welcher Organisation?	Was müssen Sie melden?
Organisationen und Behörden der Steuerverwaltung	Mitteilung der neuen Steuernummer, aber auch Umschreibung aller betrieblichen Kfz sowie Grundbucheintragung für Immobilien
Berufsgenossenschaft	Meldung des „neuen" Betriebes
Landwirtschaftliche Alterskasse und Krankenkasse	Meldung des Übergebers
Landwirtschaftskammern Landwirtschaftsämter	Umschreibung bezüglich Zahlungsansprüchen für Prämien und deren Antragsstellung
Banken	Darlehen, Betriebskonten, ...
Versicherungen	Umschreibung aller betrieblichen Versicherungen
Unternehmen mit Beteiligungen, z. B. Zuckerfabriken und Genossenschaften wie z. B. Molkereien	Umschreibung der Beteiligungen
Organisationen und Verbände	Neuorganisation der dortigen Mitgliedschaften
Geschäftspartner, z. B. Landhandel, private Beratungen, Pächter, Verpächter	Bekanntgabe des neuen Betriebes und aller notwendigen Daten wie z. B. Bankverbindung

top agrar; Quelle: Beewen

△ Bei den Umstellungen im Rahmen der Hofübergabe gilt es, den Überblick zu behalten.

ÜBERSICHT 2: HOFÜBERGABE MELDEN UND INHALTE PRÜFEN – GEGEBENENFALLS KÜNDIGEN

Versicherungspolice	Was Sie tun müssen	Was Sie prüfen sollten
Kfz-Versicherung	Ummeldung aller Kfz auf den neuen Halter und Umschreibung aller Verträge.	Sind neben Haftpflicht, Teil-, Vollkasko z. B. auch innere und äußere Betriebsschäden bis zu Falschbedienung mitversichert?
Gebäudeversicherung	Versicherer informieren, dass die Hofübergabe ansteht. Spätestens mit Grundbucheintrag die Gebäudepolice auf neuen Eigentümer übertragen.	Entsprechen versicherte Gebäude den Angaben im Übergabevertrag? Welche Deckungen werden benötigt (Feuer, Sturm/Hagel, Leitungswasser, Elementar...)? Passen die Konditionen?
Inventarversicherung	Mit dem Datum der Hofübergabe auf den neuen Betrieb umschreiben (Versicherungsnehmerwechsel).	• Welche Deckungen sind vorhanden? • Ist das im Hofübergabevertrag genannte Inventar versichert? • Sind besondere Deckungen notwendig? • Braucht es technische Versicherungen für stationäre Anlagen? • Sind Tierversicherungen oder Cyber-Deckungen notwendig?
Betriebshaftpflichtversicherung		• Ist der Betrieb in Umfang und Tätigkeit abgebildet? (z. B. Hofladen, Lohnmast, ...) • Sind gemietete und geliehene Maschinen mitversichert und reichen die Deckungssummen? • Sind alle Umweltbausteine versichert?
Rechtsschutzversicherung		• Welche Bausteine sind versichert? Werden die Risiken zukünftiger Betriebe abgedeckt?
Hagel-Versicherung		• Reicht die Hagelversicherung? Oder müssen auch Risiken wie Starkregen, Sturm, Frost und Trockenheit versichert werden?
Tier-Ertragsschadenversicherung		• Welche Deckung passt zum Betrieb: Seuchenbaustein (sollten alle Tierhalter haben), Unfälle im Tierbestand und übertragbare Tierkrankheiten?
PV-Anlagen-Versicherung	Je nach Regelung im Hofübergabevertrag, i. d. R. mit Datum der Hofübergabe auf den neuen Betrieb umschreiben (Versicherungsnehmerwechsel).	

top agrar; Quelle: Beewen

△ Der Hofübernehmer kann die betrieblichen Versicherungen umstellen oder auch innerhalb eines Monats nach Hofübergabe kündigen.

geführt, was ebenfalls eine Umstellung der Absicherung erfordert.

- Wird ein Teilbetrieb auf biologischen Anbau umgestellt, bestehen gerade in der Umstellungsphase diverse Unsicherheitsfaktoren, die ggf. eine besondere finanzielle Absicherung erfordern.

Andersherum: Wenn der Betriebsleiter beim Übergang in den Nebenerwerb das Haupteinkommen außerhalb der Landwirtschaft verdient, sind eventuell die Rechtsrisiken und Schäden an Feldkulturen, z.B. durch Hagel, keine existenzbedrohenden Risiken mehr. Die entsprechenden Policen sind dann vielleicht nicht mehr notwendig. Mehr Beispiele zeigt die Übersicht 2.

UNNÖTIGE POLICEN KÜNDBAR?

Mit der Hofübergabe hat (nur) der Hofübernehmer die Möglichkeit, die betrieblichen Versicherungen mit sofortiger Wirkung oder zum Ende der laufenden Versicherungsperiode zu kündigen.

Diese außerordentliche Kündigung muss er innerhalb eines Monats nach erfolgter Hofübergabe vornehmen – so besagt es § 96 des VVG. Dabei gilt der Stichtag im Übergabevertrag. Nur für die Gebäudeversicherung beginnt die Frist mit dem Tag der Eintragung im Grundbuch und nicht mit dem Stichtag im Hofübergabevertrag.

So hat der neue Betriebsleiter die Chance, alle Aspekte der neuen betrieblichen Situation in das Versicherungspaket zu übertragen. Passende Produkte können Sie beibehalten bzw. umstrukturieren, andere Produkte aussortieren bzw. neu abschließen.

WANN DIE POLICEN CHECKEN?

Nach Hofübergabe bis zu einer möglichen Kündigung bleibt aber nur wenig Zeit, die Versicherungen gründlich zu prüfen. Deshalb sollten Sie den Versicherungsschutz schon weit im Vorfeld, z.B. ein halbes Jahr vor der eigentlichen Hofübergabe auf den Prüfstand stellen.

Übrigens: Fehlt dem Hofübernehmer zunächst die Kenntnis vom Bestehen einer Versicherung, erlischt das Kündigungsrecht erst innerhalb eines Monats ab Erlangung der Kenntnis.

PRIVATE ABSICHERUNG ÄNDERN?

Auch wenn private Versicherungen nicht Gegenstand der Hofübergabe sind, sollte der Hofübernehmer auch die private Vorsorge unter die Lupe nehmen. Denn mit der Übernahme des Betriebes beginnt für ihn ein neuer Lebensabschnitt, der oft auch neue Anforderungen an das Versicherungspaket stellt. Wichtig ist die Absicherung der gesamten Familie des Betriebsleiters, aber auch schon die spätere eigene Altersversorgung (Übersicht 3).

REICHT DIE ALTERSVORSORGE?

Bedenken Sie gerade bei der Altersvorsorge, dass die Alterskasse nur ein Teilsicherungssystem ist und Sie diese Absicherung durch andere Maßnahmen ergänzen müssen. Viele Betriebsleiter setzen sich mit der eigenen Altersversorgung aber erst dann auseinander, wenn sie selbst den Betrieb wieder abgeben, also kurz vor dem Altenteil stehen. Dann soll plötzlich der Betrieb nicht nur den neuen Betriebsleiter ernähren, sondern auch die Altenteiler. Angesichts der zunehmenden Lebenserwartung muss der Übernehmer dann immer häufiger das Altenteil für Eltern (Abgeber) und auch noch für die Großeltern übernehmen.

Für immer mehr junge Betriebsleiter Anlass genug, es anders zu machen: Sie wollen ihre Altersversorgung während ihrer Berufstätigkeit selbst aufbauen, um später nicht von Kindern und Enkeln abhängig sein.

ÜBERSICHT 3: PRIVATE VERSICHERUNGEN AUF DEM PRÜFSTAND

Versicherung	Darüber sollten Sie nachdenken
Altersversorgung • Betriebsleiterin/Betriebsleiter • Partner/Partnerin	Es gilt, Bedarf und Ziele zu definieren sowie Lösungsmöglichkeiten zu erarbeiten. Wichtig ist: Die zukünftige Altersversorgung wird sich immer aus unterschiedlichen Produkten zusammensetzen. Denn die Leistungen der Alterskasse sind nur eine Teilabsicherung.
Arbeitskraftabsicherung von Betriebsleiter und Partnerin, zum Beispiel durch • Berufsunfähigkeitversicherung • Grundfähigkeitenversicherung • Schwere Krankheitenabsicherung • Unfallversicherung	Prüfen Sie, welche Art der Absicherung sinnvoll und möglich ist und ob die Summen ausreichen, um Familie und Betrieb abzusichern. Überlegen Sie, ob Produkte mit monatlichen Leistungen notwendig sind oder evtl. auch Produkte mit Einmalzahlungen.
Krankenversicherung	Sind private Zusatzbausteine als Ergänzung zur Basisversorgung der Landwirtschaftlichen Krankenkasse gewünscht?
Pflegeversicherung	Sind private Zusatzbausteine als Ergänzung zur Basisversorgung der Landwirtschaftlichen Pflegekasse und zu den Regelungen zur Pflege im Hofübergabevertrag gewünscht?

top agrar; Quelle: Beewen

△ Besonders wichtig sind die Absicherung der eigenen Arbeitskraft sowie die Altersvorsorge.

ALTENTEILER

Achtung Fallstricke

Auch die neuen Altenteiler sollten die Abgabe des Hofes nutzen, um ihren Versicherungsschutz zu überprüfen. Denn auch für sie beginnt ein neuer Lebensabschnitt – einige Risiken fallen weg, andere müssen vielleicht anders oder neu versichert werden. Dazu zwei Beispiele:

NOCH MITVERSICHERT?

Im Rahmen der klassischen Betriebshaftpflicht sind die Altenteiler beitragsfrei mitversichert, soweit die übliche Prospektinformation der Versicherer. Uneingeschränkt gilt das jedoch nicht.

- Wohnen die Altenteiler z.B. einige Kilometer entfernt vom Hof, gilt es, mit dem Versicherer zu klären, ob die Altenteiler dennoch über die Betriebshaftpflicht versichert sind.
- Sollten die Altenteiler möglicherweise einen Teil des Betriebes zurückbehalten, dann benötigen sie im Übrigen weiterhin eine eigenständige Betriebshaftpflichtpolice. Die private Deckung aus der Betriebsversicherung des Hofnachfolgers reicht dann nicht aus.

Vergleichbare Beispiele gibt es auch in den Gebäude-, Hausrat- und Inventarpolicen.

Foto: ©BOTHAHRY DEX/AdobeStock

◁ Auch für die Altenteiler beginnt mit der Hofübergabe ein neuer Lebensabschnitt, so sollten die Versicherungspolicen entsprechend angepasst werden.

SENIOREN-TARIFE NUTZEN?

Private Unfallversicherungen gehören zum Standard bei Landwirtsfamilien. Mit zunehmendem Alter des Versicherten werden viele Produkte jedoch automatisch teurer. Viele Gesellschaften kündigen sogar die Police, wenn die Versicherten ein bestimmtes Alter erreicht haben. Hinzu kommt, dass Krankheiten und altersbedingte körperliche Schwächen, wie z.B. der Verlust an Knochenstabilität, häufig zu Leistungskürzungen im Schadensfall führen. Was also tun?

Altenteiler könnten entweder ganz auf die Unfalldeckung verzichten, dies sollte aber gut überlegt sein.

Eine andere Möglichkeit ist, auf einen speziellen Seniorentarif umzusteigen, der durchaus einen Mehrwert für Personen mit zunehmendem Alter haben kann. Auch deshalb, weil solche Tarife sogenannte Assistance-Leistungen anbieten, zum Beispiel eine komplette Pflegeberatung inkl. Vermittlung eines Pflegeplatzes, sollte das Unfallereignis zur Pflegesituation führen Manche Angebote umfassen z.B. auch eine Haushaltshilfe oder einen Begleitservice, falls dies unfallbedingt notwendig sein sollte.

WER ZAHLT?

Die privaten Versicherungen der Altenteiler zahlen die Altenteiler selbst oder der Hofübernehmer – beides ist möglich. Wichtig dabei ist, dass dieses Thema schon im Rahmen der Hofübergabe geklärt wird und in den Altenteilsregelungen entsprechend festgeschrieben wird.

Und falls die Altenteiler wie zum Beispiel in der Betriebshaftpflichtversicherung oder in der Rechtsschutzpolice des Betriebes als mitversichert gelten, ist der Hofübernehmer verpflichtet, diese Verträge entsprechend aufrechtzuerhalten.